高等学校土木工程专业"十四五"系列教材

木结构设计（第二版）

Timber Engineering（2nd Edition）

何敏娟　［加拿大］Frank LAM
熊海贝　宋晓滨　张盛东　李征　编著

中国建筑工业出版社

图书在版编目（CIP）数据

木结构设计 = Timber Engineering ：2nd Edition / 何敏娟等编著. —2 版. —北京 ：中国建筑工业出版社，2021.11（2024.11 重印）

高等学校土木工程专业“十四五”系列教材

ISBN 978-7-112-26700-2

Ⅰ. ①木… Ⅱ. ①何… Ⅲ. ①木结构—建筑设计—高等学校—教材 Ⅳ. ①TU366.2

中国版本图书馆 CIP 数据核字(2021)第 216175 号

本书涵盖了木结构设计的主要内容，符合现行国家标准《木结构设计标准》GB 50005 的规定。本书第二版总体沿用了第一版的布局，但丰富了内容、调整了部分计算设计方法。全书共分 6 章，主要内容包括：绪论；木结构材料；木结构构件类型和计算；木结构连接；木结构建筑设计；木结构防火和防护。

每章末均附有相关英文阅读文献，既帮助读者了解一些北美现代木结构的知识，又满足中国高校双语教学的发展需求，增加学生原版专业资料的阅读量。

本书可作为土木工程等相关专业的教材，也可作为从事木结构设计、制作、安装等的工程技术人员的学习参考书。

为了更好地支持相应课程的教学，我们向采用本书作为教材的教师提供课件，有需要者可与出版社联系。建工书院：http：//edu. cabplink. com，邮箱：jckj@cabp. com. cn，电话：(010) 58337285。

责任编辑：辛海丽　吉万旺

责任校对：焦　乐

高等学校土木工程专业“十四五”系列教材

木结构设计（第二版）

Timber Engineering（2nd Edition）

何敏娟 ［加拿大］ Frank LAM
熊海贝　宋晓滨　张盛东　李征　编著

*

中国建筑工业出版社出版、发行（北京海淀三里河路 9 号）

各地新华书店、建筑书店经销

北京红光制版公司制版

建工社（河北）印刷有限公司印刷

*

开本：787 毫米×1092 毫米　1/16　印张：13½　字数：332 千字

2021 年 11 月第二版　2024 年 11 月第三次印刷

定价：**36.00** 元（赠教师课件）

ISBN 978-7-112-26700-2

（38161）

第二版前言

本书第一版于2008年3月出版，为全国相关高等学校恢复木结构教学和科研起到了积极的推动作用。

随着对建筑业绿色低碳发展、建筑装配化技术的推动，特别是对"碳达峰、碳中和"目标的确定和践行，木结构因其材料资源可再生、全寿命能耗低和排放少而得到建设领域的重视；木结构还因其优异的建筑表现力而受到越来越多建设方和建筑师的青睐。为此，近年木结构发展进入快车道，不仅每年建设面积不断增多，还涌现出了一批如太原植物园、四川天府农博园等规模大和表现力强的大跨度木结构建筑。这些有影响力的建筑的建成，为木结构的进一步发展起到了引领和示范作用。正是木结构的快速发展，木结构理论与技术得到了更多专业人士的重视。越来越多高校开设木结构课程，越来越多研究生开展木结构性能研究，越来越多从业人员转向木结构的设计与建设。本书第一版自出版以来，木结构相关标准进行了修编，扩大了木结构所用的木材树种、调整了部分构件和连接的计算方法、丰富了木结构和木混合结构的类型、完善了木结构抗震防火和耐久性的设计方法。因此本书再版适逢其时，很有必要。

本书第二版总体沿用了第一版的布局，但丰富了内容，调整了部分计算设计方法，具体包括：(1) 完善了中国木结构发展的辉煌历史；(2) 增加了现代木结构材料和木制品的类型；(3) 按照修编的标准调整了部分木构件的计算方法；(4) 丰富了现代木结构的连接技术并按修编的标准调整了部分连接件的计算方法；(5) 丰富了木结构体系和设计方法；(6) 增加了木结构防火与防护技术内容；(7) 每章之后增加了思考题和计算题。

本书主要由同济大学完成。第1、2章由何敏娟编写；第3章由李征编写；第4章由宋晓滨编写；第5章由熊海贝编写；第6章由张盛东编写；加拿大不列颠哥伦比亚大学（University of British Columbia）Frank LAM编写了每章后面的英文阅读文献。全书由何敏娟统稿，郑修知参加了部分资料的文字编排工作。继续需要说明的是，加拿大不列颠哥伦比亚大学Frank LAM教授英文阅读文献的融入，既让读者了解了一些国外现代木结构的知识，也满足了中国高校双语或英语专业教学的发展需求，增加了学生原版专业资料的阅读量。

本书可作为土木工程等相关专业的教材，也可作为从事木结构设计、制作、安装等的工程技术人员的学习参考书。

感谢部分兄弟院校对本书的使用及在使用过程中提出的宝贵意见。同时也感谢本书第一版作者的努力，你们的工作为本书再版奠定了扎实的基础。本书编写得到同济大学和中国建筑工业出版社的支持，在此一并表示感谢。限于作者水平，书中谬误之处在所难免，敬请读者指正。

何敏娟

2021年7月1日于同济园

第一版前言

木结构是中国最为传统的一种结构形式，远溯3500年前，就基本形成了榫卯、斗栱等中国传统的木结构体系。宋代《营造法式》从建筑、结构到施工全面系统地反映了中国古代木结构建筑的体系。中国拥有建成数百年甚至上千年的古代木结构，如建于公元1056年的应县木塔、建于公元857年的山西佛光寺大殿都历经战争、自然灾害而至今依然巍然屹立，充分展示了中国古代木结构高超的建造技术水平。新中国成立初期，由于木结构建造容易而大量使用，致使结构用材过度砍伐。之后由于木材资源的缺乏，木材在建筑业中的使用受到限制。

近年来，由于中国林业技术的发展和国外进口结构木材的增多，现代木结构在我国又得以复苏。木材资源易于再生、绿色环保，木结构保温隔热、抗震性能好等优越性越来越被认识，木结构知识又受到了建筑设计、施工单位的关心，木结构教育也受到了高等教育的关注。同济大学自2003年起恢复了木结构课程教学，作为选修课向土木工程本科专业开设，几年来已有数百名本科生选修，也陆续培养了数届与木结构研究相关的硕士研究生。本书就是在前几年教学实践的基础上编写的。

本书共分6章，主要介绍了国内外木结构的发展状况、木结构中常用的结构用材和性能、木结构主要构件及连接的形式和计算方法、最为常用的两种木结构体系的基本设计方法以及木结构的防护等。本书涵盖了木结构设计的主要内容，对近年建造较多的轻型木结构建筑进行了较为详细的介绍，内容符合现行《木结构设计规范》GB 50005（2005年版）的具体规定。本书可作为土木工程等相关本科专业的教材，也可作为从事木结构设计、制作、安装等的工程技术人员学习的参考书。

本书主要由中国同济大学和加拿大不列颠哥伦比亚大学（University of British Columbia）合作完成，中国清华大学也参加了部分内容的编写。主要分工为：何敏娟——第1章、第2章、第3章、第4章及5.1节和5.3节等中文章节，Frank LAM——除第6章外的所有英文内容，杨军——第6章，张盛东——5.2节。值得一提的是，加拿大不列颠哥伦比亚大学Frank LAM教授英文阅读文献的融入，既让读者了解了一些北美现代木结构的知识，又满足中国高校双语教学的发展需求，增加了学生原版专业资料的阅读量。

本书编写过程中得到同济大学建筑工程系高耸结构研究室诸多研究生的帮助，如孙永良先生参加了本书例题的计算，周丽娜、阎祥梅等参加了文字的输入，在此表示感谢。课程开设得到了加拿大木业协会的大力资助以及加拿大不列颠哥伦比亚大学Frank LAM等多位教授的鼎力支持，教材编写得到同济大学本科教材出版基金的资助，在此一并表示衷心的感谢。限于作者水平，书中谬误之处在所难免，敬请读者指正。

何敏娟

2008年元旦于同济园

Preface to the first edition

Timber is the only major natural renewable building material. The sustainable use of this resource through responsible forestry practice allows wood to be recognized worldwide as a green and environmentally friendly building material.

Although timber is a traditional building material in China, its structural use has been curtailed since the 1960s because of limited availability of the resource. As China steps into the 21st century, its phenomenal growth during the past decades provided exciting opportunities to rebuild and create cities with world class architecture. Even though timber is available from the maturing of China's plantation forest and import, so far concrete and steel are the building material of choice. The possibility to increase the structural use of timber, in sync with the "green" building concept, is somewhat limited because of a lack of formal education at the university level, modern teaching text in Chinese, and experts/designers on timber engineering.

This book "Timber Engineering" is a cooperative effort between Tongji University, Tsinghua University, and the University of British Columbia to address the need of a modern Chinese text in Timber Engineering. The material covers fundamental topics including the structural properties of wood, modern engineered wood products, behaviour of timber members, connection behaviour, design of timber structures, fire protection, and durability issues. The book also links with the Chinese timber structure design code (GB 50005) and can be use as a useful reference text by design engineers who are interested in the subject. As a oversee Chinese I am particularly pleased to be able to cooperate with my Chinese colleagues in this effort and help rejuvenate the interest of Timber engineering in Major Chinese Universities.

Frank LAM (林中法)
University of British Columbia
February 2008

目 录

1 绪　　论

1.1 中国木结构的历史

1.1.1 中国木结构的发展简述

我国木结构建筑历史悠久，早在距今7000～5000年的河姆渡时期，中国人就开始利用榫卯连接建造干阑式房屋。约3500年前，我国基本上形成了用榫卯连接梁柱的框架结构体系，到唐代趋于成熟。宋代《营造法式》从建筑、结构到施工全面系统地反映了中国古代木结构建筑的体系，标志着中国古代建筑已经发展到较高水平。

到18世纪末，西方科学技术传入以后，用材较费的梁柱木结构体系逐渐被砖墙支承木梁或木桁架屋面的结构体系所取代。中华人民共和国成立后的头两个“五年计划”期间，砖木结构占有相当比重。但到20世纪80年代，我国木结构用材采伐殆尽，同时也几乎不从国际市场上进口建筑用木材，因此，那时起几乎停止使用木结构。木结构学科也在我国停止发展了约20年。

1998年，我国实施天然林保护工程后，计划内木材产量逐年递减，而木材消费不断上升。2001年我国成为世贸组织成员国后，木材进口关税下降，木材进口连年增加，北美、欧洲等有关木材贸易和建材机构也大力向我国建筑市场推荐新型木结构房屋，并逐渐得到建设部门以及建筑师、结构师等的专业技术人员的支持和认可，木结构在我国的应用开始复苏。

21世纪初以来，我国在现代木结构领域取得了丰硕的成果。在人才培养方面，逐步恢复了木结构相关的课程、培训等，培养了一批拥有木结构专业知识的学生、科研人员及木结构企业技术人员；在科学研究方面，以“材料—基本构件—连接节点—结构体系”为主线，开展了适合我国国情的现代木结构系统性研究，形成了一系列科研成果；在工程建设领域，《木结构设计标准》GB 50005等国家标准的编制和修编为木结构建设提供了有力的技术保障，我国从事木结构的企业数量由数十家逐步发展至几千甚至上万家，全国木结构建筑保有量达1200万～1500万m^2，且每年增速大大加快。

1.1.2 中国木结构历史建筑的典型案例

中国古代木结构的结构形式主要有梁柱式（按现代木结构归类）、干阑式和井干式，其中梁柱式又包括抬梁式和穿斗式。中国古代木结构中常用榫卯连接和斗栱连接，这两种节点形式是中国古代建筑特有的文化符号，也是中国古代建筑高超技术的重要标志。榫卯连接和斗栱连接利用木构件间的相互挤压、摩擦和抗滑移提升了中国古代木结构的抗震抗风性能和抗变形能力。

正是由于把握了木结构的特点，我国才能流传下来历经数百年甚至上千年的古代木结构。这些古代木结构的典范是中华民族历史和智慧的缩影，也是文化和精神的传承。

图 1-1 佛光寺大殿

建于公元 857 年的佛光寺大殿（图 1-1），面阔七间，进深四间，通面宽 34m，进深 17.66m。大殿采用内外两周立柱、上设梁架。屋顶为单檐庑殿顶，屋檐出挑近 4m，坡度平缓。殿身与屋顶之间的斗栱硕大，兼具良好的结构作用和装饰效果。大殿立柱内倾，倾斜度由里向外依次加大，增加了大殿的稳定性。此外，殿架顶端的三角形人字桁架是在中国古代建筑中首次使用。佛光寺大殿是国内现存规模最大的唐代木结构建筑，被著名建筑学家梁思成誉为“中国建筑第一瑰宝”。

建于公元 1056 年的中国应县木塔（图 1-2），为八角形楼阁式木塔，全部由木材以榫卯连接而成。外观五层，夹有暗层四层，实为九层。总高 67.13m，底层直径 30m。塔建在 4m 高的两层石砌台基上，内外两层立柱，构成筒中筒结构。暗层中用了大量斜撑，加强木塔结构的整体性。应县木塔是当今世界上最高的木塔，被誉为世界建筑史上的奇迹。建成近千年来，经历了 5 级以上的地震十几次、抗日战争时期被日本炮弹击中 20 余发，加之洪水冲击，但至今依然巍然屹立，充分展示了中国古代木结构高超的建造技术水平。

建成于公元 1420 年的北京故宫（图 1-3），是明清时期的皇家宫殿。东西方向宽 753m，南北方向长 961m，总占地面积 72 万 m^2。建筑面积约 15 万 m^2，共有房屋 980 座，8700 余间。北京故宫是世界上规模最大、保存最为完整的木结构古建筑群。故宫建筑中采用大量榫卯连接和斗栱连接，提升了结构在地震时的耗能能力。柱底采用平摆浮搁，通过滑移减小了震后损伤。

图 1-2 应县木塔

图 1-3 北京故宫

1.2 木结构的特点

木结构是指利用木材建造的工程结构。木结构在房屋建筑、桥梁、道路等方面都有应用。在房屋建筑方面，木结构除大量用于住宅、学校和办公楼等建筑之外，也大量存在于大跨度建筑，如体育场、机场、展览馆、图书馆、会议中心、商场和厂房等。与其他材料建造的结构相比，木结构具有资源再生、绿色环保、保温隔热、轻质、美观、易于装配化、抗震和耐久等许多优点。

（1）木材资源再生产容易。木材依靠太阳能而周期性地自然生长，只要合理种植、开采，相对于其他建筑材料如砖石、混凝土和钢材等，木材最易再生产，一般周期为50～100年；随着林业、木材加工业的发展，很多速生材也可用于建筑结构中，大大缩短林业资源的再生产周期。

（2）木材是一种绿色环保材料。树木生长时释放氧气、吸收二氧化碳，极大提高了空气质量。对分别以木材、钢材和混凝土为主要结构材料的面积约200m^2的住宅建筑进行比较，结果表明：木结构建筑消耗的能量是混凝土建筑的45%，是钢结构建筑的66%；木结构建筑排放的使全球具有变暖趋势的等效二氧化碳最少，是混凝土建筑的66%，是钢结构建筑的81%；木结构建筑的空气污染指数最低，是混凝土建筑的46%，是钢结构建筑的57%；木结构建筑的水污染指数最低，是混凝土建筑的47%，是钢结构建筑的29%；木结构建筑的生态资源耗用指数最低，是混凝土建筑的52%，是钢结构建筑的88%，林业生产虽损失大片林区，但这一影响只是短暂的，树木再植、森林资源的可持续管理能将生态资源影响降低到最低程度；木结构建筑的固体废物是混凝土建筑的76%，但比钢结构建筑略多，为1.21倍。因此，综合考虑能耗、等效二氧化碳、空气污染、水污染、生态资源耗用和固体废弃物等因素，木材最为绿色环保。

（3）木材具有较好的保温隔热性能。由于木材本身构造的特点，细胞内有空腔，形成了天然的中空材料，使得热传导速度慢，保温、隔热性能好，所以木结构有冬暖夏凉之美称。

（4）木结构建筑重量较轻。木材密度比传统建筑材料都小。木材的强度与荷载作用方式、荷载与木纹的方向等因素有关，但只要设计合理，木材的顺纹抗压、抗弯强度还是比较高的。因此合理设计的木结构建筑总体上重量较轻。

（5）木结构建筑美观。木结构建筑的纹理自然，与人有很强的亲和力。住在木结构的建筑中使人有一种回归自然的感觉，有利于身心健康。

（6）木结构建筑易于装配化建造。木材加工容易，可锯切成各种形状，且预制化程度高。木结构构件相对轻巧，运输和安装都较容易，装配化程度高。对于轻型木结构建筑，无需大型设备就能完成一幢独立别墅的建造；对于18层的木混合结构学生宿舍，木结构部分仅由9个工人不到3个月便可以完成。

（7）木结构建筑具有较好的抗震性能。结构物上的地震作用与结构质量有关，木结构质量轻，产生的地震作用较小；由于木结构质量轻，地震致使房屋倒塌时对人产生的伤害也要比其他建筑材料小。另外，木结构的整体结构体系一般具有较好的塑性、韧性，因此在国内外历次强震中木结构都表现出较好的抗震性能。

（8）木结构具有一定的耐久性。如果木结构设计合理，具有较好的防潮构造、合理的防火措施，则其耐久性也较好。如现存的我国五台山南禅寺大殿和佛光寺大殿都已有1200年左右的历史。挪威一座建于12世纪的木结构教堂，由于其出色的设计和精心的保养，历经800年的风雨依然完好如初。无数北美和欧洲的19世纪建造的木结构建筑物，都证明了木结构能够经受得起时间的考验。

木结构也有一些缺点，这些缺点有时会影响木结构的应用，因此需合理设计，避免这些缺点对使用的影响。

（1）木材各向异性。树木自然生长，断面上有显示生长周期的年轮；树木沿纵向随其纤维长度的生长而增高。因此从外观上看，木材沿纵向、横向完全不同，而从力学性能上称为各向异性体。木材强度按作用力性质、作用力方向与木纹方向的关系一般可分为：顺纹抗压及承压、横纹抗压、斜纹抗压、顺纹抗拉、横纹抗拉、抗弯、顺纹抗剪、横纹抗剪、抗扭等，各种强度差别相当大，其中顺纹抗压、抗弯的强度较高。因此木结构设计最好尽可能使构件承受压力，避免承受拉力，尤其要避免横纹受拉。此外，尽可能采用简单、传力直接的连接构造，避免应力集中和复杂的应力状态。

（2）木材容易腐蚀。木材腐蚀主要是由附着于木材上的木腐菌的生长和传播引起，但木腐菌生长需要有一定的温度、湿度条件。木腐菌最适宜的生长温度约为20℃，这也是人类生活的舒适温度，因此控制湿度是阻止木腐菌生长的唯一办法。使用干燥的木材，做好建筑物的通风、防潮，都是避免木材腐蚀的有效措施；当然长期可能受到潮气侵入的地方，如与基础连接的木构件、直接暴露于风雨中的构件等，可采用具有天然防腐性的木材或对木材进行防腐蚀处理。

（3）木材易于受虫害侵蚀。侵害木材的虫类很多，如白蚁、甲虫等，品种因地而异。切实做好木材防潮是减少或避免虫害的主要措施；在房屋建造前，对建房场地及四周土壤清理树根、腐木，设置土壤化学屏障等也是预防虫害的一种措施；木结构一旦遭受虫害，需及时用药物处理。

（4）木材易于燃烧。对于房屋的使用者而言，火灾是随时存在的危险，但研究和事实表明：房屋的防火安全性与建筑物使用的结构材料的可燃性之间并无太多关联，很大程度上取决于使用者对火灾的防范意识、室内装饰材料的可燃性以及防火措施的得当与否。因此，木结构按防火规范做好防火设计很有必要，适当的防火间距、安全疏散通道、烟感报警装置的设置等都是防止火灾的必要措施。此外，现代木结构大多采用大尺寸的工程木产品进行建造，大尺寸的木构件不易燃烧，且能够通过表面木材的炭化保护内部木材，以满足建筑耐火时间的设计要求。

1.3 木结构的主要结构形式

木结构的主要结构形式有轻型木结构体系（Light wood frame construction）、梁柱木结构体系（Post and beam construction）、正交胶合木结构体系［Cross laminated timber (CLT) structures］、木混合结构体系（Timber hybrid structures）和木空间结构体系（Timber spatial structures）。当然木结构形式多样、变化无穷，分类方法也有多种，在此无法穷尽，只是按通常的分类方法列举目前使用较多的形式。

（1）轻型木结构体系

轻型木结构是北美住宅建筑大量采用的、由构件断面较小的规格材（Dimension lumber）均匀密布连接组成的一种结构形式，它由主要结构构件（结构骨架）和次要结构构件（墙面板、楼面板和屋面板等覆面板材）等共同作用、承受各种荷载，最后将荷载传递到基础上，具有经济、安全、结构布置灵活等特点。当这种结构通过合理设计，部分结构体系（如楼面均匀密布的规格材隔栅用轻型木桁架替代）能够承受和传递跨距较大的荷载时，它也能用于其他大型的工业和民用建筑。这种结构称之为“轻型木结构体系”，并不是说它只能承受较小的荷载，而是以它单个构件的断面较小、结构整体上自重较轻而得名。

（2）梁柱木结构体系

梁柱木结构体系是以间距较大的木梁、木柱为主要受力构件，将楼面、屋面荷载等竖向荷载通过梁传递到柱，最终传递到基础。在梁柱木结构体系中设置支撑或剪力墙等抗侧力构件，以承受水平荷载。该体系中的梁、柱和支撑多采用胶合木构件，剪力墙可采用轻木剪力墙或正交胶合木剪力墙。

（3）正交胶合木结构体系

正交胶合木（CLT）结构体系是以CLT墙板、CLT楼板及CLT屋面板为主要受力构件的结构体系。在CLT结构体系中，CLT墙板与基础及楼板间一般通过抗拔连接件、抗剪连接件连接，墙板与墙板间通过自攻螺钉等紧固件沿竖向拼接。因为CLT板件有较大的承载力和刚度，CLT结构体系的整体性能主要取决于连接节点的力学性能。CLT结构体系大多采用平台施工法，即在完成某层所有墙板及楼板的吊装后再进行上一层构件的吊装；有时也会几层墙体连续，楼面连接于墙体侧面。

（4）木混合结构体系

木混合结构体系是利用木材和混凝土、钢材等其他材料共同受力的结构体系。木混凝土混合结构体系主要有两种：一种是结构底部一层或几层采用混凝土结构、上部采用木结构的上下混合结构体系；另一种是混凝土核心筒和木框架的混合结构体系。木钢混合结构体系可采用木混凝土混合结构类似的结构形式，也可以为钢框架内填轻木剪力墙或正交胶合木剪力墙、木框架内设钢支撑以及木框架内填钢板剪力墙等框架类混合结构体系。木混合结构体系可充分发挥不同材料的优势，实现材料在结构中的优化利用。

（5）木空间结构体系

木空间结构体系可分为木空间网格结构和木空间张拉结构等。木空间网格结构又可以分为木网架结构、球面木网壳结构、自由曲面木网壳结构、树形结构等；木空间张拉结构又可以分为木张弦结构、木悬索结构、木张拉整体结构等；除了这些主要形式外，木空间结构还有板壳式结构、互承式结构等。由于木空间结构中大部分木构件外露，体现出很强的木材建筑表现力，受到建筑师和用户的欢迎，可用于机场、体育场馆以及会展场馆等大跨度建筑中。

1.4 木结构的发展展望

1.4.1 国外木结构的发展

欧美许多国家，木结构因资源再生、绿色环保、取材方便而得到广泛使用，木结构技术发展十分迅速。现代木结构是集传统的建筑材料和现代先进的加工、建造技术为一体的结构形式。现代木结构材料不仅仅应用天然木材，还应用许多新型木产品，如结构胶合材、层板胶合木、正交胶合木、木“工字形”梁和木桁架等，这些材料大都通过各种金属连接件连接成结构整体。

在美国，木材是首选的住宅建筑材料，平均每年都有近150万幢新的住宅建成，其中约有90%采用木结构。表1-1为美国2000年新建住宅的结构形式统计。

美国2000年新建住宅的结构形式统计 **表1-1**

	单户住宅（幢）	多户住宅（幢）	总计（幢）	比例（%）
轻型木结构	1114000	275000	1389000	87
混凝土结构	124000	45000	169000	11
钢结构	6000	9000	150000	<1
原木结构	5000	—	5000	<1
梁柱木结构	3000	—	3000	<1
其他	12000	1000	13000	<1
总计	1264000	330000	1594000	100

注：数据摘自美国林业与纸业协会中文网站。

在加拿大，木材工业是国家支柱产业之一，其木结构住宅的工业化、标准化和配套安装技术非常成熟。在日本，大量的住宅是利用木材、胶合木和刨花板建造的，即使人口稠密的东京地区也是如此。目前日本新建住宅房屋中，有半数以上采用木结构。在北欧的芬兰和瑞典，民居住房的90%为一层或二层的木结构建筑。

近年来，全球资源消耗和环境污染日渐加剧，城市化带来的住房需求依然巨大，为了解决发展与资源环境之间的矛盾，亟须推动土木工程的可持续发展。利用绿色可再生的木材建造的木结构，与实现土木工程可持续发展的目标高度契合，正越来越受到人们的关注。在政府、开发商、研究机构、设计单位和施工单位的共同推动下，落地了一批具有代表性的现代木结构项目。这些工程项目也引领着全球现代木结构面向多高层木结构和大跨度木结构的方向蓬勃发展。

在多高层木结构方面，2009年在英国伦敦建造的9层正交胶合木结构建筑Stadthaus是第一栋现代意义上的高层木结构住宅（图1-4）。其底层为钢筋混凝土结构，上部8层包括楼梯井和电梯井在内的所有结构材料全部为正交胶合木材料。由于正交胶合木能在工厂工业化生产，该幢建筑所有结构材料在工厂制作仅花了3天时间；而木结构的现场安装也非常神速，一支4人组成的安装团队仅用了9周时间就完成了木结构安装，且每周只用3天时间在现场工作。也就是说这幢建筑的安装只有4名安装人员、花了27个工作日就完成了现场木结构安装，充分显示了木结构工厂预制、现场安装技术的高效神速。而且工厂工业化生产的施工质量容易控制。

位于挪威卑尔根的Treet大楼于2014年建成（图1-5），共14层，总高52.8m，共包含64个公寓单元。该建筑外部是巨型胶合木框架支撑体系，电梯井以及部分内墙采用CLT板，CLT墙板和胶合木支撑不设于同一柱间。结构整体具有较高的抗侧刚度，由于层数较多，第5层和第10层设置了结构加强层并在楼面上浇筑混凝土面层，以提高结构刚度和防火性能。木框架内部为预制化房屋单元，施工时将预制化房屋单元组装堆叠为四层，侧向与外部的胶合木框架连接，竖向则是安装在第5层、第10层加强桁架顶部的具有混凝土层的楼面板上。

图 1-4 英国 Stadthaus 大楼

图 1-5 挪威 Treet 大楼

加拿大英属哥伦比亚大学校园的 18 层 Brock Commons 是北美第一栋重型木混合结构高层建筑（图 1-6），于 2017 年建成。大楼不仅作为学生宿舍使用，还是校区的教学和休闲中心。Brock Commons 的独特之处在于采用木混合结构：底层是混凝土裙楼，其上是 17 层重型木结构，作为主要抗侧力体系的混凝土核心筒从底层贯穿至顶层。这栋大楼作为高层木结构的示范项目，旨在证明木混合结构建筑无论从技术上还是经济上都能很好地满足建筑业的发展需求。

位于挪威布鲁蒙达尔的 Mjøsa 大楼于 2019 年建成（图 1-7），共 18 层，总高达 85.4m，是目前全球最高的木结构建筑。该建筑采用木框架支撑结构体系，首层为混凝土结构。顶部几层采用预制混凝土楼板，以减小结构在风荷载下的侧向变形。

图 1-6 加拿大 Brock Commons 大楼

图 1-7 挪威 Mjøsa 大楼

除了上述介绍的代表性项目外，表 1-2 给出了 2010～2017 年全球范围内竣工的部分有代表性的高层木结构建筑。可以看出，高层木结构项目主要集中于北美和欧洲，且发展势头强劲。

全球 2009～2019 年间竣工的高层木结构建筑 **表 1-2**

竣工(年)	建筑	层数	结构体系	城市，国家
2009	Limnologen	8	钢、木、混凝土混合结构	Växjö，Sweden
2009	Stadthaus	8	木结构	London，United Kingdom
2010	Bridport House	8	木结构	London，United Kingdom
2011	Holz8	8	木结构	Bad Aibling，Germany
2012	Forte ower	10	木结构	Melbourne，Australia
2012	LifeCycle Tower One	8	钢、木、混凝土混合结构	Dornbirn，Austria
2013	Cenni di Cambiamento	9	木结构	Milan，Italy
2013	Pentagon ll	8	—	Oslo，Norway
2013	Maison de l'Inde	7	钢、木、混凝土混合结构	Paris，France
2013	Panorama Giustinelli	7	—	Trieste，Italy
2013	Tamedia	7	木结构	Zurich，Switzerland
2013	Wagramerstrasse	7	钢、木、混凝土混合结构	Vienna，Austria
2014	St. Diè-des-Vosges	8	木结构	St. Diè des Vosges，France
2014	Strand Parken	8	木结构	Stockholm，Stockholm
2014	Kingsgate House	7	木结构	London，United Kingdom
2014	Wood Innovation Design Centre	7	木结构	Prince George，Canada
2015	The Treet	13	木结构	Bergen，Canada
2015	Banyan Wharf	10	钢-木混合结构	London，United Kingdom
2015	The Cube Building	10	钢、木、混凝土混合结构	London，United Kingdom
2015	Trafalgar Place	10	木结构	London，United Kingdom
2015	Puukuokka	8	木结构	Jyvaskyla，Finland
2016	Moholt 50/50	9	木结构	Trondheim，Norway
2016	Arbora	8	木结构	Montreal，Canada
2016	T3 Building	7	木结构	Minneapolis，United States
2016	UEA Blackdale Student Residence	7	木结构	Norwich，United Kingdom
2017	Brock Commons Tallwood House	18	钢、木、混凝土混合结构	Vancouver，Canada
2017	Origine Condos	13	木结构	Quebec，Canada
2017	Dalston Works	10	钢、木、混凝土混合结构	London，United Kingdom
2019	HoHoTower	24	木-混凝土混合结构	Vienna，Austria
2019	Mjøstårnet	18	钢、木、混凝土混合结构	Blumundal，Norway

在大跨度结构方面，由于木材比强度低、自重轻，且木结构建筑表现力强，因此这类结构非常适于采用木材建造。早在 1983 年，美国华盛顿州塔科马市就建成了当时世界上最大的木穹顶结构（图 1-8)，塔科马体育馆，可用作足球、橄榄球、篮球及网球等多种竞赛的赛场。该体育馆穹顶采用木结构，穹顶的直径为 162m，矢高达 45.7m。该屋顶的主要受力结构为由三角形网格交织而成的半球形单层穹壳。穹壳构件采用截面为 200mm×762mm 的胶合梁。木檩条搁置在穹壳构件上，安装于檩条上的启口木板用作该结构的屋面板。每一根穹壳构件弯曲成弧形以适应穹顶曲面，使得穹顶形成一个三维的空间结构。穹顶结构能够承受相当大的荷载，如顶上安装着扬声器、场地照明灯具、永久性的记分牌以及冷却通风设备等，总重量达 160 多吨。

于 2008 年竣工的加拿大里士满奥林匹克速滑馆是世界上跨度最大的木结构建筑之一

(a) (b)

图 1-8 塔科马体育馆

(a) 外观；(b) 木结构穹顶内部结构

图 1-9 里士满奥林匹克速滑馆

(图 1-9)。该建筑由 2400m² 的云杉一松一冷杉规格材、19000 张 1.2m×2.4m 花旗松胶合板、2400m² 的花旗松胶合梁和 70m² 的黄柏胶合木柱组成。其屋盖由约 100m 跨度的木钢组合拱支撑在巨大的混凝土支墩上，木钢组合拱的截面为 V 形，V 形的尖部为刃形钢构件，以连接两边的胶合木拱，胶合木拱顶部为 H 型钢。钢-胶合木复合拱的空心结构也为管线的铺设提供了空间。

1.4.2 国内木结构的发展

近年来，越来越多的国人意识到了木结构的优势，对木结构投资、设计和建造的兴趣也越来越浓厚。在国家和地方政策的积极推动下，中国木结构取得了长足的发展。

国内许多高校和科研院所的学者针对传统木结构、轻型木结构、胶合木结构、木混合结构等开展了大量的研究工作，并在材料、基本构件、连接节点、结构体系等方面取得重要进展。基于研究成果，编制和修订了包括《木结构设计标准》《多高层木结构建筑技术标准》《装配式木结构建筑技术标准》《胶合木结构技术规范》等一系列的木结构技术标准，促进了国内木结构的工程应用。

传统木结构方面，在国内林业较为发达的内蒙古和黑龙江等地区，井干式木结构得到了传承和发展。此外，传统木结构中的抬梁式和穿斗式也被大量应用在仿古建筑和宗教建筑中。

自 21 世纪初首次引进北美轻型木结构以来，轻型木结构在我国取得了快速的发展，是目前现存木结构建筑的主要结构形式，占比达 67%。轻型木结构主要应用于 3 层及 3 层以下的众多别墅、酒店、学校、农村住宅等建设项目。位于四川都江堰的向峨小学，如图 1-10 所示，是我国第一座全木结构校园，总建筑面积为 5643m²，包括 3 栋建筑单体：

宿舍楼、餐厅和教学综合楼，其中宿舍楼和教学综合楼均采用轻型木结构；位于苏州市吴中区的御玲珑生态住宅别墅示范苑项目（图 1-11），建有 12 幢 3 层轻型木结构独栋别墅，建筑面积约 1.2 万 m^2；轻型木结构因为建造方便，与自然环境的协调性好，也被应用于大量文旅建筑中。然而考虑到中国人口密度较大，轻型木结构建造的低层建筑对土地的利用率较低，在城市化发展的进程中其局限性越发明显。

图 1-10 向峨小学

图 1-11 御玲珑生态住宅别墅示范苑

重型木结构大多采用胶合木梁柱结构体系，近年来全国各地建立了许多标志性的重型木结构工程，广泛应用于售楼中心、休闲会所、学校、体育馆、图书馆、展览厅、会议厅、走道门廊、桥梁、户外景观设施等。如位于青岛小珠山公园的万科青岛小镇游客中心（图 1-12）采用 93 根锥形胶合木柱支撑了 2600m^2 的三维曲面屋顶，整个屋顶全部采用了 SPF 层板制造的层板钉接木。位于上海的崇明游泳馆建筑面积 3000m^2，其屋盖采用胶合木和钢组合的张弦壳体结构，结构两侧设置 V 形柱以抵抗壳体结构产生的巨大推力。位于山西的太原植物园为木网壳结构（图 1-13），采用胶合木建造，最大跨度为 85m，成为国内跨度最大的木网壳结构。

图 1-12 万科青岛小镇游客中心

图 1-13 太原植物园

面向未来，随着我国对“双碳”理论的积极践行、对建筑业低碳绿色发展的大力推动、公众对木结构特点认识的不断增强、木结构建造能力的不断提高，利用可再生木材资源建造的木结构将迎来全新的发展阶段。在更为深入的技术研究基础上，大跨度木结构和多高层木结构项目会越来越多，发展前景广阔。

Reading Material 1
Wood as a Construction Material

Wood is one of the oldest natural building materials in the world. It would not take too much effort to come up with a long list of wood product applications through history. Examples could include the caveman' s wooden club, tool handles, furniture, sailing vessels, airplanes, railway ties, sport equipment, bridges, piles, temples, palaces, sports arenas, swimming halls, low rise commercial buildings and residential housing. The list is indeed long, as wood was the primary structural material until the beginning of the 20th century. Although more modern materials, including steel, concrete, and fiber composites, have extended some structures and buildings to long span and high-rise applications, a strong demand still exists for wood in single and multi-family housing and low-rise commercial markets. In particular, over 90% of residential housing in North America and Japan is wood frame or post-and-beam systems. In these countries, over two million housing units are built annually. Wood is more suitable than steel and concrete in these markets for many reasons: ease of workmanship, customer preference for natural materials and thermal insulation properties of wood etc. A brief overview of wood as a construction material from the points of view of the forest resources, the structural properties of wood are provided.

Forest Resources in Canada and Worldwide

Trees are classified broadly into two categories: hardwoods and softwoods. These names are a little misleading as some softwood (e. g. , longleaf pine and Douglas-fir) is actually harder than some hardwood (e. g. , basswood and aspen) . Hardwoods are typically broad leaf plants that lose their leaves during autumn and winter. Softwoods are evergreen plants (except for larch) with needles or scale-like leaves. The seeds of hardwoods are kept in the ovary of the flowers (Angiosperms) whereas the seeds of softwoods are exposed in forms of cones (Gymnosperms) . Hardwoods typically have vessel elements (tube-like wood cells with open ends) leading to a porous structure that serves as a conduit for the transport of water and sap (water and minerals) in the tree. Softwoods on the other hand, are non-porous and do not have vessels. Hardwoods tend to have many slender elongated cells and grain irregularities. In comparison with softwood, it is more difficult to work with hardwood in terms of cutting, nailing, or machining. The ease of workmanship is one of the reasons why softwood is commonly used as beams, columns, headers, posts, chords and braces in low-rise buildings in North America, Europe and Japan.

As one of the most common building materials in the world, when comparing wood to the other basic building materials, such as concrete and steel, only wood is renewable. If you cut down a tree to make wood products and replant it with new seedlings, in 50 to 100 years another tree will be available for consumption. The key is the management of the forest so that its use is sustainable through proper forestry practices.

Canada has 31.4 million people and a landmass of 922 million ha. Information on forest resources statistics from the Food and Agriculture Organization of the United Nations website (http://www.fao.org/forestry/fo/country/) shows that Canada has the third largest forest coverage in the world behind Russia and Brazil (Table 1-1). Canadian forests contain 14% of the world softwood resources behind Russia. With approximately 45% of the landmass under forest and other wooded land cover, the ratio of forest coverage to the number of inhabitants in Canada is one of the highest in the world. The forest is, therefore, very important to Canada as a natural resource. Besides the commercial value of this resource in forms of forest products, there are strong needs to balance other demands on the forest. The recognition of the forests as ecosystems and their impact on the environmental quality of the world is particularly important. The forest is part of an ecosystem that protects the watershed, allows nutrients to be recycled from the tree to the soil, provides storage for carbon, regenerates oxygen, influences global climate and provides shelter and food for animals. The forest also serves as a park and recreational area and provides spiritual inspiration for many people. The competing demands of the forest, as a source of commercial fiber, recreation, and a healthy environment, have led to debates. In some parts of North America, these concerns over environmental and sustainability issues have led to restricted availability of old growth fiber supply.

In 2000, the amount of sawn wood produced in USA, Canada, Russia, Brazil, Sweden, Finland, and China was 112.2, 69.6, 20.0, 18.1, 15.8, 12.8, and 6.3 million m^3, respectively. In terms of global softwood harvesting, Canada ranks third behind Russia and USA. China is the fifth largest wood producing country globally, although 2/3 of its roundwood production (190.9 million m^3) is burned as fuel. Similarly, Brazil and Russia commonly use wood as fuel (133.4 & 44.3 million m^3). In Canada, although substantial harvesting occurred during 1999～2000, forest coverage was almost unchanged (Table 1-1). This stability can be attributed, in part, to the natural regeneration of the forests and the requirement of reforestation after commercial harvest. In Canada, land designated as commercial forest is required to be maintained as forestland.

The forest coverage in China actually increased by 1.13% in recent 30 years, due primarily to forest plantation practices. In Brazil and globally, the forest coverage reduced by 0.57% to 0.15% respectively. The global reduction in forest coverage occurred mainly in tropical forests where the land use would change from forest to agriculture after the forest was commercially harvested. The global deforestation caused by such practices can potentially be reduced if the local community recognizes the economical value of the forest (structural wood product is one of the most valuable) and practices sustainable forestry with reforestation and/or allows the forest to naturally regenerate as a longer-term investment.

Forest coverage in some of the major forest product producing countries Table 1-1

Country	Forest area (1000ha)				Net annual change					
					1990～2000		2000～2010		2010～2020	
	1990	2000	2010	2020	1000ha (year)	% (year)	1000ha (year)	% (year)	1000ha (year)	% (year)
Russia	808950	809269	815136	815312	31.9	n. s.	586.7	0.07	17.6	n. s.
Brazil	588898	551089	511581	496620	−3780.9	−0.66	−3950.8	−0.74	−1496.1	−0.30
Canada	348273	347802	347322	346928	−47.1	−0.01	−48.0	−0.01	−39.4	−0.01
USA	302450	303536	308720	309795	108.6	0.04	518.4	0.17	107.5	0.03
China	157141	177001	200610	219978	1986.0	1.20	2361.0	1.26	1936.8	0.93
World	4236433	4158050	4106317	4058931	−7838	−0.19	−5173	−0.13	−4739	−0.12

Source: Food and Agriculture Organization of the United Nations.

Note: n. s. denotes no significant variance.

Life Cycle Analysis-Is wood an environmentally friendly building material?

The increase in world population and the improvement in general living standards have led to an associated increase in demand for wood products. For example, in 1998, the consumed wood and fiber products in the United States reached an all-time high level requiring approximately 0.505 billion m^3 of round-wood production. The current worldwide demand for wood (approximately 3.5 billion m^3) has doubled in the last 30 years. By 2050, the projected future consumption of wood will increase to 5.2 billion m^3.

These projections have led to questions of sustainability and the environmental friendliness of using wood products instead of alternatives such as steel or concrete. As issues such as global warming, greenhouse gas emission, air and water pollution, ozone depletion and sustainable use of natural resources become front and center in our daily lives, consumers, builders, designers (architects and engineers) are increasingly more interested in using environmentally friendly material and methods. The Canadian Wood Council commissioned ATHENA™ Sustainable Materials Institute to conduct a study based on life cycle analysis. The study compared the environmental impact of constructing a 240m^2 single family house using common building materials and techniques with the impact of using three different building materials: wood framing, sheet metal framing and concrete. The life-cycle analysis (LCA) assessed environmental effects at all stages of the product's life including resource procurement, manufacturing, on-site construction, building service life and de-commissioning at the end of the useful life of the building.

The major findings of the LCA study, as shown in the Canadian Wood Council website (www. cwc. ca), indicate that the wood-frame house is significantly more environmentally friendly in the following five out of six key measures.

(1) The embodied energy for the wood house is 53% less than sheet metal and 120%

less than concrete. This is a measure of the total direct and indirect energy used during the extraction, processing, manufacturing, transportation and installation of the materials from raw material to the final product in the house.

(2) In terms of global warming potential, wood is 23% lower than sheet metal and 50% lower than concrete. The global warming potential is referenced by greenhouse gas emissions measured in the form of CO_2 or equivalent amount of CO_2 for other greenhouse gases. This measurement includes the emission of CO_2 during the production process, such as steel making or cement production.

(3) The air toxicity index for the wood house is 74% less than sheet metal and 115% less than concrete. Similarly, the water toxicity index for the wood house is 247% less than sheet metal and 114% less than concrete. The toxicity indices are represented by an estimation of the volume of air or water needed to dilute the contaminated air or water emitted during the various life cycle of the material to within the acceptable level defined by the most stringent standard (such as meeting the drinking level standards) .

(4) The weighted resource use for wood is 14% less than sheet metal and 93% less than concrete. The weighted resource use is a subjective measure based on survey of resource extraction and environmental specialists to develop subjective scores of the relative effects or ecological carrying capacity of different resource extraction activities.

(5) Solid waste generation, in kilograms of construction waste, is lowest for sheet metal. The solid waste generated in wood and concrete houses is 21% and 58% higher than steel, respectively.

The results of the ATHENA™ study confirm the findings of another LCA study conducted independently by the Building Research Establishment of the United Kingdom (www. bre. co. uk) where timber scored highly in the 13 environmental impacts studied-from climate change, pollution to air and water, waste disposal, and transport pollution and congestion. The study also concluded that timber is the only building material to have a positive impact on the environment due to the absorbed carbon dioxide and oxygen creation from a growing tree.

Summary

Wood is the only renewable construction material in the world. Currently there is still a healthy supply of forest resource in the world; however, sustainable forestry practice (e. g. tree replanting after logging practice) is needed to prevent over harvest. Wood is widely recognized as a "Green" building material and is commonly used as in construction in many parts of the world. Life cycle analysis is an objective measurement that shows wood to be superior to other building materials such as concrete and steel in terms of their environmental impact. Developing a good understanding of the physical properties of wood and how they influence the strength properties of wood is important to allow wood to be efficiently utilized as a construction material. Some of the key factors include: the strength properties of wood are influenced by moisture and the direction of loading.

思考题

1.1 我国的传统木结构，例如应县木塔、故宫等，均表现出较好的抗震性能，请谈谈其主要原因?

1.2 对于抗火性能，木材与钢材的主要区别是什么?

1.3 木材是一种非常适用于大跨度结构的建筑材料，请说说其中的原因。

1.4 请问“轻型木结构”的“轻”字具有什么含义?

2 木结构材料

2.1 木结构用材的树种

结构用材可分为两类：针叶材和阔叶材。针叶材一般质地较软，容易刨平钻孔等加工，又称为软木；而阔叶材一般质地较硬，且不易刨平，又称硬木，见图 2-1。结构中的承重构件大多采用针叶材。针叶材一般为四季常青，而阔叶材秋冬季会落叶。其实软木（针叶材）并非强度一定比硬木（阔叶材）低，有些软木的强度比一些硬木强度还高。但是硬木的木纹不像软木那样平直、有规律，而木材加工时沿着木纹取材、刨光者较多，因此硬木加工较困难，感觉很硬，而使用时因木纹方向变化较大使得强度离散性很大，所以硬木用作结构材较少。但近年来，国际上不少学者也开始探索硬木在土木工程中的应用。

(a)　　　　(b)

图 2-1　木结构用材的树种

（a）针叶材；（b）阔叶材

根据第九次全国森林资源清查（2014～2018 年）结果，我国森林面积约为 2.2 亿公顷，森林覆盖率达 22.96%。全国活立木总蓄积 190.07 亿 m^3，森林蓄积 175.60 亿 m^3。我国森林资源总量位居世界前列，森林面积位居世界第 5 位，森林蓄积位居世界第 6 位，人工林面积位居世界首位。但是我国人均森林蓄积量较低，且我国森林质量不高，资源分布不均衡，可采资源不足。因此目前进口木材还是我国工程用木材的重要来源。

2.1.1 我国可供选用的常用树种

我国《木结构设计标准》GB 50005—2017 所述的常用国产树种有：

东北落叶松、铁杉、西南云杉、西北云杉、红松、冷杉、栎木、青冈、椆木、锥木和桦木等。

2.1.2 常用的进口树种

我国《木结构设计标准》GB 50005—2017 所述的常用进口树种有：

花旗松—落叶松类，包括北美黄杉、粗皮落叶松；

铁—冷杉类，包括加州红冷杉、巨冷杉、大冷杉、太平洋银冷杉、西部铁杉、白冷杉等；

铁—冷杉类（北部），包括太平洋冷杉、西部铁杉；

南方松类，包括火炬松、长叶松、短叶松、湿地松；

云杉—松—冷杉类，包括落基山冷杉、香脂冷杉、黑云杉、北美山地云杉、北美短叶松、扭叶松、红果云杉、白云杉；

俄罗斯落叶松，包括西伯利亚落叶松、兴安落叶松。

树木品种名称非常繁多，同样名称、不同产地性能差别非常大；此外，各地往往对同一树种也有不同的称呼；即使名称相同的树木，但生长于不同地方，其力学性能也是有很大区别的。因此这里不可能将木结构中用到的树种列全。但从上述所列树木名称可以看到，木结构中用到的松类、杉类树种较多。

2.2 木材的构造

木材的构造分宏观构造和微观构造。宏观构造为肉眼或放大镜下观察到的木材构造及其特征；微观构造是木材在显微镜下观察到的木材各组成分子的细微特征及其相互联系。

2.2.1 宏观构造

(1) 木材三向特征

木材特征沿三个方向不同，此三向为：纵向（Longitudinal，简记为 L）、径向（Radial，简记为 R）和切向（Tangential，简记为 T）。木材在不同方向上的分子特征不同，其物理性质、力学强度也因此不同。木材三个方向见图 2-2。纵向是沿着木纹生长的长度方向；径向和切向均垂直于木纹长度方向，径向为沿着横截面的半径方向，切向为沿着横截面的切线方向。

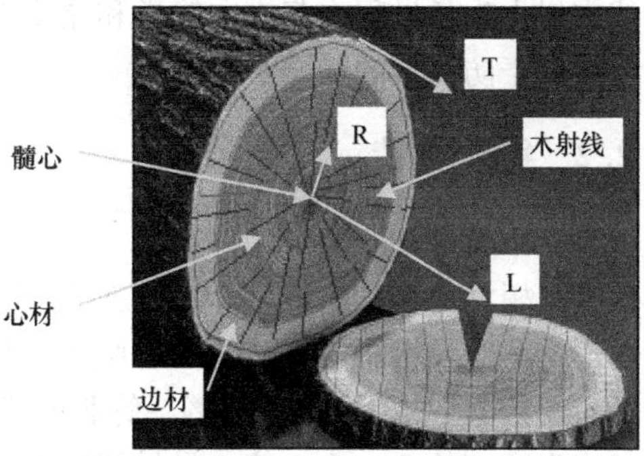

图 2-2 木材宏观构造

(2) 边材和心材

边材是指在存活树木中含有活细胞及储存物质的木材部分，位于树皮内侧并靠近树皮处，边材材色一般较浅，含水率一般较大；心材是指在存活树木中不包含活细胞，位于边材里面的木材，颜色一般较深。树横断面中心部位称为髓心，髓心为第一年的初生木质，常为褐色或淡褐色，髓心质地较软、强度低、易开裂，在工程木材加工时，往往不用髓心处的木材。心材、边材、髓心的位置见图 2-2。

有些树种，心材和边材区别显著，如马尾松、云南松、麻栎、刺槐、榆木等，称为心材树种。有的树种，木材外部和内部材色一致，但内部的水分较少，称为熟材树种或隐心材树种，如冷杉、云杉等。有的树种，外部和内部既没有颜色上的差异，也没有含水量的差别，称为边材树种，如桦木、杨树等。

心材是由边材转变而成的。心材密度一般较大，材质较硬，天然耐腐性也较高。

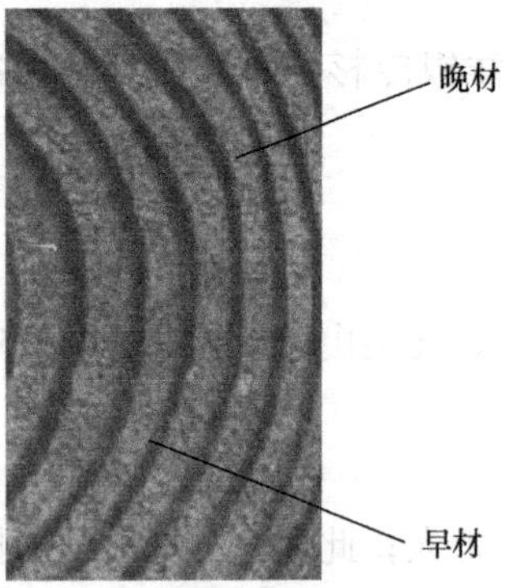

图 2-3 年轮

(3) 年轮、早材和晚材

年轮：一年内木材的生长层，在横断面上围绕髓心呈环状。年轮在许多针叶材中明显，见图 2-3。在热带、亚热带，树木的生长期与雨季、旱季的季节相适应，因此一年内能形成数个年轮；而在温带、寒带，树木的生长期则与一年相符，一年形成一轮，因此通称年轮。

早材：一个年轮中，靠近髓心部分的木材。在明显的树种中，早材的材色较浅，一般材质较松软、细胞腔较大、细胞壁较薄、密度和强度都较低。

晚材：一个年轮中，靠近树皮部分的木材。材色较深，一般材质较坚硬、结构较紧密、细胞腔较小、细胞壁较厚、密度和强度都较高。

在年轮明显的树种中，一个年轮内从早材过渡到晚材，有渐变的，也有急变的。渐变者为年轮中早材、晚材界限不明显，从早材到晚材颜色逐渐由浅变深；急变者为年轮中早材、晚材界限明显，从早材到晚材颜色突变。

(4) 木射线

木射线为从髓心到树皮连续或断续穿过整个年轮的、呈辐射状的条纹，见图 2-2。木射线在树木生长过程中起横向输送和储藏养分的作用。木材干燥时，常沿木射线开裂。木射线有利于防腐剂的横向渗透。

2.2.2 微观构造

(1) 木材的细胞组成

针叶树材的细胞组成简单、排列规则，因此材质均匀，主要分子为纵向管胞、木射线、薄壁组织及树脂道等。纵向管胞占总体积的 90%以上，是决定针叶树材物理力学性能的主要因素。木射线约占 7%。管胞的形状细长，两端呈尖削状，平均长度为 3～5mm，其长度为宽度的 75～200 倍。早材管胞细胞壁薄而腔大呈正方形；晚材管胞细胞壁比早材厚约 1 倍而腔小呈矩形。

阔叶树材的组成分子为木纤维、导管、管胞、木射线和薄壁细胞等。其中以木纤维为主，占总体积的 50%，是一种厚壁细胞。它是决定阔叶树材物理力学性能的主要因素。导管是纵向一连串细胞组成的管状构造，约占总体积的 20%，在树木中起输导作用。木射线约占 17%。

(2) 木材细胞壁的纹孔

木材细胞壁上有不少纹孔。这是纵向细胞之间、纵向细胞与横向木射线细胞之间水分和养分的通道；也是木材干燥、防腐药剂处理及胶合时，水分、药剂及胶料渗透的通道。

(3) 木材细胞的成分

木材细胞的主要成分为纤维素、木素和半纤维素。其中以纤维素为主，在针叶树材中约占53%。纤维素的化学性质很稳定，不溶于水和有机溶剂，弱碱对纤维素几乎不起作用。这就是木材本身化学性质稳定的原因。

针叶树材的木素含量约为25%，半纤维素含量约为22%。它们的化学稳定性较低。

阔叶树材的纤维素和木素含量较少，而半纤维素较多。

木材细胞基本元素的平均含量几乎与树种无关，其中碳约49.5%，氢约6.3%，氧约44.1%，氮约0.1%。

(4) 木材细胞壁的构造

纤维素分子能聚集成束，形成细胞壁的骨架，而木素和半纤维素包围在纤维素外边。图2-4为一个细胞的简图。细胞壁本身分成主细胞壁和次生壁。次生壁进一步分成三层：S1、S2和S3，细胞壁主体为厚度最大的次生壁中层S2，该层微细纤维紧密靠拢，排列方向与轴线间成10°～30°角，这就是木材各向异性的根本原因。其他各层尽管与轴向夹角较大，但因厚度较小，对木材强度不起控制作用。

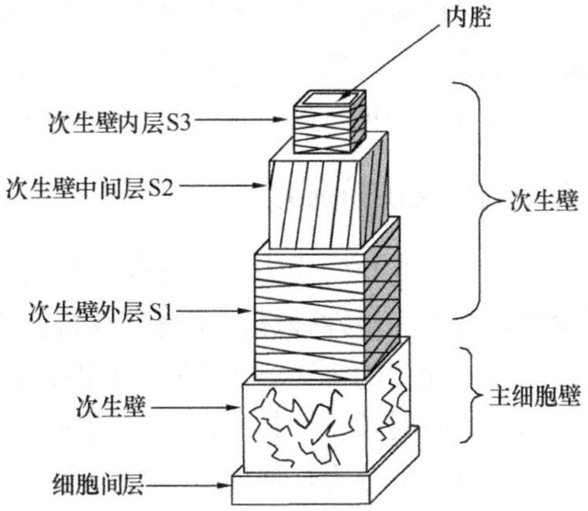

图2-4 细胞简图

2.2.3 木材缺陷

木材主要缺陷有木节、斜纹、髓心、裂缝、变色及腐朽，这些都会降低木材利用价值，影响材料的受力性能。

木节为树干上分枝生长而形成，木节周边会形成涡纹，因此木节与周围纤维的联系较弱。外观尺寸相同的木节随在材料上的位置不同而对材料性能产生不同的影响。

斜纹有天然和人为之分。天然斜纹在木材生长过程中产生，人为斜纹是锯面与木纹方向不平行而引起。木纹较斜、木构件含水率较高时，干燥过程会产生扭翘变形和斜裂纹，从而对构件受力不利。

髓心如前所述，其组织松软、强度低、易开裂，因此对受力要求较高的构件应避免用髓心部位的材料。

裂缝是木材受外力作用，或随温度、湿度变化而产生的木材纤维间的脱离现象，裂缝既影响外观又影响受力性能。

变色是由木材的变色菌侵入木材后引起的，由于菌丝的颜色及所分泌的色素不同，有青变（青皮、蓝变色）及红斑等；如云南松、马尾松很容易引起青变，而杨树、桦木、铁杉则常有红斑。变色菌主要在边材的薄壁细胞中，依靠内含物生活，而不破坏木材的细胞壁，因此被侵染的木材，其物理力学性能几乎没有太大改变。一般除有特殊要求者外，均不对变色加以限制。

木腐菌在木材中由菌丝分泌酵素，破坏细胞壁，引起木材腐朽，使木材材质变得很松软或成粉末，降低木材强度。

2.3 木材的受力性能

木材是一种自然生长的材料，其受力性能受树木生长速度、生长条件、树种、材料含水率以及缺陷等许多因素的影响。如前所述，树木生长有年轮；木材力学性能沿纵向、横向完全不同，为各向异性体。这些都会影响木材强度。

木材强度按作用力性质以及作用力方向与木纹方向的关系一般可分为：顺纹抗拉、顺纹抗压及承压、抗弯、顺纹抗剪及横纹承压等几类。其他形式受力如横纹抗拉等因强度太低，应尽可能避免，规范也不给出相应的强度设计值。

2.3.1 顺纹抗拉强度

木材顺纹受拉的应力一应变曲线接近于直线，因此木材受拉破坏前并无明显的塑性变形阶段，表现为脆性破坏。木材顺纹抗拉强度极限较高，但木材横纹抗拉强度很低，一般为顺纹抗拉强度的1/40～1/10。因此在受力构件中不允许木材横纹受拉。

木材缺陷对顺纹抗拉强度的影响很大。有斜纹时，由于木纹方向与拉力方向不一致，产生横纹方向的分力，而使受拉构件的强度降低，木纹斜率愈大，降低也愈多。干缩裂缝沿斜率较大的木纹开展时，对受拉构件的危害极大，甚至导致断裂。因此对受拉构件应严格限制木纹的斜率。

木节对受拉构件承载能力的影响也很大。木节与周围木质之间的联系很差，削弱了截面，并使截面偏心受力；木节旁存在涡纹使该处形成斜纹受拉；木节边缘产生局部的应力集中，由于木材受拉工作的脆性特点，这种应力集中一直到破坏仍得不到缓和。木节对强度的影响非但与木节的尺寸有关，且与木节在构件截面上的位置也有关系。位于边缘部分的木节影响最大，试验表明：当木节的尺寸等于构件宽度的1/4，且位于边缘部分，构件的承载能力只相当于同样尺寸无节试件的30%～40%。这说明在选择拉杆木材时严格限制木节尺寸的重要性。具有相同净截面面积的情况下，有缺孔等局部削弱的拉杆的承载能力，要比没有削弱时低；因为削弱后的孔边会出现应力集中现象。

2.3.2 顺纹抗压强度

木材顺纹受压破坏时，纤维失稳而屈曲。木材顺纹受压和受拉相比，受压时木材具有较好的塑性。正由于这种性质，能使局部的应力集中逐渐趋于缓和，所以在受压构件中通常可不考虑应力集中的不利影响。木节的影响也远小于受拉。例如，当木节尺寸为构件宽度的1/3，且位于边缘部分时，构件的承载能力为同样尺寸无节试件的60%～70%。斜纹的影响也小得多。裂缝在轴心受压时几乎无影响。因此，木构件的受压工作要比受拉工作可靠得多。

2.3.3 抗弯强度

木材的抗弯强度极限介于抗拉和抗压强度极限之间。由于木材受弯时既有受压区又有受拉区，因此木节和斜纹对强度的影响介于受压和受拉之间。当木节直径之和占宽度的1/3时，其强度为无节试件的45%～50%。木节对原木受弯构件的影响小于锯材，因为锯材边缘的纤维被切断，节旁斜纹在受弯时会劈开，而原木无此等现象。故木节尺寸达到上述程度时，原木的强度能达到无节试件的60%～80%。

2.3.4 承压强度

连接处常常为木材承压受力。按承压受力方向与木纹所成角度的不同，可分为顺纹、横纹和斜纹三种情况，见图2-5，顺纹承压强度稍小于顺纹抗压强度，这是因为承压面不可能完全平整所致。但差别很小，故标准中对顺纹抗压强度设计值和顺纹承压强度设计值不作区别。

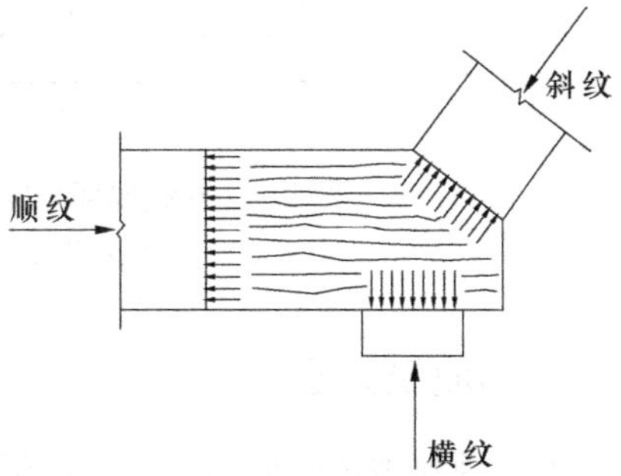

图2-5 木材承压的三种方向

木材横纹承压在开始时是细胞壁的弹性压缩阶段，当应力超过比例极限以后细胞壁失去稳定，细胞腔被压扁，这时荷载虽然增加很少，但变形却增长很快。最后，当所有的细胞腔压扁以后，其变形逐渐减少，而应力急剧上升，直到无法加压时止。木材横纹承压变形较大，在实际使用中不希望在构件的连接处产生过大的局部变形，因此，一般由比例极限确定木材横纹承压强度。

在横纹承压中，又可分为全表面承压，见图2-6（a），以及局部表面承压，见图2-6（b）、（c）。

横纹全表面承压的强度几乎与承压面的尺寸无关。

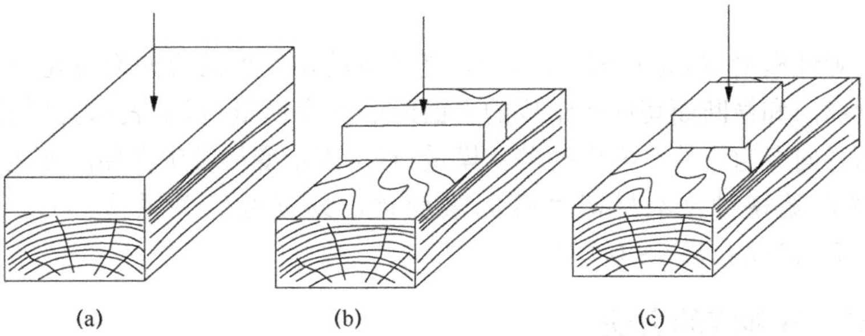

图2-6 木材横纹承压几种不同情况

（a）全表面承压；（b）局部长度承压；（c）局部长度和宽度承压

局部长度承压时，见图2-6（b），不但压块下面一定深度的木材纤维参加承压工作，在压块两端一定范围内的木材纤维也参加工作，但它们是处于受弯和受拉状态，见图2-7（a）。由于压块两端范围内木材纤维的支持，局部长度承压强度高于全表面承压。

横纹承压强度值与承压面长度 l_a 和非抵承面自由长度 l_c 的比值有关。当 $l_c/l_a=0$ 时，即为全表面承压，此时强度最低；当 l_c/l_a 很小时，非抵承端部可能出现横纹撕裂现象，见图2-7（b）；只有当 l_c/l_a 足够大时，才能考虑横纹承压强度的提高；当 $l_c/l_a=1$，且 $l_a \leqslant h$ 时，局部承压强度几乎达到最大值，以后再增加 l_c/l_a 比值，强度几乎不再提高。

当长度方向和宽度方向都局部承压时，见图2-6（c），由于木材纤维横向的联系很弱，其强度与局部长度承压相差甚微。

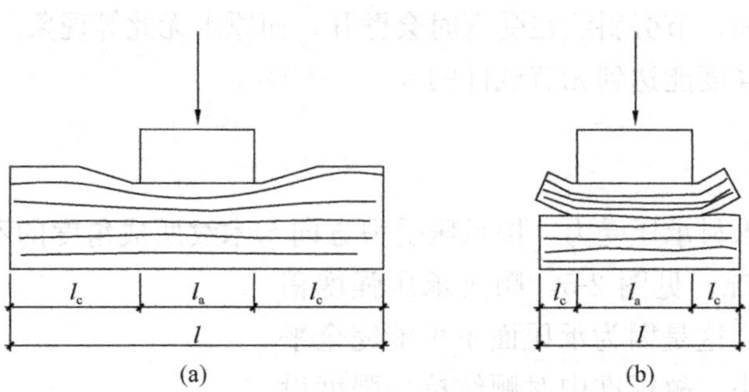

图 2-7　横纹局部长度承压时两端非抵承面木材纤维的工作情况

(a) 非抵承面较长时；(b) 非抵承面很短时

2.3.5　抗剪强度

木材受剪破坏时变形很小，达到强度极限时突然破坏，表现为脆性特点。木材抗剪强度很低，应尽可能避免。

2.3.6　受拉、受压、受剪及弯曲弹性模量

木材顺纹受压和顺纹受拉弹性模量基本相等，记作 E_L 。横纹弹性模量分为径向 E_R 和切向 E_T ，它们与顺纹弹性模量的比值随木材的树种不同而变化，当缺乏试验数据时，可以近似取：$E_T/E_L \approx 0.05$ ，$E_R/E_L \approx 0.1$ 。木材顺纹弹性模量近似地比木材静力弯曲弹性模量提高 10%。

木材受剪弹性模量 G（也称剪变模量），随产生剪切变形的方向而变化。G_{LT} 表示变形发生在沿木材纵向和横断面切向所组成的平面内的剪变模量；G_{LR} 表示变形发生在沿木材纵向和横断面径向所组成的平面内的剪变模量；G_{RT} 表示变形发生在横断面内的剪变模量。木材剪变模量也随树种、木材密度等因素变化，具有近似关系式：$G_{LT}/E_L \approx 0.06$ ，$G_{LR}/E_L \approx 0.075$ 和 $G_{RT}/E_L \approx 0.018$ 。

2.3.7　确定木材强度的方法

木材的受力性能即强度除各向异性外，还与木材所在树干的位置有关，如树干的根部和梢部、心材与边材、向阳面和背阳面等的强度都有显著的差异。此外，无疵病（缺陷）的清材与有疵病（木节、斜纹、裂缝等）木材强度差异更大；木材强度还与试件尺寸、干湿状况、使用条件及设计使用年限等因素有关。

目前，普通木结构中所用木材强度的原始数据按国家标准《木材物理力学试验方法总则》GB 1928 规定的含水率为 12%的清材小试件试验确定。国家标准《木结构设计标准》GB 50005 在原始数据的基础上，结合实际使用经验，归类定出一些树种的强度设计值和弹性模量。标准小试件方法是测定无缺陷小试件强度的方法，是一种成本较低且有效的方法，被许多国家所认可。标准小试件方法的主要缺点是测得的小试件的失效模式可能与实际材料有差别，考虑不到缺陷的影响。随着现代化测试手段的发展，近 20～30 年来，这些方法也在木材强度测定上有所应用，以弥补标准小试件方法的不足。

轻型木结构中规格材及胶合材中层板的强度分等方法有目测分级和机械分级两种。目

测分级为用肉眼观测方式、按规范规定的标准对木材材质划分等级。机械分级则采用机械应力测定设备对木材进行非破坏性试验，按测定的木材弯曲强度和弹性模量确定木材的材质等级。

2.4 木结构材料的种类

结构用木材按照其加工方式不同主要分三大类：原木（Log）、锯材（Sawn Lumber）和胶合材（Glued Lumber）。

原木为经去皮后的树干直接用作结构的构件。原木用作结构构件时往往要求很高，整根构件长度大、直径变化小、外观好、缺陷少，因此这样的建筑往往造价很高，且不利于充分利用原材料。国内的一些历史建筑很多用原木作结构的柱子，20 世纪农村住宅常常以原木作梁，并以梁的直径作为财富的象征；国外目前也有建造一些原木建筑，但造价相当昂贵。

锯材为树干经去皮处理后，切割成一定长度、断面的材料，按其断面尺度不同分为方木、板材和规格材。随着木材加工技术的发展，锯材生产过程的自动化程度不断提高，通过计算机控制，对断面进行最优分割，从而最大限度地利用原材料，生产出各种截面的锯材，提高生产效率和原材料利用率。

胶合木是以锯材加工成的层板为原料、通过施压胶合而制成的各种矩形截面和板材的总称。胶合木所用层板厚度不超过 45mm，因为厚度不大，所以容易去除木材本身的缺陷，从而材质较为均匀，强度和可靠度都比同样尺寸的锯材高，同时材料利用率也较高。层板沿顺纹方向叠层胶合而成的称为层板胶合木，也可称作胶合木或结构用集成材；层板以正交方向相互叠层胶合而成的称为正交胶合木。

木结构中除上述三类结构用木材外，还有一些用木材制作而成的工程木制品，如轻型木桁架、“工”字木等。对于现代木结构，锯材、胶合木和工程木制品应用广泛，下面分类作介绍。

2.4.1 锯材

如上所述，锯材分方木、实木板材和规格材。

(1) 方木（Sawn Timber）

方木指从原木经直角锯切得到、宽厚比小于 3、截面为矩形或方形的锯材，常用作建筑物的梁和柱。一般方木的最小截面尺寸为 140mm×140mm，最大截面尺寸可达到 400mm×400mm 左右。截面尺寸越大，要求原木直径越大，材料越难得到。因此较易得到的方木截面尺寸一般在 240mm×240mm 以下，长度约 9m。对于大尺寸方木并不是所有树种都可得到，因为有些树种的树干直径有限。此外大尺寸方木需提早预订，而且并非所有工厂可供货。

木材常用干燥方法为放在自然环境中晾干或在干燥棚中烘干。由于方木截面尺寸和构件长度都较大，中心部位水分难以彻底挥发，因此在自然状况下难以彻底干燥；而放进棚中干燥，表面和中心部位水分挥发速度差异很大，容易产生裂缝。所以方木一般总是未经彻底干燥的“湿材”，在使用过程中容易产生收缩并导致裂缝，但只要裂缝不超过规范规定的范围，不会影响承载能力和正常使用。为避免方木中大裂缝的产生，使用前最好留有足够时间使它在自然环境中慢慢干燥，使用时避免温度较高、湿度很低的环境。

(2) 实木板材 (Plank Decking)

实木板材指从原木直角锯切得到、宽厚比大于等于3、截面为矩形的锯材。常用的实木板材为启口板，常用于“梁柱结构”体系中的楼、屋面板。相对于“轻型木结构”，在“梁柱结构”体系中楼、屋面板跨度较大，所以此处所用启口板为单跨或多跨的承重板。在楼屋面结构中，如果启口板质量等级较高，其外观和承载能力都较好，此时它既是承重楼板又是装修面板。启口板常用厚度为40mm、65mm、90mm，在结构中采用何种厚度的板则根据板的跨度和楼屋面荷载确定。板较薄如40mm厚时，板边缘采用单启口，板较厚如65mm、90mm厚时，板边缘采用双启口，相邻板块通过启口镶嵌保证固定；厚度为65mm或90mm的板沿长度方向每隔一定距离预先钻一小孔，安装时每一小孔用一长钉子连接相邻板块，以此确保板块间固定。启口板与支座的固定方式既有斜钉，又有直钉。启口形式、连接方式示意于图2-8。启口板在使用前均需经过干燥处理，否则安装后板块收缩较大，从而引起启口之间松动、板块之间产生缝隙，这样既影响美观，也影响受力。

(3) 规格材 (Dimension Lumber)

规格材为截面厚度小于等于90mm、宽度和厚度按规定尺寸加工、规格化矩形截面锯材，常用厚度为40mm、65mm、90mm，截面高度为40mm、65mm、90mm、140mm、185mm、235mm、285mm等，示意于图2-9。规格材生产过程为先经去皮，然后锯成一定截面规格、目测分类、干燥、按外观或机械测试进行强度分级、打包。其中并非所有材料需经干燥处理，根据用户要求及截面规格确定，厚度约为40mm的规格材一般经干燥处理，而厚度较大如65mm或90mm的规格材一般不经干燥处理，而仅供应“湿材”。规格材主要用于“轻型木结构”建筑的主体结构中，如墙骨柱、楼面搁栅、椽条、檩条以及轻型木屋架的弦杆和腹杆等。如第1章所述，区别于传统的“梁柱结构”体系，“轻型木结构”为：由均匀密布的（一般构件中心间距小于等于600mm）、构件断面较小的规格材连接组成的一种结构形式，这种结构形式的外部荷载由主体构架（搁栅、墙骨柱）和次要结构构件（墙面覆板、楼面覆板和屋面覆板）等共同承受。

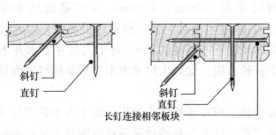

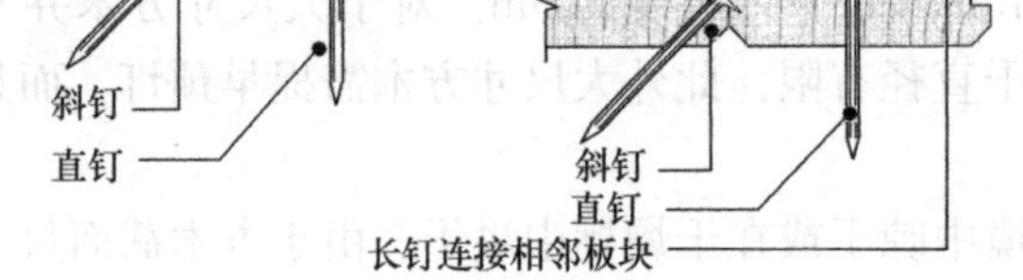

图2-8 启口板及连接

图2-9 规格材示意

规格材等级与各种缺陷有关，如木节的大小和位置、木纹的方向、缺损的大小、各种裂纹裂缝的位置和长度等。木节在构件边缘要比在中间有利，所以木材分级后不再锯开，否则就改变了木节位置，除非另行分级；材料强度与木纹方向有关，所以分级时需考虑这点。此外，构件越大出现缺陷的概率越高，强度越低。

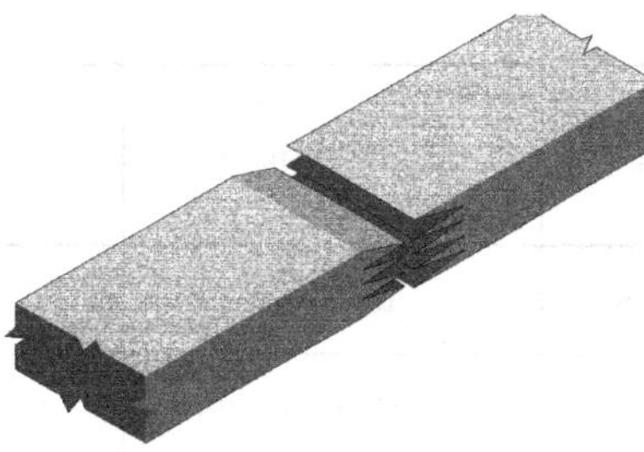

图 2-10 规格材“指接”

对于长度较大的构件，规格材可用“指接”连接。所谓“指接”，就是将相邻规格材端部用特定的机器切成“齿形”，在“齿形”断面上均匀涂抹特定的胶水，然后将两者对接、加压连为一体。“指接”节点见图 2-10。只要工艺质量保证，相同等级的“指接”规格材强度并不低于非“指接”规格材。

2.4.2 胶合材

以木材为原料通过胶合压制成矩形材或板材，总称为胶合材（Glued Lumber）。结构中常用的胶合材有：结构胶合材、胶合板和胶合木等。

（1）结构胶合材（Structural Composite Lumber，简称 SCL）

结构胶合材就是将原木经剥皮、旋切成的厚度为 3～5mm 的薄层按要求裁成一定规格的薄片，薄片经烘干、质量分等或去除木质缺陷后，均匀涂抹胶水经热压在流水线上生产出一定断面的、连续的材料，然后按用户要求切成一定的长度和截面，其长度受运输限制一般最长在 20m 左右。生产时木纹方向总是与长度方向一致。尽管每一薄片长度为 2400mm 左右，但生产过程中片与片之间在长度方向均匀搭接，所以保证成品在长度方向强度均匀稳定，不受接缝影响。由于生产过程中分散或去除了木质缺陷，产品的质量均匀性、稳定性好，强度和可靠度都较高，如抗弯强度可达到同样尺寸规格材的 3 倍。此外，生产中经干燥处理，含水率较低；使用时不易收缩、变形，不易产生裂缝。结构胶合材主要用作梁或柱，当结构要求梁柱厚度较大时，几层胶合材可用钉或螺栓连为一体形成组合梁或组合柱。

结构胶合材产品主要有两种，其主要区别为生产时所切成的薄片的规格不同。薄片规格呈条状，称为 Parallel Strand Lumber，简称 PSL；薄片规格呈板状，称为 Laminated Veneer Lumber，简称 LVL。产品图示于图 2-11。两者不同之处对比见表 2-1。结构胶合材无论在国外还是国内，都无专门的强度标准，按厂方标准确定强度及其他结构参数。

(a)

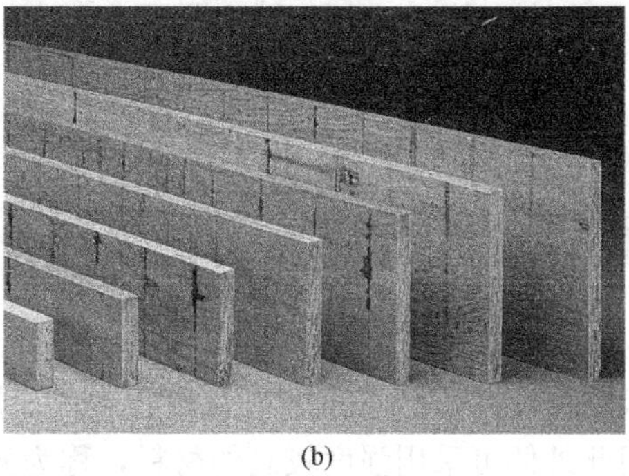

(b)

图 2-11 结构胶合材

(a) 平行木片胶合木（PSL）；(b) 旋切板胶合木（LVL）

PSL 与 LVL 的对比 表 2-1

产品名称	薄片规格(mm)	流水线上产品断面(厚度×高度)(mm)	成品断面(厚度×高度)(mm)	产品质量
PSL	13×2400	280×406	(45～178)×(241～457)	外观好，免装修
LVL	(660 或 1320)×2640	45×(610 或 1220)	45×(241～476)	一般需另行装修

注：产品规格在一定范围内，但并非任意尺寸，按供方产品目录定。

(2) 胶合板

胶合板主要用作轻型木结构中墙体、楼面及屋面的覆面板。其规格为 1220mm×2440mm，厚度为 6mm～20.5mm。安装时在板边缘和中间用间距较密的钉子与骨架固定，既增加骨架的刚度，与骨架共同作用来抵抗板平面内的荷载；又用作外表装修层的固定体。板边缘有直边和启口形两种。

结构中常用的胶合板按其制作方法不同目前常用的主要有两种：多层夹板（Plywood）和定向刨花板（Oriented Strandboard）。

多层夹板的制作方法与前述 LVL 类似，不同之处：多层夹板主要用作板，要求沿板面两个方向的强度相当，所以制作时相邻薄片纤维方向两两正交；多层夹板规格确定，不必在生产线上连续生产。

定向刨花板对原材料的要求较低，可利用速生、小杆径树木，也可用弯曲、扭曲而无其他利用价值的树木，将这些树干去皮后切成厚度小于 1mm、长约 80mm 的薄片，经烘干、用胶、施压合成一定厚度的板。对于板的两表面，纤维方向总体上沿长度方向，所以沿板长度方向的强度略高；中间层纤维方向任意。由于定向刨花板生产过程中能够去除有木材缺陷的薄片，所以产品强度、质量较稳定；此外能够充分利用森林资源，利于环境保护、降低成本、提高结构经济性能。

图 2-12 层板胶合木（Glulam）

(3) 层板胶合木

以厚度不大于 45mm 的胶合木层板，沿顺纹方向叠层胶合而成的木制品，称为层板胶合木（Glued Laminated Timber，简称 Glulam），如图 2-12 所示。Glulam 通常用于结构的梁或柱，且可加工成楔形、拱形等各种曲线形。Glulam 中所用的单层层板厚度不大于 45mm，当构件曲率半径较小时，可用更薄的如约 20mm 厚的层板。所用层板都须经干燥处理，所以成品收缩较小。当 Glulam 用于承受轴向荷载时，各层层板受力相同，可用同等组合胶合木；当用于承受弯矩时，受拉缘外侧的层板受力较大，因此外侧可采用强度较高的材料，称为异等组合胶合木。实际工程中，异等组合胶合木制作、使用中的识别都较麻烦，因此较少使用。

(4) 正交胶合木

由至少三层厚度为 15～45mm 的层板，相互叠层正交组胚后胶合而成的木制品，称为正交胶合木（Cross Laminated Timber，简称 CLT)，如图 2-13 所示。目前，CLT 最大厚度 609mm，最大宽度 3m，最大长度 18m。其可应用于楼板、屋面板或墙板，可直接由计算机控制进行自动化开槽、切口，并可与装饰材料和防火材料等在工厂组合，形成组合预制墙体（楼板）后在工地组装，装配化程度高。CLT 可实现两方向受力，具有更强的承载力，更好的抗震、抗火性能和尺寸稳定性，被誉为可以媲美钢材和混凝土的新型材料。

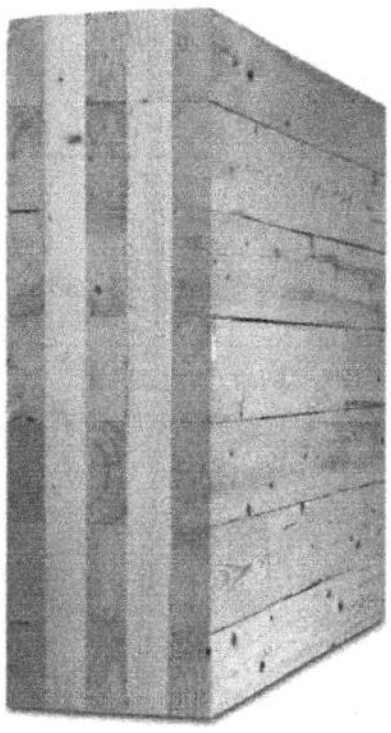

图 2-13 正交胶合木（CLT)

2.4.3 其他工程木制品

由规格材、胶合材等通过一定加工，形成的结构受力构件。

(1) 轻型木桁架

木桁架，如图 2-14 所示，由约 40mm 厚的规格材和镀锌金属齿板连接而成。齿板，如图 2-15 所示，就是镀锌薄钢板冲压成一面带有很多一定规格的齿，在桁架节点处，齿板的齿压入各杆件中，只要特定的节点上齿和板足够强，就能保证节点的牢固连接。轻型木桁架根据结构要求可以制成各种形式，如三角形、矩形、梯形及其他各种异形形式，如图 2-16 所示。

图 2-14 木桁架

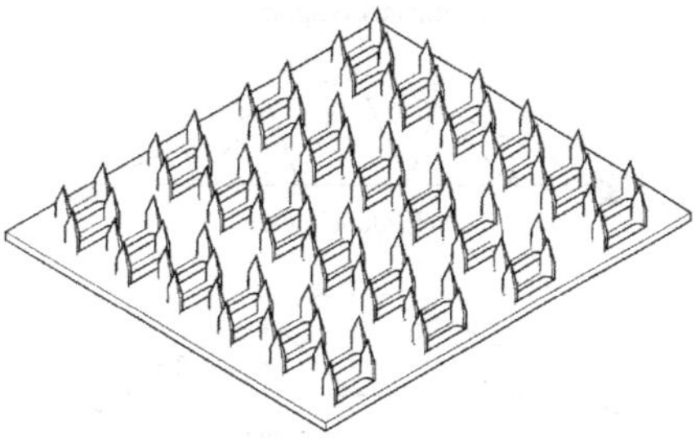

图 2-15 齿板

木桁架可以利用断面较小的规格材支撑跨度较大的屋面，提高原材料利用率；木桁架制作简单，劳动生产效率高，结构造价低；由于齿板由较薄的钢板制成，一旦锈蚀就会影响连接性能，所以木桁架一般不用于潮湿、易锈蚀的环境中。

(2) 木“工”字形梁

木“工”字形梁见图 2-17。“工”字形截面受弯性能好，用作梁最为适宜。因此在木结构中也有此种断面。

一般木“工”字形梁中翼缘和腹板之间用防水胶粘合，翼缘材料常用规格材或 LVL，腹板材料用胶合板。因为木“工”字形梁强度、刚度均匀可靠，重量轻，所以广泛用于跨度较大的楼面、屋面结构中。

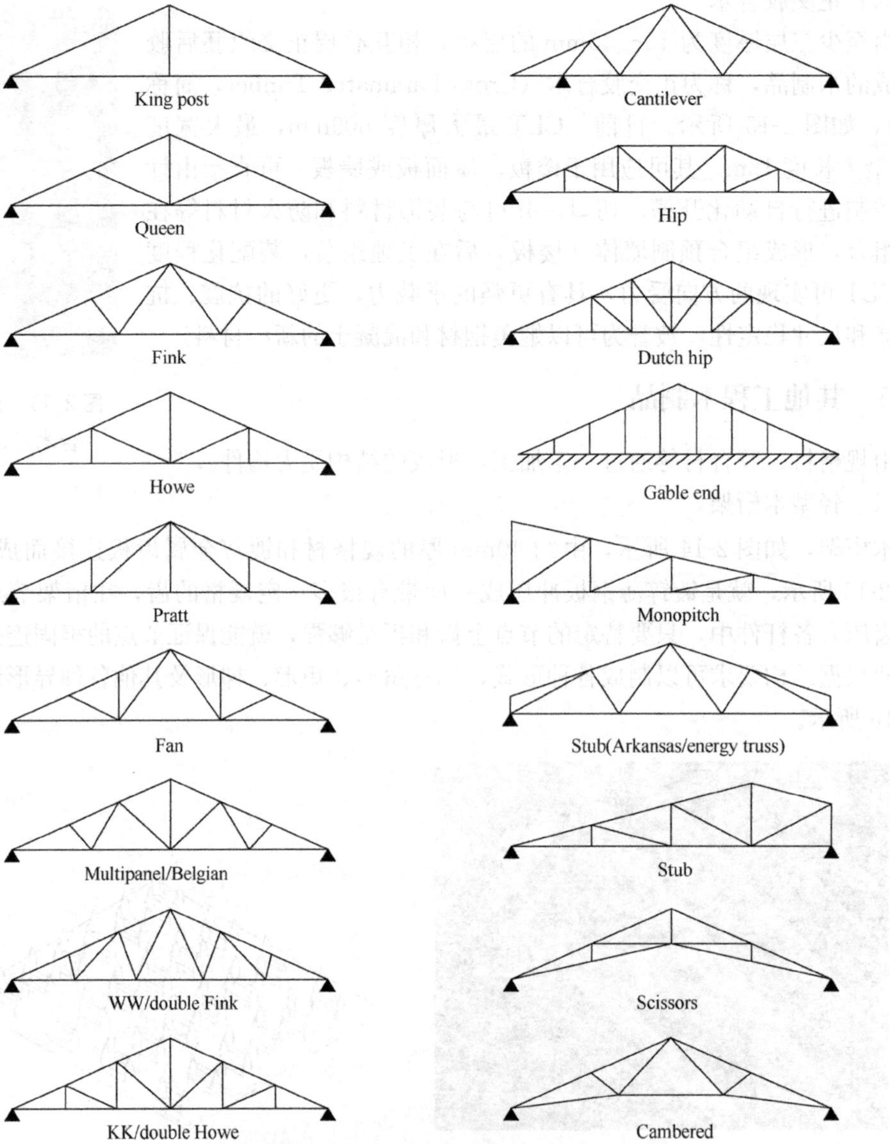

图 2-16　轻型木桁架常用形式

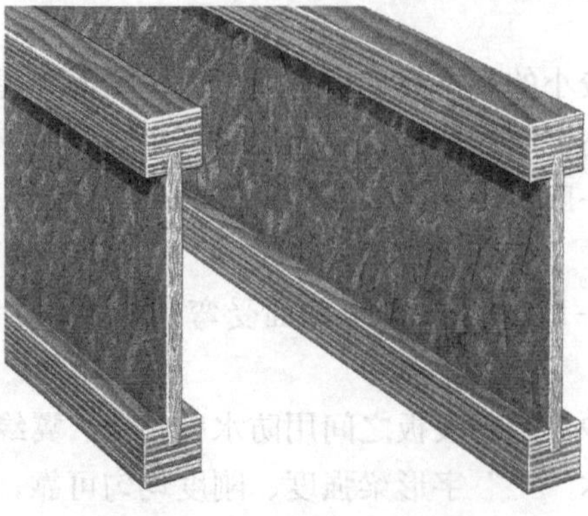

图 2-17　木“工”字形梁

2.5 影响木材性能的主要因素

2.5.1 含水率对木材性能的影响

木材是一种容易吸湿的材料，其含水率随环境湿度变化而变化。木材含水率的变化会影响材料强度，引起构件收缩或膨胀，从而影响结构受力、产生裂缝、影响外观，严重时影响构件承载或正常使用，木材过湿还会引起腐烂。

木材细胞中含水率的变化过程如图 2-18 所示，图中颜色越深表示含水率越高。当木材经干燥处理使其含水率几乎为零时，无论细胞壁还是细胞腔内都不含水（图 2-18a）；随着湿度的增加，细胞壁先开始吸水（图 2-18b）；当含水率约达 19%时（图 2-18c），细胞壁含水率与环境含水率接近；含水率继续增加，直至细胞壁含水率达到饱和状态，而细胞腔内不含水（图 2-18d），此时的含水率称为纤维饱和点含水率，其值随树种而变化，一般为 30%左右；此后细胞空腔开始吸水（图 2-18e），直至细胞壁和细胞腔内含水都达到饱和。以后无论环境湿度再怎么增加，木材中含水率不再增加。

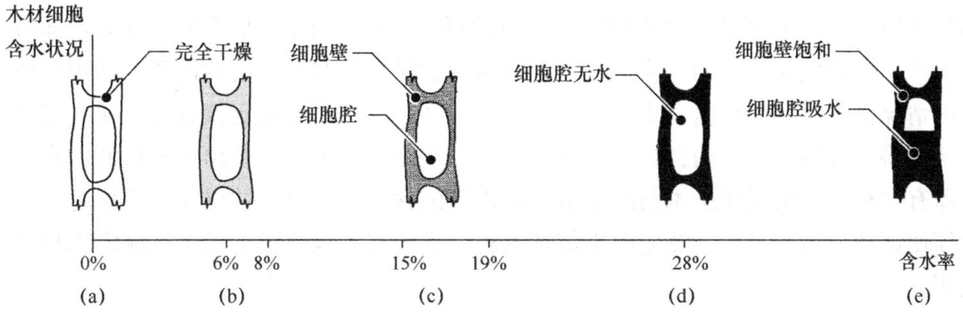

图 2-18 木材细胞中含水率变化示意图

材料强度主要来自木材纤维。当木材处于纤维饱和点含水率以下时，木材含水率越低，纤维越干，材料强度就越高；当材料处于纤维饱和点含水率以上时，含水率变化不影响纤维中的含水状况，所以材料强度基本没有变化。

木材长期放置于一定的温度和相对湿度的空气中，会达到相对恒定的含水率。此时的木材含水率称为平衡含水率。当木材的实际含水率小于平衡含水率时，木材产生吸湿；当木材实际含水率大于平衡含水率时，则木材蒸发水分，称为解湿。我国 53 个城市木材平衡含水率估计值见本书附录 1。

材料含水率变化会引起木材的膨胀或收缩，但其值变化沿木材纵向以及沿断面的环向或径向各不相同。在材料饱和含水率以下时，材料断面的环向与径向收缩率近似与含水率变化成线性比例关系，含水率降得越低收缩值越大，两者相比沿环向的收缩量比沿径向变化更大；含水率变化对木材纵向尺寸几乎没有什么影响。各向不同的收缩率易引起木材的弯曲、翘曲，影响受力，甚至影响使用。

为避免含水率变化对材料带来不利影响，尽可能采用干燥的木材。所谓干燥的木材一般指其成品含水率达到一定值或以下，此时材料在环境条件下含水率变化较小。我国《木结构设计标准》GB 50005 对制作构件时的木材含水率的规定为：板材、规格材和工厂加工的方木不应大于19%；方木、原木受拉构件的连接板不应大于18%；作为连接件不应大于15%；胶合木层板和正交胶合木层板应为8%～15%，且同一构件各层木板间的含水率差别不应大于5%。现场制作的方木或原木构件的木材含水率不应大于25%。此外，在结构使用木材时先调查环境平均湿度，尽可能采用与环境湿度相近的原材料以减小含水率的变化。材料运输和使用过程中注意防护，避免太阳直射。

木材含水率是指木材中所含水分的质量占其烘干质量的百分率：

$$w=\frac{m_1-m_0}{m_0}\times 100 \tag{2-1}$$

式中 w——木材含水率（%）；

m_1——木材烘干前的质量（g）；

m_0——木材烘干后的质量（g）。

木材含水率通常用烘干法测定，即将需要测定的木材试样，先行称量，得 m_1；然后放入烘箱内，以103±2℃的温度烘8h后，任意抽取2～3个试样进行第一次试称，以后每隔2h将上述试样称量一次；最后两次质量之差不超过0.002g时，便认为已达全干，此时木材的质量即为木材烘干后的质量 m_0。将所得 m_1 和 m_0 代入式（2-1）计算，即得木材的含水率。采用此法测得的含水率比较准确，但费时间，并需一定的设备，适用于要求较精确的情况。也可采用根据含水率与导电性的关系制成的水分测定仪进行快速测定含水率的方法。将水分测定仪的插针插入被测的木材，在刻度盘上即可读出该木材的含水率。这种仪器有多种，一般适用于木材纤维饱和点以下的含水率测定，并以测定薄板为主。其优点是简便迅速，便于携带，测定时不破坏木材，适于在工地或贮木场大批测定木材含水率时使用。

2.5.2 荷载持续作用时间对木材性能的影响

如果较大的荷载在木构件上长期持续作用，则可能使木材的强度和刚度有很大降低，因此对于木材需建立一个长期荷载作用对强度影响的概念。一般情况下，如果荷载持续作用在木构件上长达10年，则木材强度将降低40%左右。当然每一种构件具体强度降低程度随树种和受力性质而变化。木结构设计应以无论荷载作用多久木材也不会发生破坏的长期强度为依据。当木结构确定了使用年限后，需对其强度进行适当调整。如对于使用年限仅5年的短期使用结构，木材强度设计值和弹性模量可乘以一个1.1的提高系数；如对于使用年限达100年及以上的重要结构，木材强度设计值和弹性模量可乘以一个0.9的调整系数。

2.5.3 构件尺寸对木材性能的影响

构件截面越大、构件越长，则构件中包含缺陷（木节、斜纹等）的可能性越大。木节的存在减小了构件的有效截面、产生了局部纹理偏斜，并且有可能产生与木纹垂直的局部拉应力，从而降低了木材的强度。我国《木结构设计标准》GB 50005 中对规格材强度进行了尺寸调整。

2.5.4 温度对木材性能的影响

木材强度随温度变化不很显著。在低温（0℃）以下，抗弯强度、抗压强度和抗冲击性能略高于常温情况；高温（37℃）时，强度略低；常温下，随温度升高强度降低，强度降低程度与木材的含水率、温度值及荷载持续作用的时间等多种因素有关。木材短暂时间受热，温度恢复后木材强度也恢复；木材长期（一年或以上）受高温（如气干木材保持在66℃），强度降低到一定程度后不再变化，但当温度降低到正常温度后，强度也不再恢复。木材温度达到100℃或以上，木材开始分解为组成它的化学元素（碳、氢和氮），即木材会碳化。当温度在40～60℃间长期作用时，木材也会慢慢碳化。

2.5.5 密度对木材性能的影响

木材密度是衡量木材力学强度的重要指标之一。一般密度越大则强度越高，这一效应对同一树种的木材是相当显著的。

木材的密度是指木材单位体积的质量，通常分为气干密度、全干密度和基本密度三种。

气干密度 ρ_w：

$$\rho_w = \frac{m_w}{V_w} \tag{2-2}$$

式中 ρ_w——木材的气干密度（g/mm^3）；

m_w——木材气干时的质量（g）；

V_w——木材气干时的体积（mm^3）。

全干密度 ρ_0：

$$\rho_0 = \frac{m_0}{V_0} \tag{2-3}$$

式中 ρ_0——木材的全干密度（g/mm^3）；

m_0——木材全干时的质量（g）；

V_0——木材全干时的体积（mm^3）。

基本密度 ρ_Y：

$$\rho_Y = \frac{m_0}{V_{max}} \tag{2-4}$$

式中 ρ_Y——木材的基本密度（g/mm^3）；

V_{max}——木材饱和水分时的体积（mm^3）。

基本密度为实验室中判断材性的依据，其数值比较固定、准确。气干密度则为生产上计算木材气干时质量的依据。密度随木材的种类变化而有不同。

2.5.6 缺陷对木材性能的影响

作为天然材料，木材中的木节、斜纹会显著影响木材力学性能。木材缺陷对木材抗拉强度有较大的影响，对抗压强度影响较小。木节的存在会削弱木材的截面，造成受力偏心和应力集中；斜纹则会导致木材在顺纹受力时产生更多的横纹方向分力，引起木材强度的降低。

2.5.7 系统效应对木材性能的影响

当结构中同类多根构件共同承受荷载时，木材强度可适当提高，这一提高作用可称为结构的系统效应。我国《木结构设计标准》GB 50005 体现在当 3 根以上木搁栅存在，且与面板或构件可靠连接时，木搁栅抗弯强度可提高 15%，即抗弯强度的设计值 f_m 乘以 1.15 的共同作用系数。

2.6 木材等级和设计强度

承重结构用木材主要分为用于方木原木结构的原木、方木和板材，胶合木结构的层板胶合木，轻型木结构的规格材三大类，随着现代木结构的发展，类型不断增多。由于木材分类方法多样，在此无法穷举，选材时要按标准的相关要求选用。

方木、原木和板材可采用目测分级，按主要用途分为 I_a、II_a、III_a、I_e、II_e、III_e、I_f、II_f、III_f；层板胶合木的材质等级分为 I_b、II_b 和 III_b 三级；轻型木结构用规格材的材质等级按目测分等时为 I_c、II_c、III_c、IV_c、V_c、VI_c 和 VII_c 七级，按机械分等时为 M10、M14、M18、M22、M26、M30、M35 和 M40 八级。

2.6.1 原木、方木和板材的材质强度

方木原木结构用的原木、方木和板材分别按照《木结构设计标准》GB 50005 规定，根据构件的主要用途选用相应的材质等级。当采用目测分级木材时，应不低于表 2-2 的要求；当采用工厂加工的方木用于梁柱构件时，应不低于表 2-3 的要求。

普通木结构构件的材质等级　　表 2-2

项 次	主 要 用 途	最低材质等级
1	受拉或拉弯构件	I_a
2	受弯或压弯构件	II_a
3	受压构件及次要受弯构件	III_a

工厂加工方木构件的材质等级　　表 2-3

项次	主要用途	最低材质等级
1	用于梁	III_e
2	用于柱	III_f

原木、方木、层板胶合木等木材的强度等级按针叶树、阔叶树的各种树种分等，见表 2-4和表 2-5。

针叶树种木材适用的强度等级　　表 2-4

强度等级	组别	适用树种
TC17	A	柏木　长叶松　湿地松　粗皮落叶松
	B	东北落叶松　欧洲赤松　欧洲落叶松

续表

强度等级	组别	适用树种
TC15	A	铁杉 油杉 太平洋海岸黄柏 花旗松—落叶松 西部铁杉 南方松
	B	鱼鳞云杉 西南云杉 南亚松
TC13	A	油松 西伯利亚落叶松 云南松 马尾松 扭叶松 北美落叶松 海岸松 日本扁柏 日本落叶松
	B	红皮云杉 丽江云杉 樟子松 红松 西加云杉 欧洲云杉 北美山地云杉 北美短叶松
TC11	A	西北云杉 西伯利亚云杉 西黄松 云杉—松—冷杉 铁—冷杉 加拿大铁杉 杉木
	B	冷杉 速生杉木 速生马尾松 新西兰辐射松 日本柳杉

阔叶树种木材适用的强度等级 **表 2-5**

强度等级	适用树种
TB20	青冈 椆木 甘巴豆 冰片香 重黄娑罗双 重坡垒 龙脑香 绿心樟 紫心木 孪叶苏木 双龙瓣豆
TB17	栎木 腺瘤豆 筒状非洲楝 蟹木楝 深红默罗藤黄木
TB15	锥栗 桦木 黄娑罗双 异翅香 水曲柳 红尼克樟
TB13	深红娑罗双 浅红娑罗双 白娑罗双 海棠木
TB11	大叶椴 心形椴

主要承重构件应采用针叶材，重要木制连接件应采用细密、直纹、无节和无其他缺陷的耐腐蚀硬质阔叶材。表 2-4 和表 2-5 各强度等级木材的强度设计值和弹性模量按国家标准《木结构设计标准》GB 50005、基于可靠指标确定，具体数值见表 2-6。

原木、方木等木材的强度设计值和弹性模量（N/mm^2） **表 2-6**

等级强度	组别	抗弯 f_m	顺纹抗压及承压 f_c	顺纹抗拉 f_t	顺纹抗剪 f_v	横纹承压 $f_{c,90}$			弹性模量 E
						全表面	局部表面和齿面	拉力螺栓垫板下	
TC17	A	17	16	10	1.7	2.3	3.5	4.6	10000
	B		15	9.5	1.6				
TC15	A	15	13	9.0	1.6	2.1	3.1	4.2	10000
	B		12	9.0	1.5				
TC13	A	13	12	8.5	1.5	1.9	2.9	3.8	10000
	B		10	8.0	1.4				
TC11	A	11	10	7.5	1.4	1.8	2.7	3.6	9000
	B		10	7.0	1.2				
TB20	—	20	18	12	2.8	4.2	6.3	8.4	9000
TB17	—	17	16	11	2.4	3.8	5.7	7.6	12000
TB15	—	15	14	10	2.0	3.1	4.7	6.2	11000
TB13	—	13	12	9.0	1.4	2.4	3.6	4.8	8000
TB11	—	11	10	8.0	1.3	2.1	3.2	4.1	7000

注：计算木构件端部的拉力螺栓垫板时，木材横纹承压强度设计值应按“局部表面和齿面”的数值采用。

表 2-6 中材料强度设计值和弹性模量根据各种不同情况还应作调整。

(1) 未切削的原木

当结构件采用原木时，若验算部位未经切削，其顺纹抗压、抗弯强度设计值和弹性模量可提高 15%，这是原木的纤维基本保持完整的缘故。

(2) 大尺寸矩形截面

当构件矩形截面的短边尺寸不小于 150mm 时，其强度设计值可提高 10%，这也是大截面材料纤维受损较少的缘故。

(3) 湿材

当结构件采用含水率大于 25%的湿材时，各种木材的横纹承压强度设计值和弹性模量以及落叶松木材的抗弯强度设计值宜降低 10%，这是由于湿材含水率高，试验测得变形较大。

(4) 不同使用条件

当木材用于不同使用条件时，应按表 2-7 作调整。

不同使用条件下木材强度设计值和弹性模量的调整系数　　表 2-7

使用条件	调整系数	
	强度设计值	弹性模量
露天环境	0.9	0.85
长期生产性高温环境，木材表面温度达 40～50℃	0.8	0.8
按恒荷载验算时	0.8	0.8
用于木构筑物时	0.9	1.0
施工和维修时的短暂情况	1.2	1.0

注：1. 当仅有恒荷载或恒荷载产生的内力超过全部荷载所产生的内力的 80%时，应单独以恒荷载进行验算；
2. 当若干条件同时出现时，表列各系数应连乘。

(5) 不同设计使用年限

当木材设计使用年限不同时，应按表 2-8 作调整。

不同设计使用年限时木材强度设计值和弹性模量的调整系数　　表 2-8

设计使用年限	调整系数	
	强度设计值	弹性模量
5 年	1.1	1.1
25 年	1.05	1.05
50 年	1.0	1.0
100 年及以上	0.9	0.9

(6) 木材斜纹承压强度修正

木材斜纹承压的强度设计值，可按式 (2-5) 和式 (2-6) 确定。

当 $\alpha < 10^\circ$ 时：

$$f_{c\alpha} = f_c \tag{2-5}$$

当 $10^\circ < \alpha < 90^\circ$ 时：

$$f_{c\alpha} = \left[\frac{f_c}{1+\left(\frac{f_c}{f_{c,90}}-1\right)\frac{\alpha-10^\circ}{80^\circ}\sin\alpha}\right] \tag{2-6}$$

式中 $f_{c\alpha}$—— 木材斜纹承压的强度设计值（N/mm^2）；

α—— 作用力方向与木纹方向的夹角（°）；

f_c——木材的顺纹抗压强度设计值（N/mm^2）；

$f_{c,90}$——木材的横纹承压强度设计值（N/mm^2）。

原木构件沿长度的直径变化率，可按每米 9mm（或当地经验数值）采用，构件计算时可按构件中央的截面尺寸进行挠度和稳定计算，抗弯强度计算时按弯矩最大处的截面验算。

2.6.2 胶合木材质强度

胶合木结构根据规范规定的缺陷标准分等级为 $Ⅰ_b$、$Ⅱ_b$ 和 $Ⅲ_b$ 三级。各等级胶合木结构构件的主要用途见表 2-9。

制作胶合木采用的木材树种级别、适用树种及树种组合应符合表 2-10 的规定。胶合木分为异等组合与同等组合两类，异等组合分为对称组合与非对称组合。采用目测分级和机械弹性模量分级层板制作的胶合木的强度设计值及弹性模量见表 2-11～表 2-13。

胶合木结构构件的木材材质等级　　表 2-9

项次	主要用途	材质等级	木材等级配置图
1	受拉或拉弯构件	$Ⅰ_b$	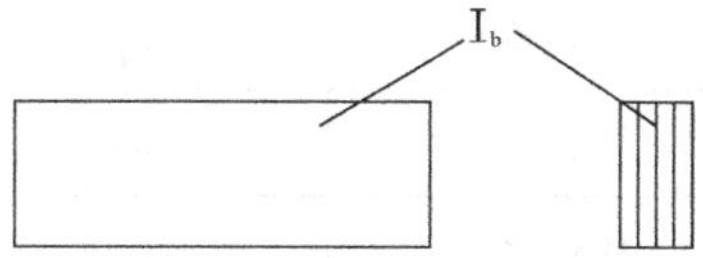
2	受压构件（不包括桁架上弦和拱）	$Ⅲ_b$	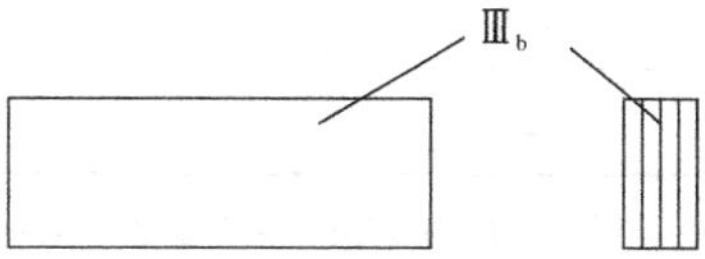
3	桁架上弦或拱，高度不大于 500mm 的胶合梁： （1）构件上下边缘各 0.1h 区域，且不少于两层板； （2）其余部分	 $Ⅱ_b$ $Ⅲ_b$	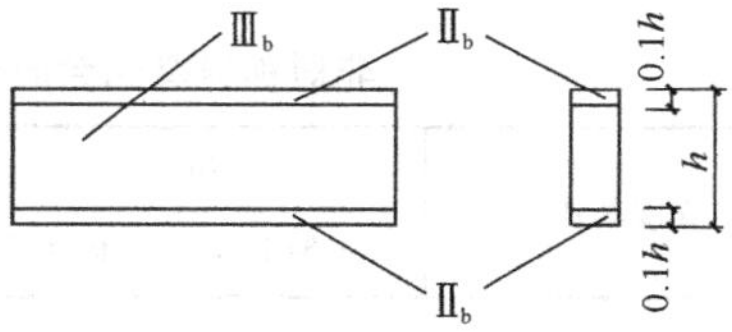
4	高度大于 500mm 的胶合梁： （1）梁的受拉边缘 0.1h 区域，且不少于两层板； （2）距受拉边缘 0.1h～0.2h 区域； （3）受压边缘 0.1h 区域，且不少于两层板； （4）其余部分	 $Ⅰ_b$ $Ⅱ_b$ $Ⅱ_b$ $Ⅲ_b$	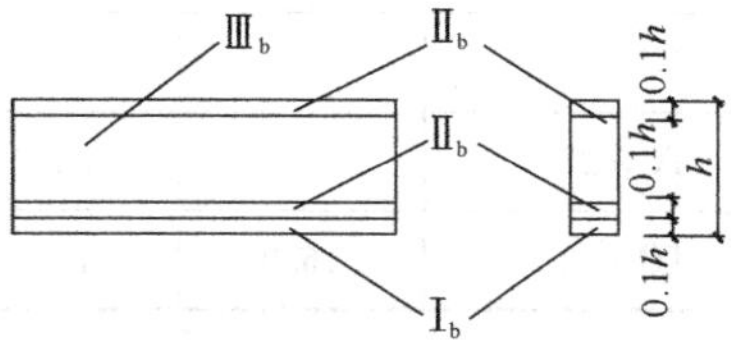

续表

项次	主要用途	材质等级	木材等级配置图
5	侧立腹板工字梁： (1) 受拉翼缘板； (2) 受压翼缘板； (3) 腹板	I_b II_b III_b	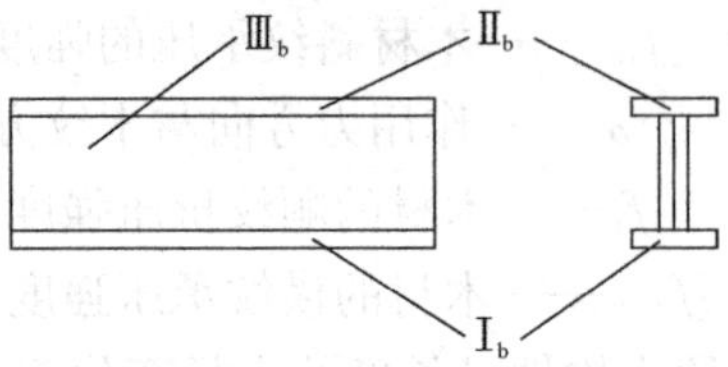

胶合木适用树种分级表 **表 2-10**

树种级别	适用树种及树种组合名称
SZ1	南方松、花旗松—落叶松、欧洲落叶松以及其他符合本强度等级的树种
SZ2	欧洲云杉、东北落叶松以及其他符合本强度等级的树种
SZ3	阿拉斯加黄扁柏、铁—冷杉、西部铁杉、欧洲赤松、樟子松以及其他符合本强度等级的树种
SZ4	鱼鳞云杉、云杉—松—冷杉以及其他符合本强度等级的树种

注：表中花旗松—落叶松、铁—冷杉产地为北美地区。南方松产地为美国。

对称异等组合胶合木的强度设计值和弹性模量（N/mm^2） **表 2-11**

强度等级	抗弯	顺纹抗压	顺纹抗拉	弹性模量
$TC_{YD}40$	27.9	21.8	16.7	14000
$TC_{YD}36$	25.1	19.7	14.8	12500
$TC_{YD}32$	22.3	17.6	13.0	11000
$TC_{YD}28$	19.5	15.5	11.1	9500
$TC_{YD}24$	16.7	13.4	9.9	8000

注：当荷载的作用方向与层板窄边垂直时，抗弯强度设计值 f_m 应乘以 0.7 的系数，弹性模量 E 应乘以 0.9 的系数。

非对称异等组合胶合木的强度设计值和弹性模量（N/mm^2） **表 2-12**

强度等级	抗弯		顺纹抗压	顺纹抗拉	弹性模量
	正弯曲	负弯曲			
$TC_{YF}38$	26.5	19.5	21.1	15.5	13000
$TC_{YF}34$	23.7	17.4	18.3	13.6	11500
$TC_{YF}31$	21.6	16.0	16.9	12.4	10500
$TC_{YF}27$	18.8	13.9	14.8	11.1	9000
$TC_{YF}23$	16.0	11.8	12.0	9.3	6500

注：当荷载的作用方向与层板窄边垂直时，抗弯强度设计值 f_m 应采用正向弯曲强度设计值，并乘以 0.7 的系数，弹性模量 E 应乘以 0.9 的系数。

同等组合胶合木的强度设计值和弹性模量（N/mm^2） **表 2-13**

强度等级	抗弯	顺纹抗压	顺纹抗拉	弹性模量
TC$_T$40	27.9	23.2	17.9	12500
TC$_T$36	25.1	21.1	16.1	11000
TC$_T$32	22.3	19.0	14.2	9500
TC$_T$28	19.5	16.9	12.4	8000
TC$_T$24	16.7	14.8	10.5	6500

2.6.3 规格材材质强度

轻型木结构用规格材根据《木结构设计标准》GB 50005 规定的缺陷标准按目测分等的等级为Ⅰ$_c$、Ⅱ$_c$、Ⅲ$_c$、Ⅳ$_c$、Ⅱ$_{c1}$、Ⅲ$_{c1}$和Ⅳ$_{c1}$七级。各等级轻型木结构构件的主要用途见表 2-14。

目测分级规格材的材质等级 **表 2-14**

类别	主要用途	材质等级	截面最大尺寸（mm）
A	结构用搁栅、结构用平放厚板和轻型木框架构件	Ⅰ$_c$	285
		Ⅱ$_c$	
		Ⅲ$_c$	
		Ⅳ$_c$	
B	仅用于墙骨柱	Ⅳ$_{c1}$	
C	仅用于轻型木框架构件	Ⅱ$_{c1}$	90
		Ⅲ$_{c1}$	

北美地区目测分级进口规格材的强度设计值和弹性模量见表 2-15。

北美地区目测分级进口规格材强度设计值和弹性模量 **表 2-15**

树种名称	材质等级	截面最大尺寸（mm）	强度设计值（N/mm^2）					弹性模量 E（N/mm^2）
			抗弯 f_m	顺纹抗压 f_c	顺纹抗拉 f_t	顺纹抗剪 f_v	横纹承压 $f_{c,90}$	
花旗松—落叶松类（美国）	Ⅰ$_c$	285	18.1	16.1	8.7	1.8	7.2	13000
	Ⅱ$_c$		12.1	13.8	5.7	1.8	7.2	12000
	Ⅲ$_c$		9.4	12.3	4.1	1.8	7.2	11000
	Ⅳ$_c$、Ⅳ$_{c1}$		5.4	7.1	2.4	1.8	7.2	9700
	Ⅱ$_{c1}$	90	10.0	15.4	4.3	1.8	7.2	10000
	Ⅲ$_{c1}$		5.6	12.7	2.4	1.8	7.2	9300
花旗松—落叶松类（加拿大）	Ⅰ$_c$	285	14.8	17.0	6.7	1.8	7.2	13000
	Ⅱ$_c$		10.0	14.6	4.5	1.8	7.2	12000
	Ⅲ$_c$		8.0	13	3.4	1.8	7.2	11000
	Ⅳ$_c$、Ⅳ$_{c1}$		4.6	7.5	1.9	1.8	7.2	10000
	Ⅱ$_{c1}$	90	8.4	16	3.6	1.8	7.2	10000
	Ⅲ$_{c1}$		4.7	13	2.0	1.8	7.2	9400

续表

树种名称	材质等级	截面最大尺寸(mm)	强度设计值(N/mm²) 抗弯 f_m	顺纹抗压 f_c	顺纹抗拉 f_t	顺纹抗剪 f_v	横纹承压 $f_{c,90}$	弹性模量 E (N/mm²)
铁—冷杉类(美国)	Ⅰ$_c$	285	15.9	14.3	7.9	1.5	4.7	11000
	Ⅱ$_c$		10.7	12.6	5.2	1.5	4.7	10000
	Ⅲ$_c$		8.4	12	3.9	1.5	4.7	9300
	Ⅳ$_c$、Ⅳ$_{c1}$		4.9	6.7	2.2	1.5	4.7	8300
	Ⅱ$_{c1}$	90	8.9	14.3	4.1	1.5	4.7	9000
	Ⅲ$_{c1}$		5.0	12.0	2.3	1.5	4.7	8000
铁—冷杉类(加拿大)	Ⅰ$_c$	285	14.8	15.7	6.3	1.5	4.7	12000
	Ⅱ$_c$		10.8	14.0	4.5	1.5	4.7	11000
	Ⅲ$_c$		9.6	13	3.7	1.5	4.7	11000
	Ⅳ$_c$、Ⅳ$_{c1}$		5.6	7.7	2.2	1.5	4.7	10000
	Ⅱ$_{c1}$	90	10.2	16.1	4.0	1.5	4.7	10000
	Ⅲ$_{c1}$		5.7	13.7	2.2	1.5	4.7	9400
南方松	Ⅰ$_c$	285	16.2	15.7	10.2	1.8	6.5	12000
	Ⅱ$_c$		10.6	13.4	6.2	1.8	6.5	11000
	Ⅲ$_c$		7.8	11.8	2.1	1.8	6.5	9700
	Ⅳ$_c$、Ⅳ$_{c1}$		4.5	6.8	3.9	1.8	6.5	8700
	Ⅱ$_{c1}$	90	8.3	14.8	3.9	1.8	6.5	9200
	Ⅲ$_{c1}$		4.7	12.1	2.2	1.8	6.5	8300
云杉—松—冷杉类	Ⅰ$_c$	285	13.4	13.0	5.7	1.4	4.9	10500
	Ⅱ$_c$		9.8	11.5	4.0	1.4	4.9	10000
	Ⅲ$_c$		8.7	10.9	3.2	1.4	4.9	9500
	Ⅳ$_c$、Ⅳ$_{c1}$		5.0	6.3	1.9	1.4	4.9	8500
	Ⅱ$_{c1}$	90	9.2	13.2	3.4	1.4	4.9	9000
	Ⅲ$_{c1}$		5.1	11.2	1.9	1.4	4.9	8100
其他北美针叶材树种	Ⅰ$_c$	285	10.0	14.5	3.7	1.4	3.9	8100
	Ⅱ$_c$		7.2	12.1	2.7	1.4	3.9	7600
	Ⅲ$_c$		6.1	10.1	2.2	1.4	3.9	7000
	Ⅳ$_c$、Ⅳ$_{c1}$		3.5	5.9	1.3	1.4	3.9	6400
	Ⅱ$_{c1}$	90	6.5	13.0	2.3	1.4	3.9	6700
	Ⅲ$_{c1}$		3.6	10.4	1.3	1.4	3.9	6100

对于目测分级规格材，其强度设计值和弹性模量要进行尺寸调整，具体调整系数见表 2-16。当荷载作用方向与规格材宽度方向垂直时，规格材抗弯强度设计值应乘以一个大于等于 1.00 的平放调整系数，具体视截面宽度、高度确定。

北美地区目测规格材等级与中国标准确定的目测规格材等级的对应关系见表 2-17。

目测分级规格材尺寸调整系数 表 2-16

等级	截面高度（mm）	抗弯强度		顺纹抗压强度	顺纹抗拉强度	其他强度
		截面宽度（mm）				
		40 和 65	90			
Ⅰ$_c$、Ⅱ$_c$、Ⅲ$_c$、Ⅳ$_c$、Ⅳ$_{c1}$	≤90	1.5	1.5	1.15	1.5	1.0
	115	1.4	1.4	1.1	1.4	1.0
	140	1.3	1.3	1.1	1.3	1.0
	185	1.2	1.2	1.05	1.2	1.0
	235	1.1	1.2	1.0	1.1	1.0
	285	1.0	1.1	1.0	1.0	1.0
Ⅱ$_{c1}$、Ⅲ$_{c1}$	≤90	1.0	1.0	1.0	1.0	1.0

北美地区目测规格材等级与中国目测规格材等级的对应关系 表 2-17

中国规格材等级		北美规格材等级			截面最大尺寸（mm）
分类	等级	STRUCTURAL LIGHT FRAMING & STRUCTURAL JOISTS AND PLANKS	STUDS	LIGHT FRAMING	
A	Ⅰ$_c$	Select structural			285
	Ⅱ$_c$	No. 1			
	Ⅲ$_c$	No. 2			
	Ⅳ$_c$	No. 3			
B	Ⅳ$_{c1}$		Stud		
C	Ⅱ$_{c1}$			Construction	90
	Ⅲ$_{c1}$			Standard	

Reading Material 2
Engineered Wood Products for Structural Purposes

As a common structural material in North America, Europe and Japan, a wide range of commercial structural wood products and systems is available to the designers in the market place. The main wood-based structural members include:

(1) Solid sawn material

1) Dimension lumber-visually stress rated and machine stress rated

2) Timber-visually stress rated

(2) Engineered wood products

1) Glue-Laminated Timber (GLT)

2) Laminated Veneer Lumber (LVL)

3) Cross-Laminated Timber (CLT)

4) Nail-Laminated Timber (NLT)

5) Metal Plated Wood Trusses

6) Wood I-beams

7) Parallel Strand Lumber (PSL)

8) Oriented Strand Lumber (OSL)

9) Oriented Strand Board (OSB)

10) Plywood

2.1 Solid Sawn Material

The solid sawn material is produced to standard sizes and grade with a proven history of good performance. Different countries may use and produce products of slightly different sizes and grades. The wood frame building system in North America and Japan uses dimension lumber with a thickness of 38 mm for applications such as studs, joists, rafters, and purlins. These products are graded according to standards established by grading agencies such as the National Lumber Grades Authorities (NLGA) . These rules establish the criteria for products acceptance for structural uses based on visual and/or machine assessments. The materials that are graded only visually are called visually stress rated material. The grading criteria are based on classification of the member according to occurrence of defects that affects the strength and stiffness or appearance of the member. The strength reducing defects include: the size and location of knots; slope of grain; size of cracks in the wood (splits, shakes and checks); unwanted machine cuts; decay, and size of rounded edges (wane) . A grade stamp is applied to the graded material to identify the production mill, grading agency, species, moisture content and grade. Based on the species and grade information, the design strength of the member can be found in codes. Some dimension lumber is graded by machine with additional visual inspections. The most common machine grading practice makes use of the positive correlation between the bending stiffness and strength of wood. By non-destructively measuring the stiffness of the wood, the machine assigns a grade to the piece. Additional visual grading is used to check for visual defects. The grades for machine stress rated material identify the estimated MOE and design MOR for the grade. Other non-destructive machine stress rating techniques are being introduced into the industry including, x-ray, microwave, stress wave, and CCD camera technologies.

Sawn timber refers to members with larger cross sectional dimensions. Sizes up to 394mm×394mm are available for species groups such as Douglas-fir/larch and hem-fir. For species groups such as spruce-pine-fir, members up to 241mm×241mm cross section may be available. These materials are visually graded and are intended for post and beam applications. One example of this construction method is the Japanese single-family post and beam residence. Typically, in this construction method, the cross sectional dimensions of the posts (Hashira) and sills (Dodai) are 105mm×105mm; the purlins (Moya) and sills (Dodai) are 90mm×90mm; the diagonal bracings (Sujikai) are 45mm×90mm; the studs (Mabashira) are 27mm×105mm, and the joists (Neda) are 45mm×105mm. Many of these applications use domestically produced Sugi (*Cryptomeria japonica*) and imported hem-fir from Canada. Recently, a comprehensive in-grade test program was conducted on the Canadian hem-fir of the size and grades intended for the Japanese market.

2.2 Engineered Wood Products

Engineered wood products, by definition, consist of a broad class of structural wood products that are commonly used as structural materials in construction. These products differ from dimension lumber or solid sawn timber obtained by sawing the logs or cants into individual single solid members. Instead, engineered wood products are made from veneers, strands or flakes that have either been peeled, chipped or sliced. These flakes, strands, or sheets of veneer are arranged or formed for structural purposes and then bonded together with adhesives under heat and pressure to make panels or timber-like or shaped structural products.

Under this definition, examples of engineered wood products that use flakes or veneers to form panels include plywood and oriented strand board. Other composite panel products that may have limited structural applications include particleboard, hardboard, and medium density fiberboard. In terms of timber- or lumber-like composite wood products, structural composite lumber is a generic term used to describe a family of engineered wood products that combines wood veneer or strands with exterior structural adhesives to form timber-like structural members. In structural composite lumber, the wood veneer or strands are typically aligned. In most cases the grain angle of the strands or veneers are principally oriented along the length of the member. In some cases, members can also be made with orthogonally arranged layers of flakes. By the nature of their manufacturing process, large defects such as knots and other strength reducing characteristics are either eliminated or dispersed throughout the cross-section to produce a more homogeneous product. Structural composite lumber products that utilize wood veneer sheets are referred to as laminated veneer lumber, while those utilizing wood veneer strands are referred to as parallel strand lumber. Finally, structural composite lumber products that utilize flakes are referred to as laminated strand lumber (LSL) and oriented strand lumber (OSL) . The production of OSL is an extension of the oriented strand board manufacturing technology for thick oriented strand board.

Engineered wood products in the broad sense also include products made by bonding individual solid sawn pieces into larger structural members. Some examples include metal-plated trusses, finger-jointed lumber, glued-laminated timber, wood I-joists, laminated solid panels, and structural insulated panels.

Engineered wood products can be used in a wide range of structural applications, including residential, agricultural, and commercial structures, to form essential components in floors, walls, and roofs. These products can also increase the structural efficiency of wood frame construction when used alone or in combination with solid sawn timber by improving building performance and reducing cost. Figure 2-1 shows the progression of development and commercial introduction of some engineered wood products for building applications in the last century.

Traditionally, wood based composite panels such as plywood and oriented strand board are used as sheathing for walls, floors, and formwork. In these structures, composite action and load sharing behaviour are developed within the structural system to allow the panel and framing members to effectively carry the applied loads.

Since the late 1970's, research and development on structural composite lumber products such as parallel strand lumber, laminated strand lumber, laminated veneer lumber, and thick oriented strand board, have led to their successful introduction into the construction industry. Together with glued-laminated beams and I-joists, engineered wood products have been substituted for traditional solid sawn timber components as beams, headers, columns, and chord members. Moreover, structural composite lumber products are starting to be used in applications typically dominated by steel or concrete (i. e. long span commercial roof truss and shell structures) . In the future, with the reduced availability of large size solid sawn timber due to environmental concerns, engineered wood products will play an even more important role as engineered structural materials.

Development of structural composite lumber products has led to their successful introduction into the construction industry. Together with glue-laminated beams and I-joists, engineered wood products have been substituted for traditional solid sawn timber components such as beams, headers, columns, and chord members. Moreover, structural composite lumber products are starting to be used in applications typically dominated by steel

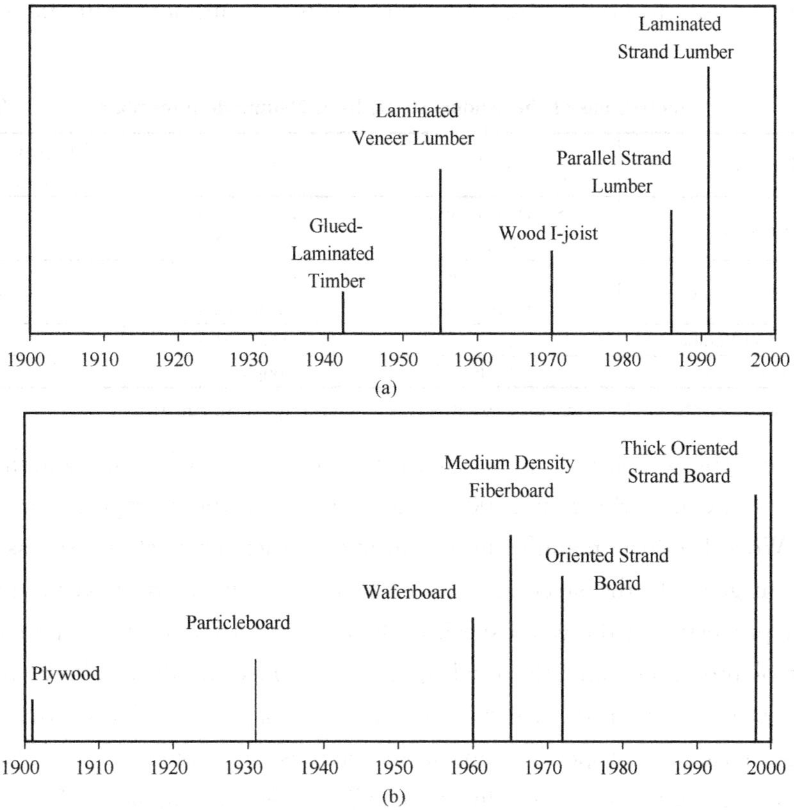

Figure 2-1 The progression of development and commercial introduction of engineered wood products for building applications in the last century

(a) Lumber type; (b) Panels

or concrete (i. e. long span commercial roof truss and shell structures). In the future, with the reduced availability of large size solid sawn structural members, engineered wood products will play an even more important role as structural materials.

During the manufacturing of engineered wood products, the wood is reconstituted to form large members from smaller pieces. Natural marco defects in the wood are dispersed so that the variability in mechanical and physical properties are reduced when compared to those of solid sawn lumber. The increase in uniformity leads to more efficient utilization of the fiber resource so that higher characteristic strengths can be assigned for these products while aiming to maintain the safety level in relation with other products. Table 2-1 shows the comparison of the bending strengths of 286mm deep solid sawn visually stress rated and machine stress rated dimension lumber, parallel strand lumber, and laminated veneer lumber. Although the mean strengths of these products differ slightly, the more uniform products such as parallel strand lumber and laminated veneer lumber have significantly higher fifth percentile strength properties compared to machine stress rated lumber which in turn has higher fifth percentile strength properties compared to visually stress rated lumber. This can lead to longer spans for situations where ultimate limit states (strength) govern.

Comparisons of the bending strengths of 286mm deep members **Table 2-1**

Material	Grade	Species	Fifth-percentile Bending Strength (MPa)
Visual Stress Rated	Select Structural	Douglas-Fir	20
	No. 2	Douglas-Fir	13
Machine Stress Rated	2400f-2. 0E	Douglas-Fir	35
	1650f-1. 5E	Douglas-Fir	24
Parallel Strand Lumber	2. 0E	Douglas-Fir	42
Laminated Veneer Lumber	1. 9E	Douglas-Fir	38

Note: Products with the grade designations listed here are common in North America.

Shown in Table 2-2 are allowable mechanical properties of some modern engineered wood products in United States in 2000. It should be noted these properties may change as Engineered Wood Products manufacturers can update their production process to improve the product. In general, the structural performance of engineered wood products is governed by the properties of the wood species, the manufacturing strategy and methods, the quality control processes, and the final application. These products allow the designers more flexibility to deal with the design situation. This chapter will discuss the manufacturing processes, structural properties, physical attributes, and common applications of some of the major engineered wood products including: Glued-Laminated Timber, Parallel Strand Lumber, Laminated Strand Lumber, Laminated Veneer Lumber, and thick Oriented Strand Board/Rimboard.

Allowable mechanical properties of some modern engineered wood products[1] under Standard term loading and for dry service conditions of maximum 16% moisture content

Table 2-2

	Shear Modulus G (MPa)	Modulus of Elasticity E (MPa)	Bending Strength F_b (MPa)	Compression Strength Perpendicular to grain $F_{c\perp}^{(3)}$ (MPa)	Compression Strength Parallel to grain $F_{c\parallel}$ (MPa)	Longitudinal Shear Strength F_v (MPa)
Timberstrand 1. 3E	560	8960	11. 7[2a]	4. 7	9. 6	2. 76
Timberstrand 1. 5E	646	10345	15. 5[2a]	5. 3	13. 4	2. 76
Microllam 1. 9E	820	13100	17. 9[2b]	5. 2	17. 3	1. 97
Parallam	860	13790	20. 0[2c]	5. 2	20. 0	2. 00

(1) Adapted from Trus Joist a Weyerhaeuser Business Commercial Products Design Manual.

(2a) For depth d other than 305mm apply a size factor of $(305/d)^{0.092}$.

(2b) For depth d other than 305mm apply a size factor of $(305/d)^{0.136}$.

(2c) For depth d other than 305mm apply a size factor of $(305/d)^{0.111}$.

(3) Do not adjust for load duration effect.

(4) The nail withdrawal and lateral resistance connection properties of these products are deemed to be equivalent to that of Douglas fir sawn lumber with specific gravity of 0. 5. Standard bolted connection design values are provided in the adopted code for Douglas fir with specific gravity of 0. 5.

2.2.1 Glued-laminated Timber (GLT)

Glued-laminated timber, commonly referred to as glulam, is a structural timber product made of elements glued together from smaller pieces of wood (Figure 2-2) . In Europe, North America, and Japan, glued-laminated timber is used in a wide variety of applications ranging from headers or supporting beams in residential framing to major structural elements in non-residential buildings as girders, columns, and truss members. As glued-laminated timber can be produced to almost any desired shape and size ranging from long straight beams to complex curved-arch configurations, it offers the builder/architect many opportunities to express their artistic concepts in a building while satisfying the strength requirements. Many studies on the performance of glulam members are available. Foschi and Barrett (1980), Falk and Collings (1995), and Serrano and Larsen (1999) provide useful reviews on the subject.

Figure 2-2 Glued-laminated Timber

In glued laminated timber manufacturing, typically a special grade of timber, the laminating stock (lamstock), is end jointed using finger jointing or scarf jointing techniques to form the laminates. They are then arranged in layers or laminations, and glued together to form the structural member. Glued-laminated timber can be produced in either straight or curved form, with the grain of all the laminations essentially parallel to the length of the member. This laminating technique allows high strength lumber of limited size to be manufactured into larger structural members. The most common species for glued-laminated timber production include Douglas Fir, Larch, Hem-Fir and Spruce-Pine, Southern Yellow Pine, Radiata Pine, and Norway Spruce.

As a non-proprietary product, glued-laminated timber is manufactured according to production standards at certified plants. These standards govern the process of qualification/certification of the plants as well as the day-to-day production procedures of grading the lumber, end joining the lamstock, gluing procedures, finishing techniques and quality control process. Independent certification agencies also perform scheduled mandatory audits to ensure that in-plant procedures meet the requirements of the manufacturing standards.

2.2.2 Parallel Strand Lumber (PSL)

Parallel strand lumber was invented and developed in Canada by MacMillan Bloedel Limited. Since its introduction and launch as a commercial proprietary product in 1986 under the trade name Parallam®, the product has steadily gained an important market share in timber construction in North America. As a result of changes in company ownership,

Parallam® is now produced by Trus-Joist a Weyerhaeuser business.

In the original product concept in the 1970's, parallel strand lumber was intended to utilize forest wastes such as branches and trimmings to form a structural composite lumber product to eventually replace larger dimension solid sawn products. After many iterations and more than a decade of research, the final product concept utilized veneer strands in the production.

Loose billet of mostly parallel aligned strands are continuously press where the billet under confinement is heated to the curing temperature of the adhesive using a series of microwave devices. Currently parallel strand lumber products are manufactured in facilities in both Canada and the United States (Barnes 1988a, Churchland 1988). Relatively few journal publications are available on the product; however, computer modeling of this type of strand-based products has been studied (Clouston and Lam 2001, Triche and Hunt 1993, Wang and Lam 1998).

In residential construction, parallel strand lumber is well suited for use as beams or columns in post and beam construction, and as beams, headers, and lintels in wood frame construction. In heavy timber commercial building, parallel strand lumber is also well suited for use as intermediate and large members. Finally the voids in the cross section of parallel strand lumber allow the member to accept preservative treatment with a very high degree of penetration depth. Therefore when chemical protection against decay is needed, treated parallel strand lumber can be considered.

2.2.3 Laminated Strand Lumber (LSL)

Laminated strand lumber (LSL) is a proprietary product invented and developed in Canada by MacMillan Bloedel Limited. It was introduced and commercially launched in the early 1990's under the trade name Timberstrand®. As a result of changes in company ownership, Timberstrand® is now produced by Trus-Joist a Weyerhaeuser business.

LSL aims to replace some larger dimension solid sawn products using underutilized commercial species (Barnes 1988b). The final product concept utilized strands from fast growing hardwood species such as aspen-poplar by bonding them together with Isocyanate as diphenylmethane di-isocyanate (MDI) adhesive under heat and pressure to form the laminated strand lumber. Currently laminated strand lumber products are manufactured in facilities in the United States. In residential construction, laminated strand lumber is well suited for use as headers, lintels, studs, and rimboard in wood frame construction.

2.2.4 Laminated Veneer Lumber (LVL)

Laminated veneer lumber (LVL) is made by gluing layers of wood veneer sheets together using an exterior type adhesive to form a structural composite lumber product. It was first used to make airplane propellers during World War II. Since the mid-1970's laminated veneer lumber has been used as a structural composite lumber product as beams, headers, flange stock for wood I beams, and scaffolding planks to take advantage of its attributes including high strength, dimension stability, and uniformity.

Typically the production of laminated veneer lumber uses species or combinations of species such as Douglas-fir, larch, southern pine, yellow polar, western hemlock, lodgepole pine, and spruce. In some products, mix species can be introduced in the member layup. Laminated veneer lumber is available in thicknesses of 19.1mm to 89mm, depths of 63.5mm to 1219mm and lengths of up to 24m. Post lamination techniques are used to glue LVL members together on their wide face to form larger members. These members can form deep beams and columns. When rotated 90 degree about its long axis, plate elements can also be formed. these elements are primarily used in floor or roof applications.

LVL elements have excellent visual appearance and as heavy timber or mass timber construction, they can be exposed in buildings. Figure 2-3 shows an example of using post laminated LVL as plate elements as well as beams and columns. As floor or roof diaphragm, lateral resistance needs to be provided via proper shear transfer between each plate. Here nail sheathing or splice joint or shear key can be introduced to allow proper shear transfer.

Figure 2-3 Mass timber LVL elements

(Source: http://mg-architecture.ca/work/shoreline/)

2.2.5 Wood I-Joist

The wood I-joist is a member with an I-shape cross-section. It is made by gluing flanges to a web to form an engineered wood product. Typically the flanges are made with either solid sawn dimension lumber (either visually stress graded or machine stress rated lumber) or laminated veneer lumber. The web of a wood I-joist is typically made with either oriented strand board or plywood panels. The wood I-joist was successfully introduced in the construction market in the 1970's. It has successfully offered alternatives to the larger dimensions solid sawn lumber to be used as joists and beams in both residential and commercial buildings. Compared to solid sawn dimension lumber, wood I-joists have the advantages of more efficient structural shape, higher strength to weight ratio, better dimensional stability, and lower variability of mechanical properties. Predrilled holes for required for electrical services, mechanical ductwork, and plumbing can also be conveniently introduced during their manufacturing. Review of the research work relating the strength properties of wood I-joists is available from Forest Products Society (1990) and Foschi and Yao (1993).

2.2.6 Cross-Laminated Timber (CLT)

The massive wood construction concept revolves around an innovative European engineered wood product, CLT, that is also commercially produced in N. America, Japan, N. Zealand and China. CLT is composed of multi-layers of wood planks with alternating layers oriented crosswise or orthogonal to each other. The planks are typically face glued in a hydraulic press with either non-thermoset Polyurethane (PU) based adhesives in most cases or thermoset melamine-based adhesives with radio frequency (RF) heating. In some European operations, more labor intensive vacuum press systems with PU gluing are used. The pressure level used in the mechanical and vacuum pressing process is approximately 1000kPa and 80kPa, respectively. In all cases, the curing time required is relatively short. This concept allows large wooden plates or slabs with orthotropic properties to be manufactured providing plate action for out-of-plane loading and high shear stiffness and capacity to resist in-plane shear loads.

In N. America, production of CLT follows an industry product standard ANSI/APA PRG 320 (2020) which covers manufacturing, qualification, and quality assurance requirements for commercial production of CLT. The species, dimensions, grade of laminates are specified to produce different grades of CLT products with specified design properties. CLT can be produced using three to nine layers of laminates and with a total thickness of up to 500mm. The maximum plate dimensions is typically limited to 17m in length and 3.0m in width. These maximum dimensions are only limited by the dimensions of the press, manufacturing tools and transportation considerations. Figure 2-4 shows a typical five layers CLT element with three layers orientated parallel to the long axis of the panel and two inner layers orientated perpendicular to the main axis.

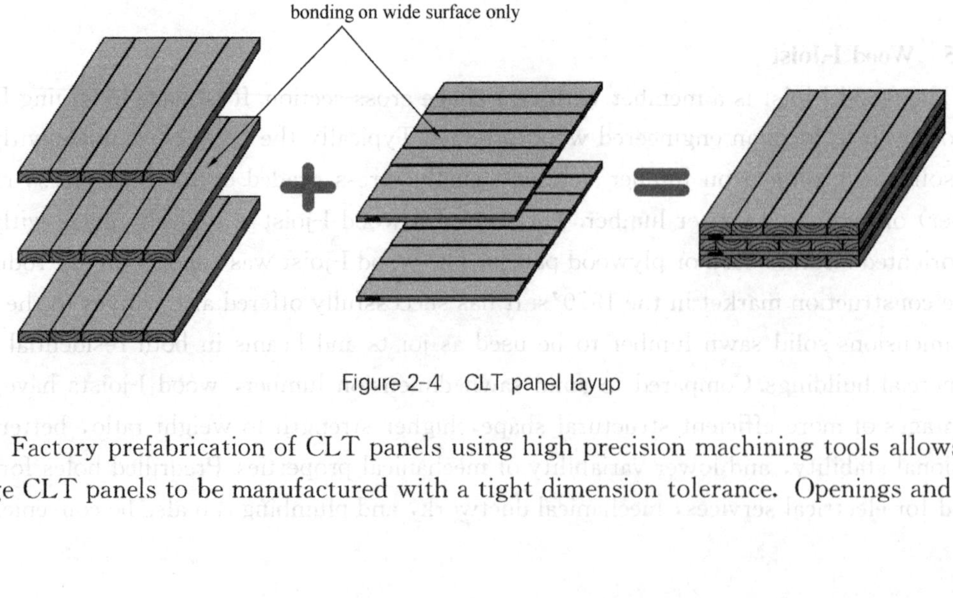

Figure 2-4 CLT panel layup

Factory prefabrication of CLT panels using high precision machining tools allows the large CLT panels to be manufactured with a tight dimension tolerance. Openings and shaping in wall or floor system can be accurately made to allow high speed assembly on-site with minimal labour. Figure 2-5 shows examples of some of the CLT panel processing machines during manufacturing. In construction, cranes lift the CLT elements into position and traditional dowel-type fasteners (nails, bolts, dowels and screws) are used to connect the elements together.

Figure 2-5 Examples of high precision CLT panel processing machines

In-plane dimensional stability is one advantage of CLT elements compared to solid wood due to the crosswise orientation of the raw material in the CLT panels. CLT tends to shrink or swell similarly in the plane of both the long axis and the perpendicular axis. It is estimated that the in plane swelling and shrinkage parameter for CLT panels is 0.02% per length unit per 1% moisture change. In the panel thickness direction, the CLT panels have similar dimensional stability characteristics as solid wood.

The out-of-plane bending stiffness of CLT panels typically governs their design as part of the floor or roof system. Compared to solid wood and glulam with orthotropic strength and stiffness properties, the in-plane strength and stiffness values for CLT panels in the main axis direction and perpendicular to the main axis directions are less varied. Hence two way plate bending action can possibly be realized (see Figure 2-6) .

Figure 2-6 Example of two way action of CLT

In terms of shear wall applications, CLT panels behave as rigid plate elements connected to adjacent elements via various types of connectors. When subject to strong ground motions, the relatively rigid CLT panels tend to rock such that the deformation in the connection elements located at the perimeter of the panel provides the energy dissipation as well as the ductility demand needed to achieve the building target performance. This lateral resistant system and concept of energy dissipation are very different from that available in traditional light wood frame shear wall system where the sheathing to framing nailing works together with the wall assembly to carry the lateral seismic or wind load. In other words, the traditional light wood frame system relies on all the nailing connection rather than few critical connectors to take the imposed lateral load. Nevertheless shaking table tests show the lateral resisting system of CLT is a very viable structural system with very robust performance against strong ground motions.

2.2.7 Nailed-laminated Timber (NLT)

NLT is an alternative mass plate concept that is primarily used for floors or roofs as one way bending system (see Figure 2-7). This system consists of dimension lumber members positioned face to face with its long axis oriented parallel to one direction. The members can be connected to each other via face nailing using a pneumatic nail gun. The advantages of such massive wood wall system are: 1) all members are aligned in the same direction to take the out-of-plane loads; 2) dimension lumber of length up to 4.8m can be directly used to make long floors to span over several supporting beams. Finger jointed lumber and/or staggered joints can also be used to enhance the structural performance of the floor; 3) the structural performance can further be controlled by the nailing schedule, fastener type, member sizes, lumber grade, wood species and edge members; 4) these floors do not require special manufacturing technology to achieve a value added product built by layman with low capital demand; 5) slight curvature out-of-plate can be achieved by framing on site; 6) in-plane diaphragm action can be achieved with sheathing nailed onto the narrow face of the lumber. Figure 2-7 shows example of NLT applications in curved roofs.

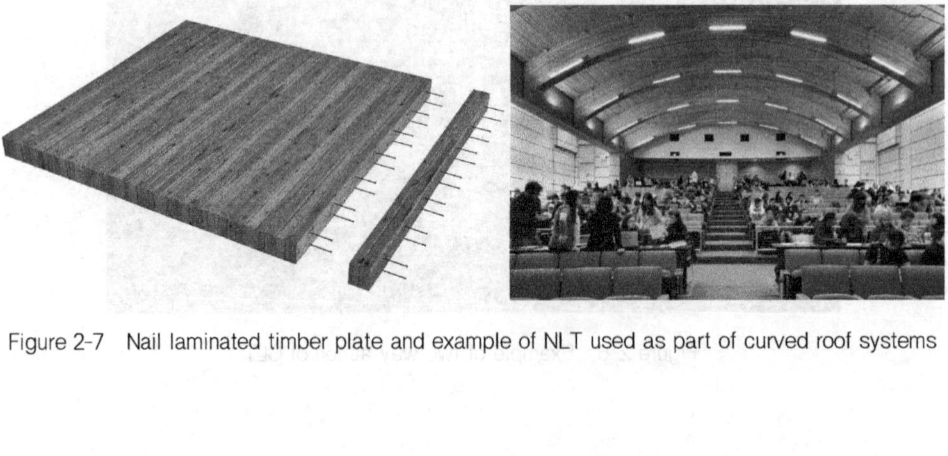

Figure 2-7 Nail laminated timber plate and example of NLT used as part of curved roof systems

NLT can also be used as wall systems in situations where high vertical load carrying capacity are needed. As part of the lateral load resisting system, NLT wall elements need to be sheathed with oriented strand boards or plywood with nail connections. The capacity and ductility of such system depend on the wood, the types of nail used for the sheathing/NLT connection, the type of nails used to manufacture the NLT panel, the nailing schedule for NLT and for sheathing/NLT connection, the anchor and hold-down devices, and the aspect ratio of the wall. Figure 2-8 shows a NLT wall during racking tests.

Figure 2-8 NLT wall (sheathed on the back side) during racking tests

2.3 Summary

Engineered wood products are successfully introduced in the construction industry. In USA and Canada, structural wood products play a dominant role in single family residential construction comprising over 90% of the market share. With the anticipated increase in the future demand of structural wood products and changes of the timber resource, the development and application of engineered wood products will continue to increase in the future, especially for multi-family residential and non-residential construction sector. These products will need to utilize non-traditional resources and at the same time process improved physical and mechanical properties compared to traditional structural products.

Research and development efforts are needed to fully understand the interacting relationship between the raw material, the manufacturing and processing variables, the engineering and physical properties of the product, and the end-use application. Research on the application of engineered wood products with respect to their connection details in heavy timber construction is another important topic. The performance and behaviour of engineered wood product systems under both ultimate and serviceability conditions must be studied to expand their applications.

思考题

2.1 结构胶合材（SCL）的抗弯强度可以达到同样尺寸规格材的 3 倍，请问其主要原因是什么？

2.2 请分析一下木结构设计时木材设计强度需要考虑尺寸折减系数的原因？

2.3 请说明下述符号的含义：TC15、TB15、TC_T24。

2.4 以下是木材清材试验的荷载-位移曲线。请指出每条曲线所对应的试验类型（包括顺纹抗拉试验、顺纹抗压试验、横纹承压试验），并说明理由。

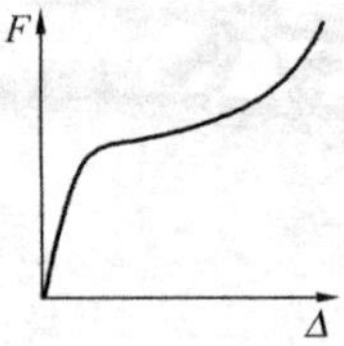

(a)

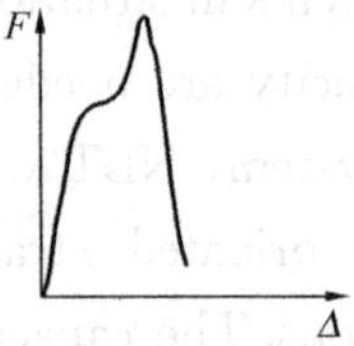

(b)

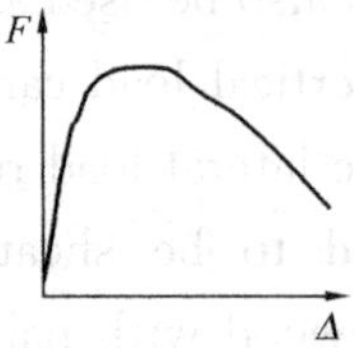

(c)

2.5 以下是清材试验得到的试件破坏照片。请通过破坏特征及试件形态来推测各自对应的试验类型。

(a)

(b)

(c)

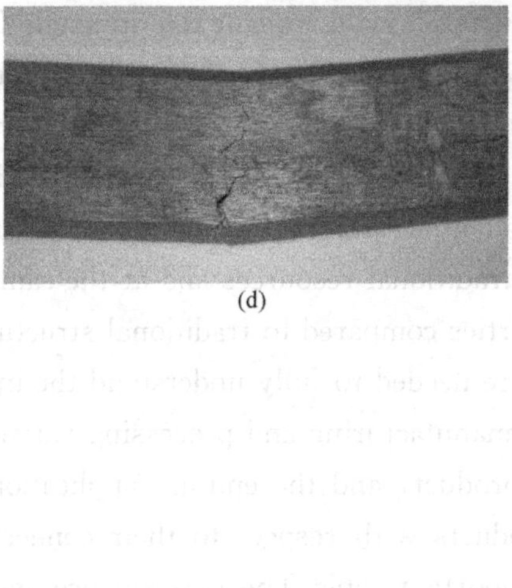

(d)

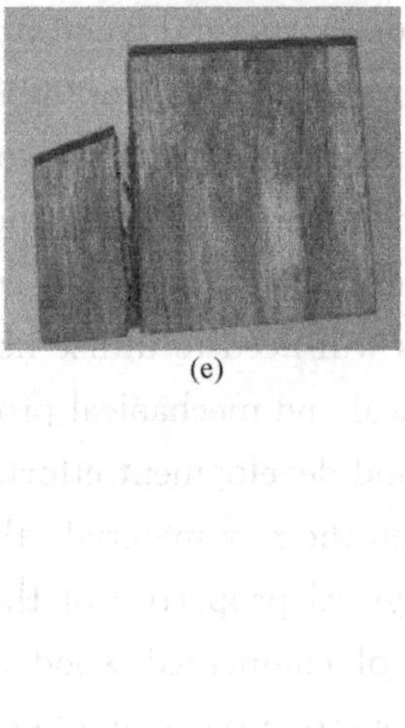

(e)

3 木结构构件类型和计算

构件是组成结构的最基本单元。在木结构中，各类构件通过连接成为结构。木构件可以用原木、方木、规格材、部分胶合材（PSL、LVL、Glulam）以及工字形木等制作，常用截面形式有圆形、矩形（包括方形）和工字形等。构件端部连接可以为固接，也可为铰接，或介于两者之间的弹簧连接，但木构件以铰接为多。

构件设计需保证其承载能力极限和正常使用极限。按承载能力极限状态计算时，要保证具有足够的强度和足够的稳定性能，从而不致丧失承载能力；按正常使用极限状态计算时，要保证不产生过大变形，从而满足正常使用要求。

构件按照受力形式可分为轴心受拉构件、轴心受压构件、受弯构件和拉弯或压弯构件。在不同受力情况下其承载能力极限状态和正常使用极限状态的具体计算方法不尽相同。

3.1 轴心受拉构件

轴心受拉构件是所受拉力通过截面形心的构件，如木桁架的下弦杆、支撑体系中的拉杆等。轴心受拉构件的控制截面往往出现在该构件与其他构件的连接处或构件截面因开槽、开孔等的削弱处。如果桁架受拉的下弦杆受拉力较大时，也可用钢拉杆，因钢材抗拉强度要高得多。受拉木构件表现出脆性破坏的特点，因此抗拉强度设计值确定时，其可靠指标要高些。

轴心受拉构件的强度即承载能力验算：

$$\frac{N}{A_n} \leqslant f_t \tag{3-1}$$

式中 f_t ——构件材料的顺纹抗拉强度设计值（N/mm^2）；

N ——轴心受拉构件拉力设计值（N）；

A_n ——受拉构件的净截面面积（mm^2），计算 A_n 时应扣除分布在150mm长度上的缺孔投影面积，如图3-1所示。

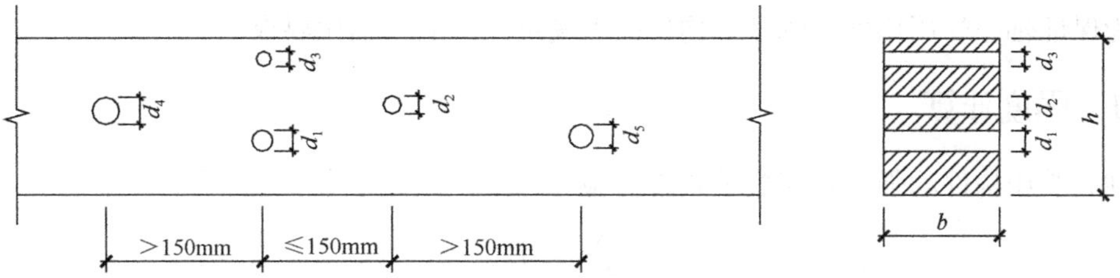

图3-1 轴拉构件及其缺孔投影

对于图 3-1 所示轴拉构件，净截面强度计算时其面积 A_n 为：$b(h-d_1-d_2-d_3)$、$b(h-d_4)$、$b(h-d_5)$ 三者中的较小者。

木构件受拉时可能会沿着相距不远的缺孔间形成的曲折路线断裂，所以净截面计算时规范规定沿受力方向 150mm 范围的缺孔均需去除。受拉构件设计时一定要避免斜纹或横纹受拉，否则会大大降低抗拉强度。一般情况下，木材不给出横纹抗拉强度设计值。

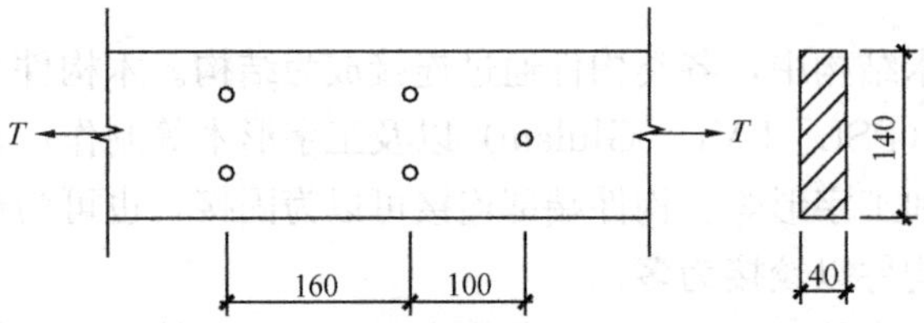

图 3-2 构件截面及开孔情况

例 3-1 一材料为 SPF（云杉—松—冷杉）Ⅱ$_c$级的规格材构件，承受轴向设计值 $T=25$kN 的拉力，截面规格为 40mm × 140mm，构件上有如图 3-2 所示开孔，孔径 $d=12$mm，试验算该构件的强度。

【解】 该构件为轴心受拉，根据木材类型和等级查表 2-10 得其顺纹抗拉强度设计值为 $f_t=4.8\text{N/mm}^2$；由表 2-11 尺寸调整系数为 1.3。

选取最不利截面为 150mm 范围内开了 3 个螺栓孔处，则：

$$A_n = 40 \times 140 - 40 \times 12 \times 3 = 4160\text{mm}^2$$

$$\frac{N}{A_n} = \frac{25000}{4160} = 6.01\text{N/mm}^2 < 4.8 \times 1.3 = 6.24\text{N/mm}^2$$

满足材料强度要求。

3.2 轴心受压构件

轴心受压构件的可能破坏形式有强度破坏和整体失稳破坏。

当轴心受压构件的截面无削弱时一般不会发生强度破坏，因为整体失稳总发生在强度破坏之前。当轴心受压构件的截面有较大削弱时，则有可能在削弱处发生强度破坏。

整体失稳是轴心受压构件的主要破坏形式。轴心受压构件在轴心压力较小时处于稳定平衡状态，如有微小干扰力使其偏离平衡位置，则在干扰力去除后仍能恢复到原先的平衡状态。随着轴心压力的增大，轴心受压构件会由稳定平衡状态逐步过渡到随遇平衡状态，这时如有微小干扰力使其偏离平衡位置，则在干扰力去除后，将停留在新的位置而不能恢复到原先的平衡位置。这时的随遇平衡状态就称为临界状态，构件承受的轴心压力则为临界压力。当轴心压力超过临界压力后，构件就不能维持平衡而发生失稳破坏。

为保证轴心受压构件的刚度，构件尚需满足一定的长细比要求。

3.2.1 强度计算

轴心受压构件的强度，应按下式进行验算：

$$\frac{N}{A_n} \leqslant f_c \tag{3-2}$$

式中 f_c——构件材料的顺纹抗压强度设计值（N/mm²）；

N——轴心受压构件压力设计值（N）；

A_n——受压构件的净截面面积（mm^2）。

3.2.2 稳定计算

轴心受压构件的稳定承载力很大程度上取决于构件的长细比。当树种、材质等级及构件截面等条件相同的情况下，长细比越大，稳定承载力越低，因此短柱总比细长柱具有更大的稳定承载力。

轴心受压构件的稳定按下式进行验算：

$$\frac{N}{\varphi A_0} \leqslant f_c \tag{3-3}$$

式中 A_0——受压构件截面的计算面积（mm^2）；

φ——轴心受压构件稳定系数。

（1）受压构件稳定计算时截面的计算面积 A_0 的确定方法

稳定计算时，受压构件截面的计算面积 A_0 与构件是否有缺口及缺口的位置有关。

① 无缺口时，A_0 按下式进行计算：

$$A_0 = A \tag{3-4}$$

式中 A——受压构件的全截面面积（mm^2）。

② 有缺口时，根据缺口的不同位置确定 A_0，缺口的位置见图 3-3。

缺口不在边缘时，见图 3-3（a），取 $A_0 = 0.9A$；

缺口在边缘且对称时，见图 3-3（b），取 $A_0 = A_n$；

缺口在边缘但不对称时，见图 3-3（c），取 $A_0 = A_n$，且应按偏心受压构件计算；

验算稳定时，螺栓孔不作为缺口考虑；

对于原木应取平均直径计算面积。

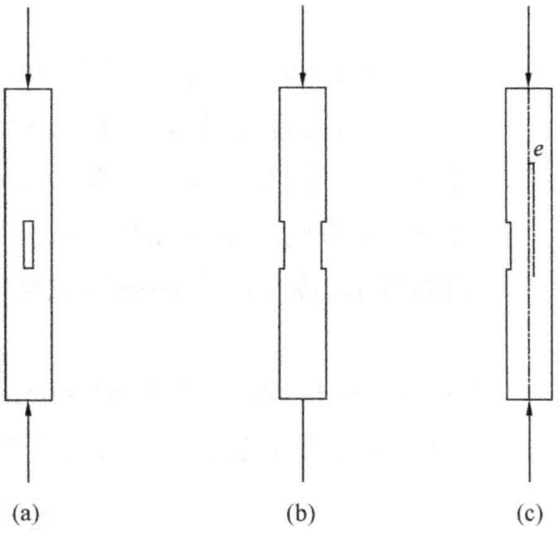

图 3-3 受压构件缺口位置

（a）缺口不在边缘；（b）缺口在边缘且对称；（c）缺口在边缘但不对称

（2）受压构件稳定计算时的稳定系数 φ

轴心受压构件稳定系数的取值应按下列公式确定：

$$\lambda_c = c_c\sqrt{\frac{\beta E_k}{f_{ck}}} \tag{3-5}$$

当 $\lambda > \lambda_c$ 时

$$\varphi = \frac{a_c \pi^2 \beta E_k}{\lambda^2 f_{ck}} \tag{3-6}$$

当 $\lambda \leqslant \lambda_c$ 时

$$\varphi = \frac{1}{1 + \dfrac{\lambda^2 f_{ck}}{b_c \pi^2 \beta E_k}} \tag{3-7}$$

式中 φ——轴心受压构件稳定系数；

λ——受压构件长细比；

f_{ck}——受压构件材料的抗压强度标准值（N/mm^2）；

E_k——构件材料的弹性模量标准值（N/mm^2）；

a_c、b_c、c_c——材料相关系数；应按表 3-1 的规定取值；

β——材料剪切变形相关系数；应按表 3-1 的规定取值。

相关系数的取值 **表 3-1**

构件材料		a_c	b_c	c_c	β	E_k/f_{ck}
方木、原木	TC15、TC17、TB20	0.92	1.96	4.13	1.00	330
	TC11、TC13、TB11 TB13、TB15、TB17	0.95	1.43	5.28		300
规格材、进口方木和欧洲进口结构材		0.88	2.44	3.68	1.03	按《木结构设计标准》GB 50005 附录 E 的规定采用
胶合木		0.91	3.69	3.45	1.05	

(3) 受压构件的长细比 λ 的计算

轴心受压构件稳定计算时，不论构件截面上是否有缺口，长细比均按全截面面积和全截面惯性矩计算，即不考虑缺口的影响。长细比具体计算按下式：

$$\lambda = \frac{l_0}{i} \tag{3-8}$$

$$i = \sqrt{\frac{I}{A}} \tag{3-9}$$

式中 l_0——受压构件的计算长度（mm）；

i——构件截面的回转半径（mm）；

I——构件的全截面惯性矩（mm^4）；

A——构件的全截面面积（mm^2）。

受压构件的计算长度 l_0 应按下式确定：

$$l_0 = k_l l \tag{3-10}$$

式中 l——受压构件的实际长度（mm）；

k_l——长度计算系数，应按表 3-2 的规定取值。

长度计算系数 k_l 的取值 **表 3-2**

失稳模式	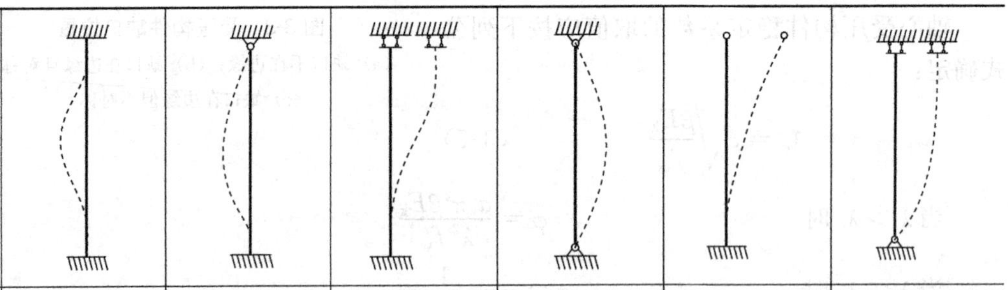					
k_l	0.65	0.8	1.2	1.0	2.1	2.4

(4) 有效边长 b_n 的计算

变截面受压构件中，回转半径应取构件截面每边的有效边长 b_n 进行计算。有效边长 b_n 应按下列规定确定：

1) 变截面矩形构件的有效边长 b_n 应按下式计算：

$$b_n = b_{min} + (b_{max} - b_{min})\left[a - 0.15\left(1 - \frac{b_{min}}{b_{max}}\right)\right] \tag{3-11}$$

式中 b_{min}——受压构件计算边的最小边长；

b_{max}——受压构件计算边的最大边长；

a——支座条件计算系数，应按表 3-3 的规定取值。

2）当构件支座条件不符合表 3-3 中的规定时，截面有效边长 b_n可按下式计算：

$$b_n = b_{min} + \frac{b_{max} - b_{min}}{3} \tag{3-12}$$

支座条件计算系数 *a* 的取值 **表 3-3**

构件支座条件	*a* 值
截面较大端为固定，较小端为自由或铰接	0.70
截面较小端为固定，较大端为自由或铰接	0.30
两端铰接，构件尺寸朝一端缩小	0.50
两端铰接，构件尺寸朝两端缩小	0.70

3.2.3 刚度计算

轴心受压构件的刚度用长细比控制，各类压杆的长细比限值见表 3-4。

受压构件长细比限值 **表 3-4**

项次	构 件 类 别	长细比限值 [λ]
1	结构的主要构件（包括桁架的弦杆、支座处的竖杆或斜杆以及承重柱等）	120
2	一般构件	150
3	支撑	200

原木构件沿着构件长度的直径变化按每米 9mm 考虑，当地树种有经验数值时按此数值计算。长细比按原木构件的中央截面的截面特性计算。

例 3-2 一铁杉方木构件，截面尺寸如图 3-4 所示，承受轴向压力设计值 $N = 240\text{kN}$。构件长度为 3m，一端固接，一端铰接，构件中部有一缺口（见图 3-4），试验算该构件的强度及稳定性。

【解】 该构件为轴心受压构件，查表 2-3 知木材强度等级为 TC15A，由表 2-5 知其顺纹抗压强度设计值为 $f_c = 13\text{N/mm}^2$；因断面短边尺寸不小于 150mm，故可考虑强度设计值提高 10%。不考虑其他强度调整系数。

（1）强度验算

$$A_n = 150 \times (200 - 50) = 22500\text{mm}^2$$

$$\frac{N}{A_n} = \frac{240000}{22500} = 10.67\text{N/mm}^2 < 13 \times 1.1 = 14.3\text{N/mm}^2$$

满足强度要求。

（2）稳定验算

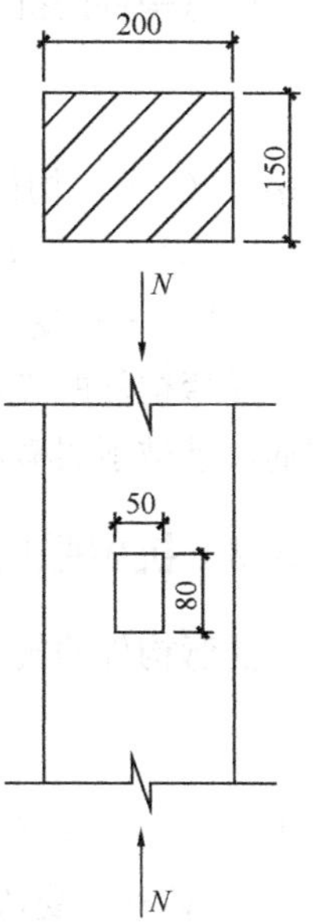

图 3-4 构件截面及缺口情况

因构件中间有一缺口，$A_0 = 0.9A = 0.9 \times 200 \times 150 = 27000\text{mm}^2$

计算长度 $l_0 = k_l l = 0.8 \times 3000 = 2400\text{mm}$

$$i = \sqrt{\frac{1}{12}} \times b = \sqrt{\frac{1}{12}} \times 150 = 43.30\text{mm}$$

$$\lambda_c = c_c \sqrt{\frac{\beta E_k}{f_{ck}}} = 4.13 \times \sqrt{1.00 \times 330} = 75.03$$

$$\lambda = \frac{l_0}{i} = \frac{2400}{43.30} = 55.43 < \lambda_c$$

$$\varphi = \frac{1}{1 + \frac{\lambda^2 f_{ck}}{b_c \pi^2 \beta E_k}} = \frac{1}{1 + \frac{55.43^2}{1.96 \times 3.14^2 \times 1 \times 330}} = 0.675$$

$$\frac{N}{\varphi A_0} = \frac{240000}{0.675 \times 27000} = 13.17\text{N/mm}^2 < 14.3\text{N/mm}^2$$

满足稳定要求。

3.3 受弯构件

只受弯矩作用或受弯矩与剪力共同作用的构件称为受弯构件。按弯曲变形情况不同，受弯构件可能在一个主平面内受弯即单向弯曲，也可能在两个主平面内受弯即双向弯曲或称为斜弯曲。受弯构件的计算包括抗弯强度、抗剪强度、弯矩作用平面外侧向稳定和挠度等几个方面。

3.3.1 抗弯强度

受弯构件的抗弯强度，按下式验算：

$$\frac{M}{W_n} \leqslant f_m \tag{3-13}$$

式中 f_m ——构件材料的抗弯强度设计值（N/mm^2）；

M ——受弯构件弯矩设计值（N·mm）；

W_n ——受弯构件的净截面抵抗矩（mm^3）。

受弯构件的受弯承载能力一般可按弯矩最大处的截面进行验算，但在构件截面有较大削弱，且被削弱截面不在最大弯矩处时，尚应按被削弱截面处的弯矩对该截面进行验算。

3.3.2 抗剪强度

受弯构件的抗剪强度，应按下式验算：

$$\frac{VS}{Ib} \leqslant f_v \tag{3-14}$$

式中 f_v ——构件材料的顺纹抗剪强度设计值（N/mm^2）；

V ——受弯构件剪力设计值（N）；

I ——构件的全截面惯性矩（mm^4）；

b ——构件的截面宽度（mm）；

S——剪切面以上的截面面积对中和轴的面积矩（mm^3）。

荷载作用在梁的顶面，计算受弯构件的剪力 V 时，可不考虑在距离支座等于梁截面高度范围内的所有荷载的作用。

受弯构件设计时，应尽可能减少截面因切口而引起应力集中，如采用逐渐变化的锥形切口形式，而避免直角切口，使构件截面积缓缓变化。

简支梁支座处受拉边的切口深度，锯材不应超过梁截面高度的 1/4；层板胶合木不应超过梁截面高度的 1/10。

有可能出现负弯矩的支座处及其附近区域不应设置切口。

当矩形截面受弯构件支座处受拉面有切口时，该处实际受剪承载能力，应按下式验算：

$$\frac{3V}{2bh_n}\left(\frac{h}{h_n}\right)^2 \leqslant f_v \tag{3-15}$$

式中 f_v——构件材料的顺纹抗剪强度设计值（N/mm^2）；

b——构件的截面宽度（mm）；

h——构件的截面高度（mm）；

h_n——受弯构件在切口处净截面高度（mm）；

V——剪力设计值（N），与无切口受弯构件受剪承载能力计算不同的是：计算该剪力 V 时应考虑全跨度内所有荷载的作用。

3.3.3 局部承压验算

受弯构件局部承压的承载能力应按下式验算：

$$\frac{N_c}{bl_b K_B K_{Zcp}} \leqslant f_{c,90} \tag{3-16}$$

式中 N_c——局部压力设计值（N）；

b——局部承压面宽度（mm）；

l_b——局部承压面长度（mm）；

$f_{c,90}$——构件材料的横纹承压强度设计值（N/mm^2）；当承压面长度 $l_b \leqslant 150mm$，且承压面外缘距构件端部不小于 75mm 时，$f_{c,90}$ 取局部表面横纹承压强度设计值；否则应取全表面横纹承压强度设计值；

K_B——局部受压长度调整系数；应按表 3-5 的规定取值；当局部受压区域内有较高弯曲应力时，$K_B=1$；

K_{Zcp}——局部受压尺寸调整系数；应按表 3-6 的规定取值。

局部受压长度调整系数 K_B **表 3-5**

顺纹测量承压长度（mm）	修正系数 K_B
≤12.5	1.75
25.0	1.38
38.0	1.25
50.0	1.19
75.0	1.13
100.0	1.10
≥150.0	1.00

注：1. 当承压长度为中间值时，可采用插入法求出 K_B 值；

2. 局部受压的区域离构件端部不应小于 75mm。

局部受压尺寸调整系数 K_{Zcp} 表 3-6

构件截面宽度与构件截面高度的比值	K_{Zcp}
≤1.0	1.00
≥2.0	1.15

注：比值在 1.0～2.0 之间时，可采用线性插值法求出 K_{Zcp} 值。

3.3.4 弯矩作用平面外受弯构件的侧向稳定

受弯构件受到弯矩作用时，截面受压侧类同于压杆，当压应力达到一定值时有受压屈曲的倾向。由于受弯构件一般总绕着强轴作用弯矩，因此在弯矩作用平面内刚度较大，不会在弯矩作用平面内失稳，从而弯矩作用平面外成为受弯构件的唯一失稳可能。受弯构件侧向失稳见图 3-5。受弯构件抵抗平面外失稳的能力与侧向抗弯刚度和抗扭刚度有关，其临界弯矩表达式如下：

$$M_{cr} = \frac{\pi}{l}\sqrt{EI_y GI_t} \tag{3-17}$$

式中 l——受弯构件受压缘侧向支撑点间的距离；

EI_y——侧向抗弯刚度；

GI_t——抗扭刚度。

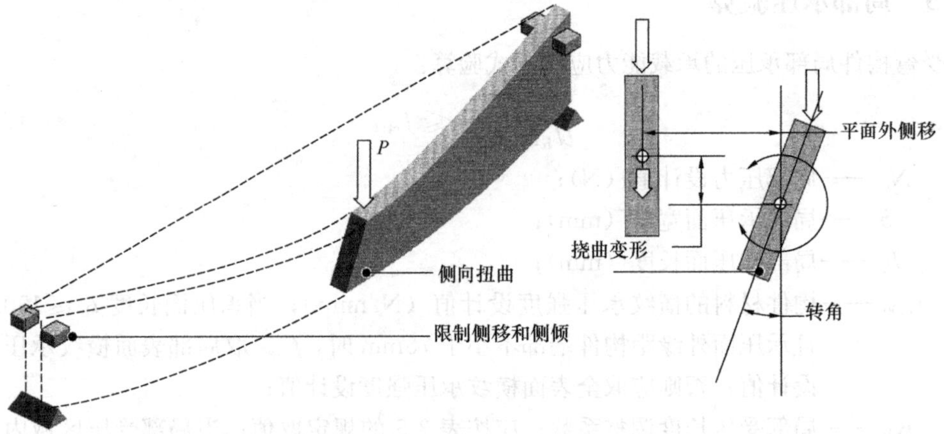

图 3-5 受弯构件侧向失稳

根据规范，木结构受弯构件侧向稳定按下式验算：

$$\frac{M}{\varphi_l W_n} \leqslant f_m \tag{3-18}$$

式中 f_m——构件材料抗弯强度设计值（N/mm²）；

M——受弯构件弯矩设计值（N·mm）；

W_n——受弯构件净截面抵抗矩（mm³）；

φ_l——受弯构件侧向稳定系数。

受弯构件的侧向稳定系数 φ_l 应按下列公式计算：

$$\lambda_{m}=c_{m}\sqrt{\frac{\beta E_{k}}{f_{mk}}} \tag{3-19}$$

$$\lambda_{B}=\sqrt{\frac{l_{e}h}{b^{2}}} \tag{3-20}$$

当 $\lambda_B > \lambda_m$ 时

$$\varphi_{l}=\frac{a_{m}\beta E_{k}}{\lambda_{B}^{2}f_{mk}} \tag{3-21}$$

当 $\lambda_B \leqslant \lambda_m$ 时

$$\varphi_{l}=\frac{1}{1+\frac{\lambda_{B}^{2}f_{mk}}{b_{m}\beta E_{k}}} \tag{3-22}$$

式中 E_k——构件材料的弹性模量标准值（N/mm^2）；

f_{mk}——受弯构件材料的抗弯强度标准值（$N \cdot mm^2$）；

λ_B——受弯构件的长细比，不应大于 50；

b——受弯构件的截面宽度（mm）；

h——受弯构件的截面高度（mm）；

a_m、b_m、c_m——材料相关系数；应按表 3-7 的规定取值；

l_e——受弯构件计算长度；应按表 3-8 的规定取值；

β——材料剪切变形相关系数；应按表 3-7 的规定取值。

相关系数的取值 **表 3-7**

构件材料		a_m	b_m	c_m	β	$E_{0.05}/f_{mk}$
方木、原木	TC15、TC17、TB20	0.70	4.90	0.90	1.00	220
	TC11、TC13、TB11 TB13、TB15、TB17					220
规格材、进口方木和欧洲进口结构材		0.70	4.90	0.90	1.03	按《木结构设计标准》GB 50005 附录 E 的规定采用
胶合木		0.70	4.90	0.90	1.05	

受弯构件的计算长度 **表 3-8**

梁的类型和荷载情况	荷载作用在梁的部位		
	顶部	中部	底部
简支梁，两端相等弯矩	$l_e=1.00l_u$		
简支梁，均匀分布荷载	$l_e=0.95l_u$	$l_e=0.90l_u$	$l_e=0.85l_u$
简支梁，跨中一个集中荷载	$l_e=0.80l_u$	$l_e=0.75l_u$	$l_e=0.70l_u$
悬臂梁，均匀分布荷载	$l_e=1.20l_u$		
悬臂梁，在悬臂端一个集中荷载	$l_e=1.70l_u$		
悬臂梁，在悬臂端作用弯矩	$l_e=2.00l_u$		

注：l_u为受弯构件两个支撑点之间的实际距离。当支座处有侧向支撑而沿构件长度方向无附加支撑时，l_u为支座之间的距离；当受弯构件在构件中间点以及支座处有侧向支撑时，l_u为中间支撑与端支座之间的距离。

当受弯构件的两个支座处设有防止其侧向位移和侧倾的侧向支承，并且截面的最大高度对其截面宽度之比以及侧向支承满足下列规定时，侧向稳定系数 φ_l 应取为 1：

$h/b \leqslant 4$，未设有中间的侧向支撑；

$4 < h/b \leqslant 5$，在受弯构件的受压缘由类似檩条等构件作为侧向支撑；

$5 < h/b \leqslant 6.5$，受压边缘直接固定在密铺板上或直接固定在间距不大于 610mm 的搁栅上；

$6.5 < h/b \leqslant 7.5$，受压边缘直接固定在密铺板上或直接固定在间距不大于 610mm 的搁栅上，并且受弯构件之间安装有横隔板，其间隔不超过受弯构件截面高度的 8 倍；

$7.5 < h/b \leqslant 9$，受弯构件的上下边缘在长度方向上均有限制侧向位移的连续构件。

3.3.5 挠度验算

受弯构件的挠度，应按下式验算：

$$w \leqslant [w] \tag{3-23}$$

式中 $[w]$——受弯构件的挠度限值（mm），见表 3-9；

w——构件按荷载效应的标准组合计算的挠度（mm），对于原木构件，挠度计算时按构件中央的截面特性取值。

受弯构件挠度限值 **表 3-9**

<table>
<tr><th>项 次</th><th colspan="3">构件类别</th><th>挠度限值 [w]</th></tr>
<tr><td rowspan="2">1</td><td rowspan="2">檩条</td><td colspan="2">l≤3.3m</td><td>l /200</td></tr>
<tr><td colspan="2">l>3.3m</td><td>l /250</td></tr>
<tr><td>2</td><td colspan="3">椽条</td><td>l /150</td></tr>
<tr><td>3</td><td colspan="3">吊顶中的受弯构件</td><td>l /250</td></tr>
<tr><td>4</td><td colspan="3">楼盖梁和搁栅</td><td>l/250</td></tr>
<tr><td rowspan="2">5</td><td rowspan="2">墙骨柱</td><td colspan="2">墙面为刚性贴面</td><td>l/360</td></tr>
<tr><td colspan="2">墙面为柔性贴面</td><td>l/250</td></tr>
<tr><td rowspan="3">6</td><td rowspan="3">屋盖大梁</td><td colspan="2">工业建筑</td><td>l/120</td></tr>
<tr><td rowspan="2">民用建筑</td><td>无粉刷吊顶</td><td>l /180</td></tr>
<tr><td>有粉刷吊顶</td><td>l /240</td></tr>
</table>

注：l——受弯构件的计算跨度。

3.3.6 双向受弯构件

双向受弯构件，其强度应按下式验算：

$$\frac{M_x}{W_{nx} f_{mx}} + \frac{M_y}{W_{ny} f_{my}} \leqslant 1 \tag{3-24}$$

挠度应按下式验算：

$$w = \sqrt{w_x^2 + w_y^2} \leqslant [w] \tag{3-25}$$

式中 M_x、M_y——对构件截面 x 轴、y 轴产生的弯矩设计值（N·mm）；

f_{mx}、f_{my}——构件正向弯曲或侧向弯曲的抗弯强度设计值（N/mm^3）；

W_{nx}、W_{ny}——构件截面沿 x 轴、y 轴的净截面抵抗矩（mm^3）；

w_x、w_y——荷载效应标准组合计算的对构件截面 x 轴、y 轴方向的挠度（mm）。

例 3-3 一冷杉方木（锯材）两端简支梁，但无侧向支撑，梁上部承受均布荷载设计

值 $q=4\text{kN/m}$，梁长度为 2.5m，截面为 150mm×120mm，且梁支座处有如图 3-6 所示缺口，试验算此梁的强度和稳定性。

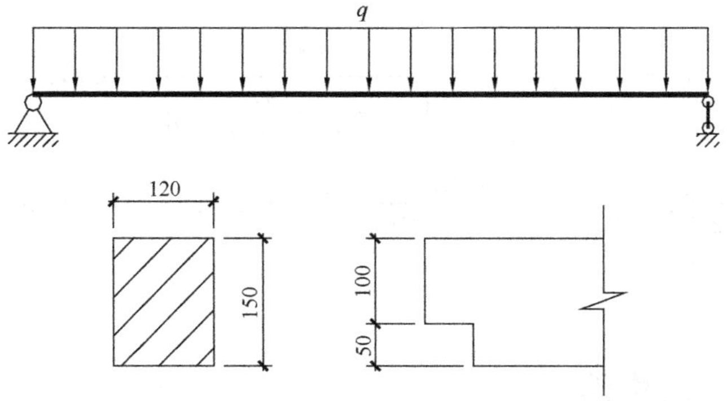

图 3-6 梁截面情况

【解】跨中弯矩设计值为：

$$M=\frac{1}{8}\times 4\times 2.5^2=3.125\text{kN}\cdot\text{m}$$

支座处剪力设计值为：

$$V=5\text{kN}$$

查表 2-3 木材强度等级为 TC11A，查表 2-5 得抗弯强度设计值为 $f_m=11\text{N/mm}^2$，顺纹抗剪强度设计值为 $f_V=1.2\text{N/mm}^2$，强度设计值不作调整。

（1）抗弯强度验算

跨中弯矩最大处，$W_n=\frac{1}{6}\times 120\times 150^2=450\times 10^3\text{mm}^3$

$$\frac{M}{W_n}=\frac{3.125\times 10^6}{450\times 10^3}=6.94\text{N/mm}^2<11\text{N/mm}^2$$

满足抗弯强度要求。

（2）抗剪强度验算

因梁端部有缺口，抗剪强度按式（3-15）验算

$$\frac{3V}{2bh_n}\left(\frac{h}{h_n}\right)^2=\frac{3\times 5000}{2\times 120\times 100}\times\left(\frac{150}{100}\right)^2=1.406\text{N/mm}^2>1.2\text{N/mm}^2$$

不满足抗剪强度要求。

（3）稳定性验算

查表 3-8，该简支梁荷载作用在顶部时计算长度系数为 0.95，验算侧向稳定时的构件计算长度 $l_e=0.95\times 2.5=2.375\text{m}=2375\text{mm}$。查表 3-7 得，计算侧向稳定系数的相关系数分别为 $a_m=0.70$、$b_m=4.90$、$c_m=0.90$、$\beta=1.00$、$E_{0.05}/f_{mk}=220$

截面全截面抵抗矩 $W=\frac{1}{6}\times 120\times 150^2=450\times 10^3\text{mm}^3$

侧向稳定系数应按下式进行计算：

$$\lambda_m=c_m\sqrt{\frac{\beta E_k}{f_{mk}}}=0.9\times\sqrt{1.00\times 220}=13.35$$

$$\lambda_B=\sqrt{\frac{l_e h}{b^2}}=\sqrt{\frac{2375\times150}{120^2}}=4.97$$

$4.97\leqslant13.35$，

$$\varphi_l=\frac{1}{1+\frac{\lambda_B^2 f_{mk}}{b_m\beta E_k}}=\frac{1}{1+\frac{4.97^2}{4.9\times1.0\times220}}=0.978$$

$$\frac{M}{\varphi_l W}=\frac{3.125\times10^6}{0.978\times450\times10^3}=7.1\text{N/mm}^2<11\text{N/mm}^2$$

满足稳定性要求。

3.4 拉弯或压弯构件

桁架的上弦杆在桁架静力分析时往往受压，同时由于屋面板的铺设又有弯矩作用，所以是压弯构件；轻型木结构中的墙架既受竖向荷载作用，在墙骨柱中施加轴向压力，又受水平风载作用，在墙骨柱中产生弯矩，所以墙骨柱也是压弯构件。在结构体系中有许多类似的既有轴力又有弯矩作用的构件，称为拉弯或压弯构件。

3.4.1 拉弯构件的承载能力

拉弯构件的承载能力即强度，按下式验算：

$$\frac{N}{A_n f_t}+\frac{M}{W_n f_m}\leqslant1 \tag{3-26}$$

式中 N、M——轴向压力设计值（N）、弯矩设计值（N·mm）；

A_n、W_n——按轴心受拉构件相同方法计算的构件净截面面积（mm^2）、净截面抵抗矩（mm^3）；

f_t、f_m——构件材料的顺纹抗拉强度设计值、抗弯强度设计值（N/mm^2）。

3.4.2 压弯构件的承载能力

压弯构件的承载能力，分强度和稳定两部分，而稳定又分为平面内稳定和平面外稳定两方面。

（1）强度验算

$$\frac{N}{A_n f_c}+\frac{M}{W_n f_m}\leqslant1 \tag{3-27}$$

$$M=Ne_0+M_0 \tag{3-28}$$

（2）弯矩作用平面内稳定验算

$$\frac{N}{\varphi\varphi_m A_0}\leqslant f_c \tag{3-29}$$

$$\varphi_m=(1-k)^2(1-k_0) \tag{3-30}$$

$$k=\frac{Ne_0+M_0}{Wf_m\left(1+\sqrt{\frac{N}{Af_c}}\right)} \tag{3-31}$$

$$k_0 = \frac{Ne_0}{Wf_m\left(1+\sqrt{\frac{N}{Af_c}}\right)} \tag{3-32}$$

式中 φ、A_0——轴心受压构件的稳定系数、计算面积，按轴心受压构件章节计算；

A——构件全截面面积；

φ_m——考虑轴力和初始弯矩共同作用的折减系数；

N——轴向压力设计值（N）；

M_0——横向荷载作用下跨中最大初始弯矩设计值（N·mm）；

e_0——构件的初始偏心距（mm）；当不能确定时，可按 0.05 倍构件截面高度采用；

f_c、f_m——考虑不同使用条件下木材强度调整系数（表 2-6）后的木材顺纹抗压强度设计值、抗弯强度设计值（N/mm²）；

W——构件全截面抵抗矩（mm³）。

（3）弯矩作用平面外稳定验算

当需验算压弯构件或偏心受压构件弯矩作用平面外的侧向稳定性时，应按式（3-33）验算：

$$\frac{N}{\varphi_y A_0 f_c}+\left(\frac{M}{\varphi_l W f_m}\right)^2 \leqslant 1 \tag{3-33}$$

式中 φ_y——轴心压杆在弯矩作用平面外、对截面的 $y-y$ 轴按长细比 λ_y 确定的轴心压杆稳定系数；

φ_l——受弯构件的侧向稳定系数；

N、M——轴向压力设计值（N）、弯曲作用平面内的弯矩设计值（N·mm）；

W——构件全截面抵抗矩（mm³）。

例 3-4 一冷杉方木压弯构件，截面尺寸如图 3-7 所示，承受轴心压力设计值 $N=60$kN。均布荷载产生的弯矩设计值为 $M_{0x}=3\times10^6$ N·mm，且该均布荷载作用于构件顶面，构件截面为 150mm×200mm，构件长度为 2500mm，两端铰接，端部无侧向支撑，弯矩作用绕 $x-x$ 轴方向，试验算此构件的承载力。

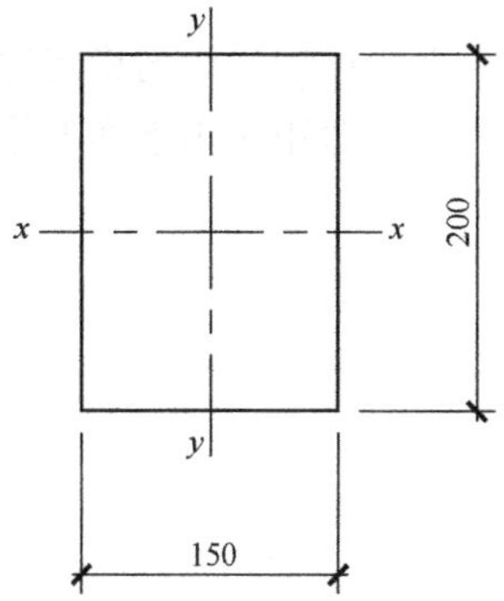

图 3-7 构件截面

【解】 查表 2-3，该材料强度等级为 TC11B，因断面短边尺寸不小于 150，故可考虑强度设计值提高 10%。不考虑其他强度调整系数。由表 2-5 得顺纹抗压强度和抗弯强度设计值分别为：

$f_c=1.1\times10=11\text{N/mm}^2$，$f_m=1.1\times11=12.1\text{N/mm}^2$。

（1）强度验算

$$A_n=150\times200=30000\text{mm}^2$$

$$W_n=\frac{1}{6}\times150\times200^2=1000\times10^3\text{mm}^3$$

$$\frac{N}{A_n f_c}+\frac{M+Ne_0}{W_n f_m}=\frac{60\times10^3}{30000\times11}+\frac{3\times10^6+0}{1000\times10^3\times12.1}=0.430\leqslant1$$

所以强度满足要求。

(2) 弯矩作用平面内稳定性验算

$$A_0 = A_n = 150 \times 200 = 30000\text{mm}^2$$

$$W = W_n = \frac{1}{6} \times 150 \times 200^2 = 1000 \times 10^3\text{mm}^3$$

$$i_x = \sqrt{\frac{1}{12}} \times 200 = 57.74\text{mm}$$

$$\lambda_x = \frac{l_{0x}}{i_x} = \frac{2500}{57.74} = 43.30$$

$$\lambda_c = c_c\sqrt{\frac{\beta E_k}{f_{ck}}} = 5.28\sqrt{1.0 \times 300} = 91 > \lambda_x$$

$$\varphi = \frac{1}{1 + \frac{\lambda^2 f_{ck}}{b_c \pi^2 \beta E_k}} = \frac{1}{1 + \frac{43.30^2}{1.43 \times \pi^2 \times 1.0 \times 300}} = 0.693$$

由构件初始偏心距 $e_0 = 0$，得 $k_0 = 0$

$$k = \frac{Ne_0 + M_0}{Wf_m\left(1 + \sqrt{\frac{N}{Af_c}}\right)} = \frac{3 \times 10^6}{1000 \times 10^3 \times 12.1 \times \left(1 + \sqrt{\frac{60 \times 10^3}{30000 \times 10}}\right)} = 0.171$$

$$\varphi_m = (1-k)^2(1-k_0) = (1-0.171)^2 = 0.687$$

$$\frac{N}{\varphi \varphi_m A_0} = \frac{60 \times 10^3}{0.693 \times 0.687 \times 30000} = 4.20\text{N/mm}^2 < 10\text{N/mm}^2$$

弯矩作用平面内稳定性满足要求。

(3) 弯矩作用平面外稳定性验算

$$i_y = \sqrt{\frac{1}{12}} \times 150 = 43.30$$

$$\lambda_y = \frac{l_0}{i_y} = \frac{2500}{43.3} = 57.74$$

$$\lambda_c = c_c\sqrt{\frac{\beta E_k}{f_{ck}}} = 5.28\sqrt{1.0 \times 300} = 91 > \lambda_y$$

$$\varphi = \frac{1}{1 + \frac{\lambda^2 f_{ck}}{b_c \pi^2 \beta E_k}} = \frac{1}{1 + \frac{57.74^2}{1.43 \times \pi^2 \times 1.0 \times 300}} = 0.559$$

$$W_n = \frac{1}{6} \times 150 \times 200^2 = 1000 \times 10^3\text{mm}^3$$

$$\lambda_m = c_m\sqrt{\frac{\beta E_k}{f_{mk}}} = 0.9 \times \sqrt{1.00 \times 220} = 13.35$$

$$\lambda_B = \sqrt{\frac{l_e h}{b^2}} = \sqrt{\frac{2375 \times 200}{150^2}} = 4.59 \leqslant 13.35$$

$$\varphi_l = \frac{1}{1 + \frac{\lambda_B^2 f_{mk}}{b_m \beta E_k}} = \frac{1}{1 + \frac{4.59^2}{4.9 \times 1.0 \times 220}} = 0.981$$

$$\frac{N}{\varphi_y A_0 f_c} + \left(\frac{M}{\varphi_l W f_m}\right)^2 = \frac{60 \times 10^3}{0.559 \times 30000 \times 10} + \left(\frac{3 \times 10^6}{0.981 \times 1000 \times 10^3 \times 12.1}\right)^2 = 0.422 < 1$$

由此计算弯矩作用平面外稳定性也满足要求。

Reading Material 3
Timber members

Structural Properties and Test Methods-What are the important structural properties of wood and how are they determined?

As structural members, engineering properties must be developed so that designers can size members to achieve safe and economical structural designs. The key properties for applications as building products include modulus of elasticity or Young's modulus (*MOE*), modulus of rupture (*MOR*), modulus of rigidity (G), ultimate tensile strength (*UTS*), ultimate compressive strength (*UCS*), longitudinal shear strength (τ), compression strength perpendicular to grain (σ_{cper}), tension strength perpendicular to grain (σ_{tper}) and connection properties.

Since many species, sizes, and grades of wood are available in the market, the small clear testing approach was traditionally accepted as a cost effective method for establishing strength properties for timber design. This method is still recognized in many countries (including China) as one of the standard methods for development of wood design properties, although more modern test methods (in-grade testing method) have been in place since the mid 1970's to 1980's to address the inadequacy of the small clear testing approach. In the following section, a discussion will be presented on the strength properties measurement methods and the structural properties of Canadian softwood material. More detailed information on this subject is available from Madsen (1992) and Barrett and Lau (1991).

The small clear method is based on the idea that one can establish the strength of green defect-free material and use it as a basis for adjustment against defects, sizes, moisture content, etc., to arrive at the design properties of the material available in the market. These rather cumbersome procedures have some advantages. For example, timber or lumber as a natural material has higher variability compared to steel. Although the product variability can be controlled somewhat by the grading and manufacturing process, in visually graded material the coefficient of variation (*COV*) is in the range of 30% to 40%. In order to establish statistically valid characteristic design properties, a large sample size is needed to account for the variability. Clear wood material, however, is much more uniform (10% to 15% COV_s) and significantly fewer number of pieces are needed in the testing. Furthermore, testing clear material eliminates the need to evaluate different grades of material directly. In this process, assumptions are made relating the potential impact of the worst defect allowed in the grade to the clear wood strength properties. Adjustments are then made to the clear wood properties to arrive at the design properties for lumber/

timber. The testing agency would sample from the forest a particular species of log and manufacture it for testing in order to establish the properties previously discussed.

One of the major shortcomings of the small clear test method is that the measured failure mode of the clear material may be different from that in actual product. For example, typical failure mode for small clear specimens tested under bending would be the development of compression failures in the compression zones of the beam. This type of failure can be seen in high strength lumber/timber material but is rarely detected in regular pieces. High strength pieces tend to be clear of marco-defects such as knots or large slope of grain; therefore, their failure would agree with the small clear specimens. In regular pieces that contain marco-defects, the weakest points in the piece govern the strength and the failure of the piece. Tensile failures near knots and high slope of grain zones are usually noted. As we know that the tensile strength perpendicular to grain is significantly lower than its tensile strength parallel to grain, the influence of knots causing localized grain deviation is one of the major causes of failure in member-containing marco-defects. Furthermore, the adjustment factors for size, moisture, and load duration effects are also based on small clear test results. Therefore, testing full size and on-grade material is a more realistic approach to determine some of the key engineering properties of lumber.

Figure 3-1 shows the schematics and test set up of a typical full-size third point-bending test. As indicated in the schematic, a deflection measurement device was installed in the mid depth of the specimen to measure the mid-span deflection relative to the support point. Based on the data obtained from this device and the load cell, a load deflection relationship can be obtained. From the linear part of the load-deformation curve, the modulus of elasticity of the test piece can be estimated. Typically, the test is displacement controlled at a prescribed rate that will lead to specimen failure in less than five minutes. Based on the obtained peak load and the dimensions of the specimen, the MOR can be found. Finally, an interesting issue is the location of Maximum Strength Reduction Defect (MSRD) in the test span. Firstly, given a piece of wood, it may not be obvious where the MSRD is located. Suppose the MSRD can be identified based on the knot size and/or knot location, the location of the MSRD within the test span becomes an issue. In European test method, the MSRD is typically centered within the maximum stress zone. In the North American method, the MSRD is randomly located within the test span. The location of MSRD is not stipulated in NZ/Australian method; therefore, it can actually occur outside the test span. If a representative sample of material could be tested with the three different methods, the European method would yield the lowest strength properties values (most conservative), the NZ/Australian method would yield the highest, and the North American method would fall in the middle. The results also depend on the quality of material to be evaluated. If the material is of very high quality, the difference is less significant. However, for typical material, more than 20% difference can be expected between the NZ/Australian method and the European method. These differences must be taken into careful consideration during the assignment of characteristic design strengths. This assignment is especially important in the area of international trade market access where products are exported from different countries and used in a common market such as China.

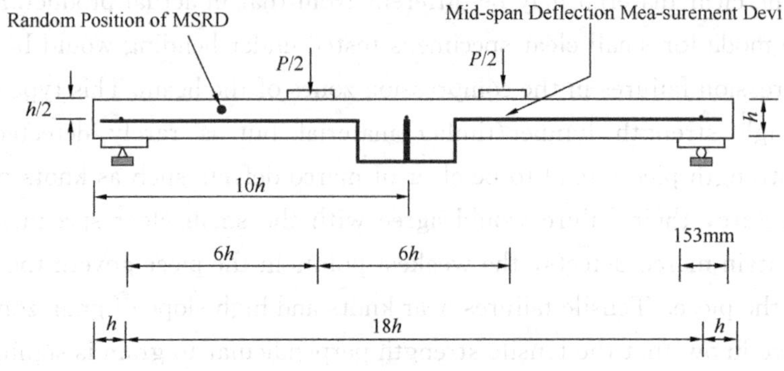

Figure 3-1 Full size third point bending configuration

Full size testing required for characteristics properties determination is very expensive. Representative material must be sampled randomly from production facilities. Typically, 300 to 400 pieces per test cell are needed. A test cell may be considered as a particular mode of testing, species, grade, and size. The material may need to be conditioned to a common range of MC as MC influences lumber properties. Careful grading of the material is needed to make sure the test pieces are on grade. The dimensions, MC at time of testing, location of MSRD of the test material need to be determined prior to testing. After testing the failure location, failure mode, and characteristics of the failure defect need to be recorded. Finally, the data are analyzed with approved analysis and adjustment procedures to be submitted to code agencies for approval and adoptions.

Figure 3-2 shows a typical cumulative probability distribution of *UTS* of nominal 38mm × 184mm Douglas-fir/larch select structural grade dimension lumber. Different probability distributions can also be fitted to the data set including fitting only to the lower tail of the data. Tables 3-1 to 3-2 show the summary statistics of some of the in-grade test

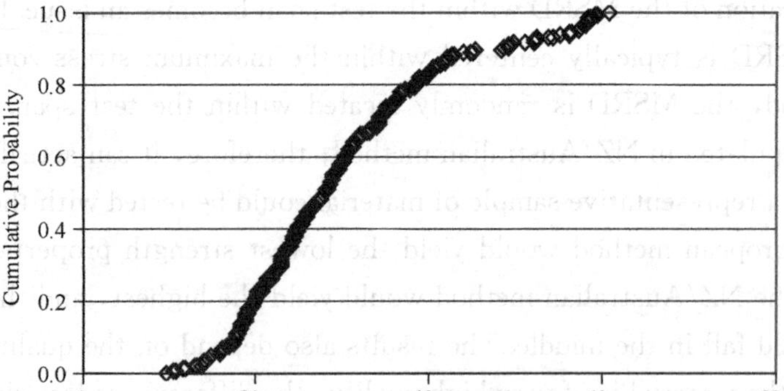

Figure 3-2 A typical cumulative probability distribution of UTS

results of the Canadian spruce-pine-fir species group with the moisture content adjusted to 15% (Barrett and Lau 1991). For strength properties such as *MOR*, *UTS*, *UCS*, τ, σ_{tper}, the characteristic strengths are typically established from statistical parameters related to the fifth percentile strength properties (5th%tile) such as the 75% tolerance limit of the fifth percentile strength (75% TL). Other properties such as *MOE*, G and σ_{cper}, are typically established from average properties. More detailed information on Canadian lumber properties is available from Barrett and Lau (1991).

Summary of *MOE* of bending specimens for spruce-pine-fir **Table 3-1**

MOE (GPa)						
Size	Grade	Sample Size	Median	Mean	5th%tile	75% TL
2×4	Sel Str	441	10.76	10.73	7.52	10.68
	1+BTR	458	10.36	10.45	7.38	10.29
	No. 1	123	9.48	9.70	6.63	9.39
	No. 2	440	9.35	9.49	6.09	9.26
	No. 3	180	9.30	9.32	5.30	9.23
	CONS	190	10.29	10.19	6.80	10.07
	STAN	190	9.24	9.45	6.11	9.11
	UTIL	170	9.15	9.38	6.27	9.01
	STUD	172	10.36	10.18	6.47	9.93
2×8	Sel Str	444	10.37	10.42	7.36	10.24
	1+BTR	454	10.14	10.22	7.18	10.11
	No. 1	84	9.34	9.48	6.56	9.16
	No. 2	986	9.65	9.75	6.50	9.60
	No. 3	200	8.71	8.96	6.03	8.47
2×10	Sel Str	440	10.10	10.21	7.41	9.97
	1+BTR	440	9.91	10.02	7.15	9.78
	No. 1	63	9.52	9.27	5.93	9.43
	No. 2	441	9.21	9.31	6.07	9.15
	No. 3	210	8.41	8.52	4.59	8.16

Summary of tension properties for spruce-pine-fir **Table 3-2**

UTS (MPa)					
Size	Grade	Sample Size	Mean	5th%tile	75% TL
2×4	Sel Str	440	30.86	16.34	15.79
	1+BTR	458	28.38	14.98	14.68
	No. 1	114	23.63	12.81	11.25
	No. 2	444	23.27	9.69	9.45

continued

		UTS (MPa)			
Size	Grade	Sample Size	Mean	5th %tile	75% TL
2×8	Sel Str	441	24.92	12.02	11.34
	1+BTR	456	23.65	10.69	10.42
	No. 1	75	18.42	8.30	5.84
	No. 2	440	19.53	8.20	7.86
2×10	Sel Str	446	23.93	11.73	11.40
	1+BTR	476	23.10	10.66	10.58
	No. 1	62	17.38	5.97	5.80
	No. 2	463	19.31	8.47	8.11

Size and Stress Volume Effects in Wood-Does a big piece of wood have more strength compared to a smaller piece of wood?

Suppose we sampled the following three sets of members for mechanical testing in tension. The cross sectional areas of the three groups (1, 2, 3) are such that $A_1 = A_2 < A_3$. The lengths of the three groups are such that $L_1 < L_2 < L_3$.

What would we expect in terms of the relative strengths of the sets?

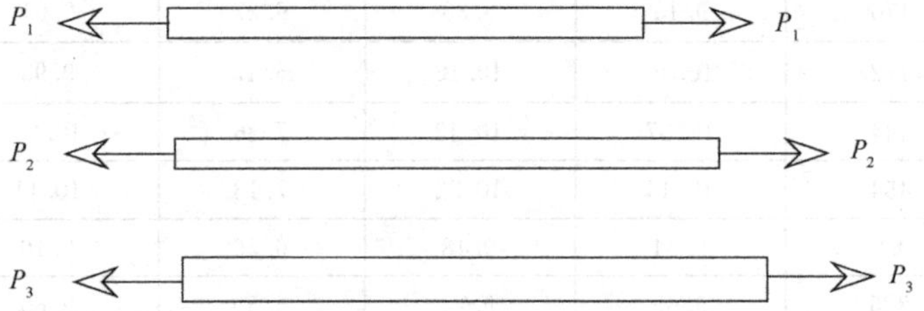

We are considering strength not load carrying capacity; therefore, let us define the strength as $\sigma_i = P_i/A_i$ and we would expect $\sigma_1 > \sigma_2 > \sigma_3$!

Now let us consider the following set of tests for members under bending. The same question can be posted; i. e. , what would we expect in terms of the relative strengths of the sets?

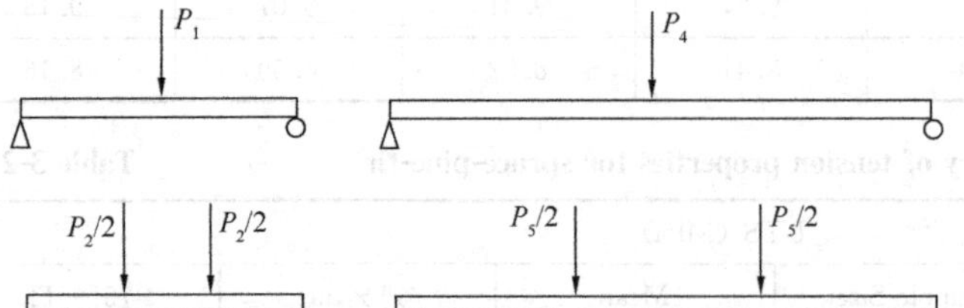

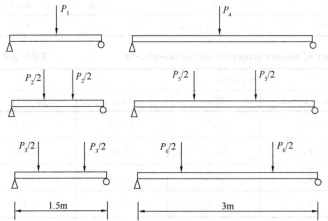

Defining the bending strength as $\sigma_i = M_i / S_i$, we would expect the following:

$\sigma_1 > \sigma_2 > \sigma_3$, $\sigma_4 > \sigma_5 > \sigma_6$,

$\sigma_1 > \sigma_4$, $\sigma_2 > \sigma_5$, $\sigma_3 > \sigma_6$

Test results from Madsen (1992) show that the fifth percentile strength of the various groups is

$\sigma_1 = 23.5\text{MPas}$ $\sigma_4 = 19.1\text{MPa}$

$\sigma_2 = 19.6\text{MPas}$ $\sigma_5 = 16.5\text{MPa}$

$\sigma_3 = 18.4\text{MPas}$ $\sigma_6 = 14.5\text{MPa}$

These observed differences in strength between the various groups are termed as size and/or stress volume effects in wood.

Consider the following strength properties of lumber:

σ_{tpar}	* *
σ_{tperp}	* * *
MOR	* *
σ_{cpar}	*
σ_{cperp}	*
τ	* * *

"* * *" is that size effect is most significant;

"* *" is that size effect is 2nd most significant;

"*" is that size effect is least significant.

The main difference between these test properties is illustrated in the following:

(1) τ and σ_{tperp} strengths have brittle failure mode and are considered as series systems where breakage of one component can lead to failure of the member.

(2) σ_{tpar} and *MOR* are less brittle and can be considered as parallel system where breakage of one component may not lead to failure of the member as other fibers/components in the member can help to carry the load.

(3) σ_{cperp} and σ_{cpar} are usually very ductile as the failure mode involve buckling of fibers in compression.

(4) σ_{cpar} can sometimes be brittle as tension perpendicular and shear type failure can develop around marco-defects such as knots and slope of grain.

From standard ASTM tension perpendicular to grain test of small clear Douglas-fir specimens, the average σ_{tperp} is 3MPa. The allowable design strength for σ_{tperp} is only 0.1 MPa. A factor of 30! This strength is needed to take into consideration the size and stress volume effects in a very brittle failure mode. In fact, engineers should try to design connections and members so that tension perpendicular to grain stresses in the members is minimized.

In order to understand the size effect issue, one has to consider the cause of failures in the members which are typically the presence of marco-defects such as knots and slope of grain where knots reduce cross section and create localize grain deviation, and generate localized tensile stress perpendicular to grain. Since σ_{tpar} is much greater than σ_{tperp}, knots and slope of grain are weak spots in wood. Size and stress volume effects are therefore related to the increased chance of the presence of defects within a test span and within a high stress zone. Higher variability will lead to larger size effects.

Many researchers developed extensive database by testing material of different lengths and depths to further quantify size effects. A series of experiments on the influence of size on the bending strength of glulam beam in the context of the Canadian code were conducted by Lam (2010). The research objectives are to 1) find or confirm an appropriate form of the size effect reduction factor and 2) evaluate the feasibility of allowing smaller glulam beams to take advantage of size effect and be assigned higher design strengths.

Full scale testing of large beams was carried out in three groups of beams with depths of 152mm (B6 ½'), 610mm (B24 2'), and 914mm (B36 3'). Combining with the results of twenty-four 304mm (B12 1') beams and twenty-four 610mm (B24 2') beams reported by Lam and Mohadeven (2007), the total number of beams under consideration was 102.

The specimens of B6 were tested in the UBC Bending Test Machine. Figure 3-3 shows a typical flexure test in progress. In the tests, each specimen was centered within the test span and mid-span deformation relative to the supports was monitored by using a yoke device and a linear voltage displacement transducer (DCDT). The DCDT's were calibrated to permit measurement of deflection with an error not to exceed to ±0.5%. Load-deflection data were collected and stored for the calculation of *MOE* values. The apparent *MOE* (MOE_{app}) based on the relative deflection between the center of the specimen and the two supporting points was estimated from the geometry of the specimen and the slope of the load deformation relationship.

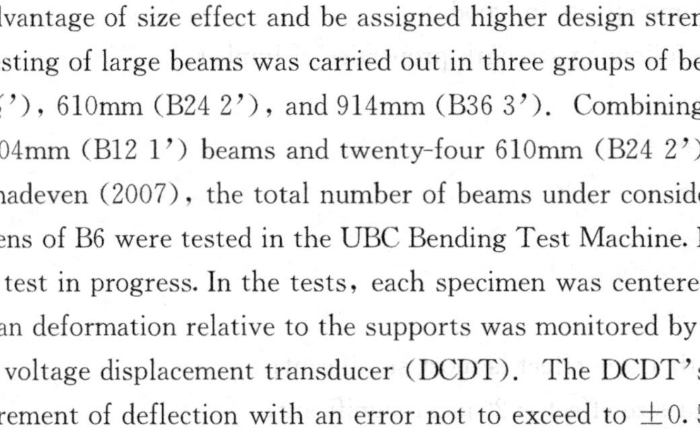

Figure 3-3 B6 flexure test in progress

The specimens were tested in the MTS Flextest GT structure test machine. Schematic view of the test assemblies is presented in Figure 3-4. Ten linear voltage displacement transducers were mounted onto each specimen, five on each side, to measure the deflection of the neutral axis of the beam at two loading points, center point, and two supporting points on each side of the beam. The MOE_{app} value was obtained from the test data.

Beams that have a depth-to-width ratio of five or greater is vulnerable to lateral instability during loading, thus requiring lateral supports. A total of five supports were used at center point, two load points, and two points located about halfway between a load point and a reaction at each end. Each support allowed vertical movement without frictional restraint but restricted lateral displacement.

Figure 3-4 B36 flexure test in progress

Based on extensive database, adjustment methods have been developed to account for the different sizes of wood products in the building codes. Table 3-3 shows some examples of adjustment procedures adopted in various major standards in the world. Furthermore, a theoretical method, the Weibull theory, can be used to account for differences in test methods and size adjustment strategies to allow direct comparisons of test results in the national standards of different countries, say Canada, the US, Europe and Australia/New Zealand. Since these regions are major trading partners with joint interests in the development and use of wood-based building materials, it is important that concerted efforts are directed to develop an international protocol for establishing equivalencies between the various full-size timber testing standards.

Summary of adjustment procedures used in development of characteristic properties for timber

Table 3-3

	Standard		
Property	AS/NZ	European CEN	ASTM D1990
Bending	18W (as tested)	$(150/W_1)^{0.2}$	$\left(\frac{184}{W_1}\right)^{0.29}\left(\frac{3660}{L_1}\right)^{0.14}P_1$
Tension	2250+7.5W	$(150/W_1)^{0.2}$	$\left(\frac{184}{W_1}\right)^{0.29}\left(\frac{3660}{L_1}\right)^{0.14}P_1$
Compression	Long: 30W or Short: $<10t$ (as tested)	as-tested	$\left(\frac{184}{W_1}\right)^{0.13}P_1$
MOE	as-tested	as-tested	Adjust to 21/1 Uniform Load

Duration of Load Effects-What is the strength of wood products under sustained loads?

Wood and wood products can experience significant loss of strength and stiffness if large loads are sustained on the product for a long period. We need to first define the concept of strength under long-term loading or "load term" strength. Suppose you test a sample of material (say 100 pieces) with a load control machine and break the members under bending. Based on the failure loads of the 100 pieces, you will obtain a database on the short-term strength of the material. Since wood products have a fair amount of variability and the same piece of wood cannot be broken twice, the long-term strength can be based on the statistics of the maximum load level the members can just carry for a given period. Generally, the strength of solid sawn material can be reduced by 40% if a load is sustained onto the member over 10 years. The load duration adjustment factor is the single largest adjustment for strength properties in most timber design codes and therefore it is important to understand this concept thoroughly. In the Canadian wood design code, (CAN/CSA086. 1-M01), the duration factor is given as K_D (Table 3-4).

One of the first recorded load duration experiments dates back to George Louis Le Clerc, Comte de Buffon in France 1741. He was a navy architect commissioned by the French Navy to quantify the load duration behavior of oak members. He tested six oak beams 180mm × 180mm × 5500mm tested at different constant loads. Two beams were loaded to 4100kg and both failed within one hour. Two more beams were loaded to 2710kg. They failed in 176 and 197 days. Finally, two additional beams were loaded to 2050kg and there was no failure but significant creep was observed. Le Clerc recommended a factor of 0.5 to account for load duration.

Load Duration Adjustment Factors in Canadian Code **Table 3-4**

Load Duration	K_D	Explanations
Short Term	1.15	Specified loads duration <7 days (continuously or cumulatively) e. g. loading from wind, E/Q, form work, falsework and impact
Standard Term	1.00	Specified loads duration between that of short term and permanent cases. e. g. loading from snow, live loads from occupancies, wheel loads on bridges, and dead loads in combination with the above
Permanent	0.65	Specified loads duration more or less continuous. e. g. dead loads or dead plus live load where the live load will be continuously applied

For standard term cases where $D>L$, $K_D=1.0-0.50\log(D/L)\geqslant 0.65$ where D and L are the specified dead and live loads respectively.

In 1943, L. Wood from the U. S. Forest Products Laboratory conducted a series of load duration experiments using side-matched small clear Douglas-fir specimens. He tested the 25mm × 25mm × 410 mm specimens under center point loading at a test span of

356mm. Two moisture content levels of 6% and 12% were considered. The sample size in each test series was eight. In 1950 J. A. Liska from U. S. Forest Products Laboratory also conducted rate of loading tests of six groups of 14 specimens where ramp load to failure at a rate between one to 150 seconds were considered. The typical long-term test rigs are shown in Figure 3-5. Based on the database of Wood (1947, 1951) and Liska (1950) and some impact test results of A. Elmendorf (1916), load duration adjustment factors in the form of the hyperbolic Madison curve ($SL = 18.3+108.4t_f^{-0.04635}$) was developed where SL is the strength ratio and t_f is time to failure. If a member is loaded with a constant load corresponding to 62% of the short-term strength, the equation predicts that it will fail in a period of 10 years.

Figure 3-5 Long-term test rigs

The Madison curve was applied to all species and strength properties (including connections but excluding MOE). This approach was accepted by the timber engineering community until the late 1970's when more recent data was developed that indicated differences in behaviour between the small clear and full size material. In parallel to the Canadian load duration test program, the US Forest Products Laboratory also conducted many extensive studies on this topic. More detailed overviews of these types of experiments are available from Barrett (1996), Hoffmeyer (2003), and Madsen (1992).

In order to consider the duration of load effect during the engineering design of timber structures, a duration of load factor is used to reduce the characteristic short-term strength in a number of timber design standards. The traditional method of determining the value of the duration of load factor is mainly based on experience, which is rather uncertain. In the past decades, a reliability-based method was proposed and applied to determine appropriate duration of load factors.

The reliability-based method was firstly proposed by Foschi et al. (1989) to calibrate the duration of load factor in the Canada standard. The idea of this probabilistic method is to ensure the reliability with the consideration of duration of load effect under long-term service is the same as required reliability under short-term loading. Then, Ellingwood and Rosowsky (1992) firstly used this reliability-based method to investigate the duration of load factor corresponding to the LRFD criteria in American national design specification. Later, this probabilistic method was adopted by scholars in Europe to calibrate the duration of load factor in Eurocode. Svensson et al. (2005) implemented probabilistic analysis to calibrate the duration of load factor for timber structures under combination of dead loads and snow loads. An equivalent load was introduced and determined to simplify the calibration process.

System Effect-What is the strength of wood products in a system?

Very seldom is wood used as a single member in a building. It is usually used as part of a redundant system where composite action and load sharing actions are available. Since the characteristic strength properties are established on a single member perspective, adjustment procedures are needed to calibrate the design properties so that the performance of the member in a system can be accurately reflected.

Consider for example the end view of a simple floor system as shown in Figure 3-6. Composite action arrives from the contribution of the sheathing to the stiffness and strength floor beam by changing the rectangular section to a T-beam. The nail connection between the sheathing and the beam is non-rigid; therefore, interesting numerical modeling procedures can be adopted to account for the stiffness of the nail. Load sharing action comes from the fact that the strength properties of wood are variable and a positive correlation exists between the stiffness and strength of wood. In a system, the stiffer and stronger members will attract and carry more loads compared to the less stiff members. Finally, if you load a floor or a roof system to failure, typically there are reserve capacities in the system after first of breakage of a member; i. e. , maximum load can occur after first breakage. This type of system is classified as a parallel system. Based on the load sharing effects, composite action and parallel system effects, Foschi et al. (1989) showed that significant system effects can be obtained in wood frame systems where the assembly has three or more essentially parallel members spaced not more than 610mm apart. System factors in the range of 1. 1 to 1. 4 are recognized in the Canadian code to adjust single member properties to system behaviour. Codes in other countries have similar provisions but the magnitudes of the adjustment factors have yet to be harmonized.

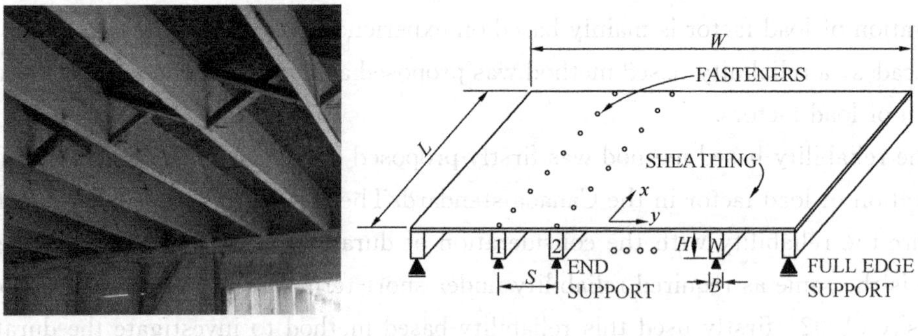

Figure 3-6 Schematics of a floor system

References

[1] Barrett J.D. Duration of load. The past, present, and future. In Proc. International COST 508 Wood Mechanics Conference. Stuttgart, Germany, 1996.

[2] Barrett J.D., Lau W. Bending strength adjustments for moisture-content for structural lumber. Wood Science and Technology,1991,25(6):433-447.

[3] Elmendorf A. Stresses in impact. J. Franklin Institute. 1916,182(6).

[4] Foschi R.O.,Folz B. R., Yao F.Z. Reliability-based design of wood structures. Structural research series, Report No. 34, Department of Civil Engineering, Canada: University of British Columbia,1989.

[5] Hoffmeyer P. Strength under long-term loading Timber Engineering. Chicester,England. 2003,131-152.

[6] Lam F. Size effect of bending strength in Glulam beams. In Proc. International Council for Building Research and Innovation in Building and Construction Working Commission W18-Timber Structures,Alghero,Italy,2010.

[7] Lam F.,Mohadevan N. Development of New Construction of Glulam Beams in Canada. In Proc. International Council for Building Research and Innovation in Building and Construction Working Commission W18-Timber Structures, Bled, Slovenia, 2007.

[8] Liska J.A. Effect of rapid loading on the compressive and flexural strength of wood. USDA Forest Products Laboratory report No. 1767,1950.

[9] Madsen B. Structural behaviour of timber. Timber Engineering Ltd. Vancouver,Canada,1992.

[10] Rosowsky D.V.,Fridley K. Stochastic damage accumulation and reliability of wood members. Wood and Fiber Science,1992,24(4): 401-412.

[11] Sørensen J.D.,Svensson S. ,Stang B.D. Reliability-based calibration of load duration factors for timber structures. Structural Safety,2005,27(2): 153-169.

[12] Wood L.W. Relation of strength of wood to duration of stress. USDA Forest Products Laboratory,Madison,WI,USA. Report No. 1916,1951.

[13] Wood L.W. Behaviour of wood under continued loading. Eng. News-Record,1947, 139(24):108-111.

思 考 题

3.1 计算受拉木构件的净截面时，为何要将受力方向 150mm 范围内的缺孔去除？

3.2 试列举轴心受压木构件的破坏模式。

3.3 轴心受压木构件的稳定性计算中，如何确定构件的计算截面积？

3.4 试简述如何确定轴心受压木构件的稳定系数。

3.5 试列举受弯木构件的破坏模式。

3.6 当矩形截面受弯木构件支座处受拉面有切口时，如何计算该处的受剪承载力？

3.7 如何确定受弯木构件的计算长度？

3.8 试列举几种提高受弯木构件稳定性的方法。

计 算 题

3.1 某轴心受压木构件如题3.1图所示。构件两端铰接，长4m，截面高180mm、宽150mm。构件中部有两个对称的切口，切口深度为20mm。受压木构件树种的强度等级是TB17。请通过计算确定该构件轴心受压最大承载力N_{max}。

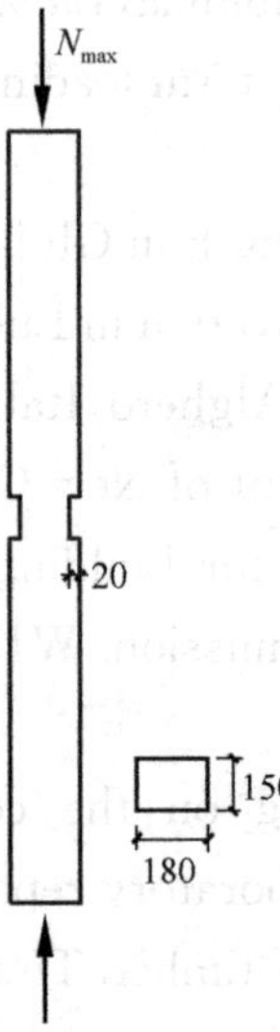

题3.1图 轴心受压构件示意（单位：mm）

3.2 某受弯简支木梁如题3.2图所示。构件长3.6m，截面高200mm、宽150mm。构件承受均布恒荷载$g=0.25$kN/m和集中活荷载$F=7.25$kN。受弯构件最大容许变形为$l/250$，其中l为构件的跨度。简支木梁树种的强度等级是TB15B。请对该构件进行抗弯强度、抗剪强度和挠度验算。

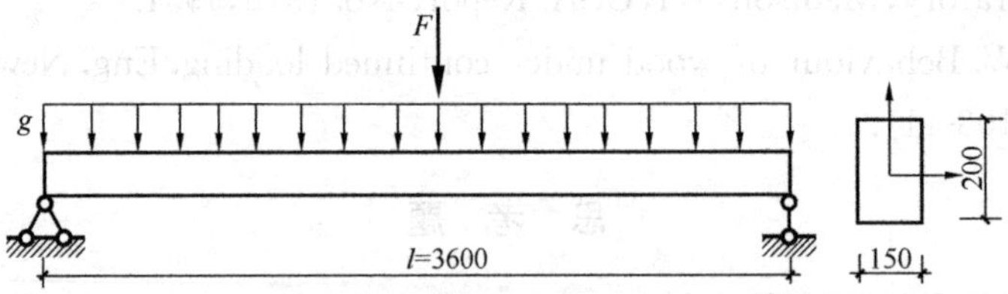

题3.2图 轴心受弯构件示意（单位：mm）

4 木 结 构 连 接

4.1 木结构常用连接方式和需注意的问题

木材因天然尺寸有限或结构受力构造的需要，用拼合、接长和节点连接等方法，将木料连接成构件和结构。连接是木结构的关键部位，设计与施工要求应严格，传力应明确，韧性和紧密性应良好，构造应简单，制作和质量检查应方便。

潮湿木材的连接强度低于干燥木材，经过防火处理木材的连接强度也低于未经处理的木材，设计时不能忽略这些因素。大尺寸原木、方木一般自然干燥，而干燥时间可能长达数年；结构外露的木构件在使用过程中含水率会发生变化；因此连接设计需考虑防止木材干燥或含水率变化而开裂。如图 4-1 所示的梁柱节点，节点处用钢板和螺栓将梁连于柱顶，且梁也在柱顶拼接。梁的木纹沿着长度方向，梁端有 2 排平行于木纹的螺栓用于拼接两端的梁，但这 2 排螺栓间距较大，约束了木材可能的横纹变形，因此在使用过程中如果木材含水率发生变化则很容易引起木材端部开裂，从而增大连接受力、削弱连接的有效性。为避免连接中的这类开裂，两排螺栓所用的钢板可断开，如图 4-2 所示。

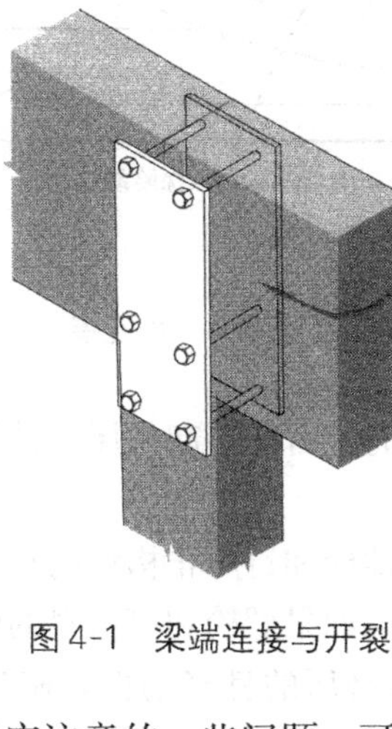

图 4-1 梁端连接与开裂

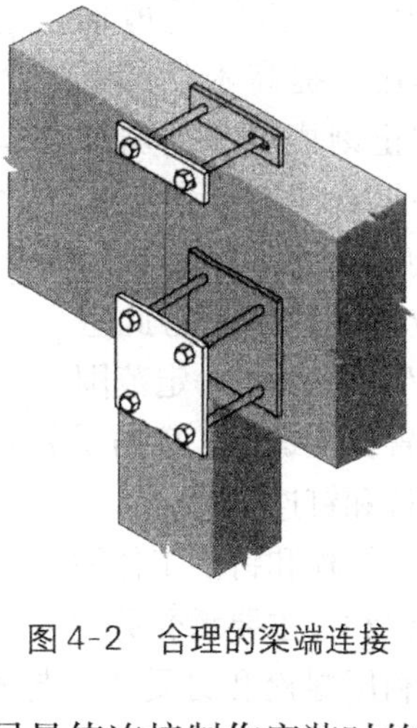

图 4-2 合理的梁端连接

连接设计时应注意的一些问题：可能情况下尽量使连接制作安装时的木材含水率接近于结构使用时的含水率；尽可能使用钉子类连接件，连接件多而细，从而增加连接处延性；可能情况下设计成平行于木纹方向的单排连接或尽可能减小垂直于木纹方向的连接长度，从而减少节点板对木材变形的约束。

木结构连接形式很多，有特定的木与木的连接，如斗栱、榫卯、齿和销等；而现代木结构中更多的则是通过钢板及螺栓、钉、销等将木构件连系起来。连接的破坏形式很多，随连接方式的变化而变化，设计人员必须精心设计，在特定的部位使用最合适的连接方式，以保证连接的安全性。不同的国家有不同的常用连接方式，当从国外引进特殊的连接方式时需要认定该种连接在国内结构计算体系中承载力的确定方法。

木结构常见的连接方法有以下几种。

（1）榫卯连接

榫卯连接是中国古代匠师创造的一种连接方式。其特点是利用木材之间挤压、嵌合，将相邻构件联系起来，当结构承受外力时，构件间通过连接传递荷载。

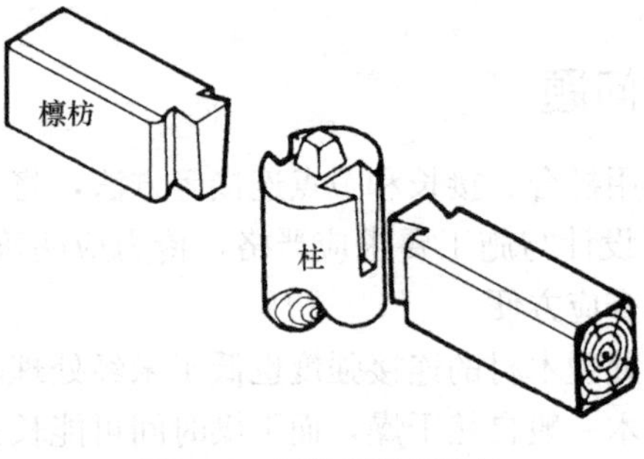

图 4-3　梁柱间榫卯连接

榫卯种类很多，形状各异，随连接传力的功能、构件间相对位置、构件间连接的相对角度等因素变化，常用的有固定垂直构件的榫卯、梁柱间连接的榫卯、梁与梁连接的榫卯、板与板连接的榫卯等几种。榫卯因形式多样、适应性很强，至今还在传统木结构中广泛应用，图 4-3 为梁柱连接的一种榫卯。但榫卯具有连接处对木料的受力面积削弱大的缺点，因此用料不甚经济。

（2）齿连接

齿连接是用于传统的普通木桁架节点的连接方式。将压杆的端头做成齿形，直接抵承于另一杆件的齿槽中，通过木材承压和受剪传力（图 4-4）。为了提高其可靠性，压杆的轴线须垂直于齿槽的承压面（a-b），并通过承压面的中心。这样使压杆的垂直分力对齿槽的受剪面（b-c）有压紧作用，提高木材的抗剪强度。为了防止刻槽过深削弱杆件截面影响杆件承载能力，齿深 h_c 不能过大。受剪面过短容易撕裂，过长又起不了应有的作用，为此宜将受剪面长度（l_v）控制在一定范围内。齿连接需设置保险螺栓，以防受剪面意外剪坏时，可能引起的屋盖结构倒塌。

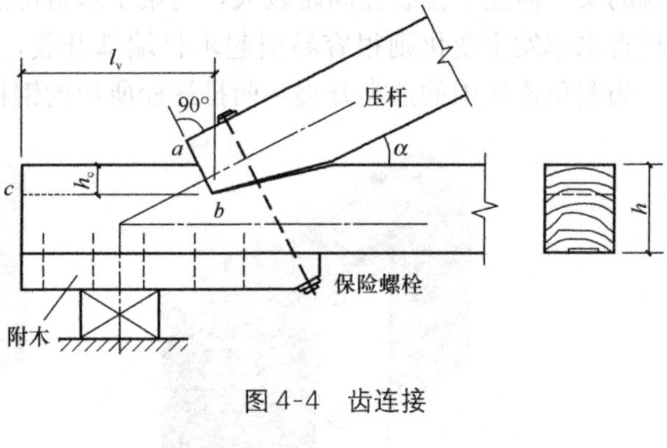

图 4-4　齿连接

（3）螺栓连接和钉连接

在木结构中，螺栓和钉的工作原理是相同的。螺栓和钉阻止构件的相对移动，使得孔壁承受挤压，螺栓和钉主要承受剪力。当力较大时，如果螺栓和钉材料的塑性较好，则会弯曲。为了充分利用螺栓和钉受弯、与木材相互间挤压的良好韧性，避免因螺栓和钉过粗、排列过密或构件过薄而导致木材剪坏或劈裂，在构造上对木材的最小厚度、螺栓和钉的最小排列间距等需作规定。在螺栓群连接中，即一个节点上有多个螺栓共同工作时，沿受力方向布置的多个螺栓中受力分布是不均匀的，端部螺栓比中间螺栓承受更大的力，共 n 个螺栓的螺栓群总体承载能力小于单个螺栓承载力的 n 倍。钉连接在这方面也有与螺栓同样的性质。

（4）键连接

键连接有木键和钢键两类。近些年来，木键已逐渐被淘汰，而被受力性能较好的板销和钢键所代替。钢键的形式很多，国外常见的有裂环、剪盘和金属齿板等，均可用于木料接长，拼合和节点连接，其承载能力通过试验确定。

① 板销连接。用板片状硬木销阻止被拼合构件的相对移动（图 4-5），板销主要在顺纹受弯条件下传力时才有较高的承载能力，故应注意使板销木纹垂直于拼合缝，以保证连接的高度紧密性，宜用专门的机具按统一尺寸挖销槽和制板销。板销连接具有刚度好、对木构件的材质无特殊要求等优点。在方木和原木的拼合中可收到较好的技术经济效果。

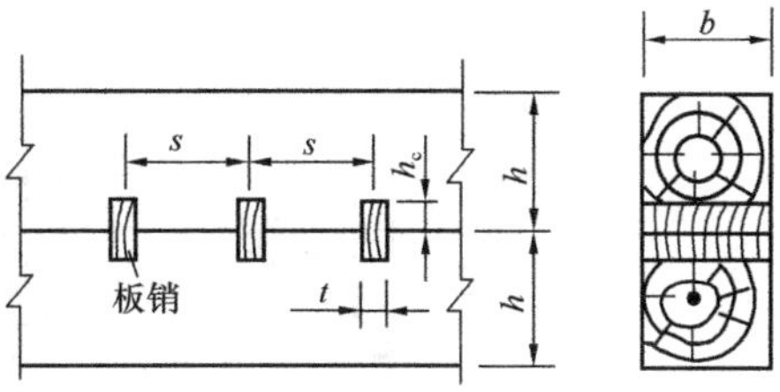

图 4-5　板销连接

图 4-5 中，h_c 为销槽高度的一半，t 为槽宽，s 为槽间距，h 和 b 分别为被连接构件的高度的一半和构件的宽度。

② 裂环连接。裂环用于木构件之间的抗剪连接，相连的两个木构件表面用旋刀挖成深度为裂环高度之半的环形槽齿，然后将裂环嵌入两边的环槽中，用螺栓将两边构件系紧连接成一体，如图 4-6 所示。嵌入槽齿的裂环扩大了木材的承压面，同时裂环连接点对木材受力面积削弱较小，能充分利用木材的承载能力。连接处主要靠裂环和螺栓抗剪、木材的承压和受剪来传力，其承载能力与裂环直径和强度、螺栓直径和强度、木材承压强度和抗剪强度等有关。裂环和螺栓的强度都较高，有可能使构件端部木材抗剪撕裂成为承载能力的控制性因素，此时节点会发生脆性破坏。在裂环上开有一道裂口使环圈略能伸缩，以消除木构件可能发生的干缩湿胀的影响。槽齿应在工厂用专用旋刀（一般为电动）开挖，从而保证环槽制作精度和连接的紧密性。裂环连接有单剪和双剪两种，分别见图 4-6（a）、（b）。

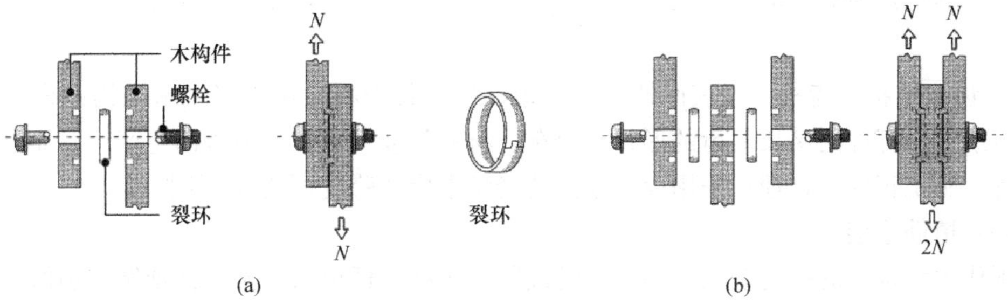

图 4-6　裂环连接
（a）单剪节点；（b）双剪节点

③ 剪盘连接。剪盘用于木构件之间的抗剪连接，见图 4-7（a），也用于木构件与钢节点板之间的连接，见图 4-7（b）。相连的木构件表面用旋刀挖成深度为剪盘高度的环形槽齿，然后将剪盘嵌入环槽中，用螺栓将两边构件系紧连接成一体。同样，嵌入槽齿的剪盘扩大了木材的承压面。连接处主要靠螺栓抗剪、剪盘孔壁木材的承压和木材受剪来传力，其承载能力与螺栓直径和强度、木材承压强度和抗剪强度等有关，当连接一边为钢板时，连接强度还与钢板的孔壁承压强度有关。剪盘有两种，一种为用钢板冷压制成，另一种为用铸铁铸造而成，见图 4-8。木材上的槽齿也应在工厂用专用旋刀（一般为电动）开挖，

从而保证环槽制作精度和连接的紧密性。剪盘具有与裂环相似的优缺点。开槽工具及槽齿形式见图 4-9。

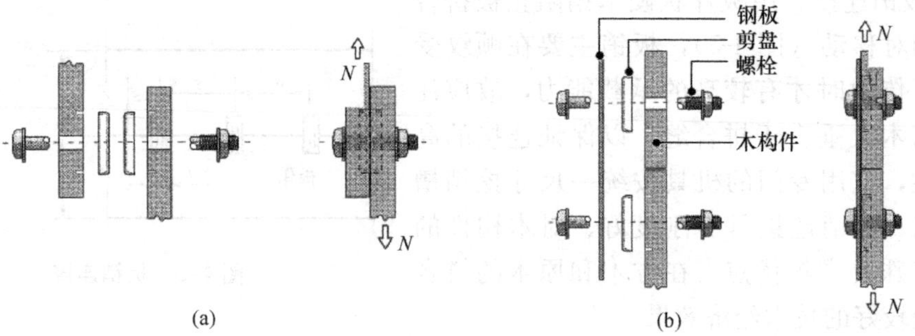

图 4-7　剪盘连接

(a) 木构件与木构件间的连接；(b) 木构件与钢板的连接

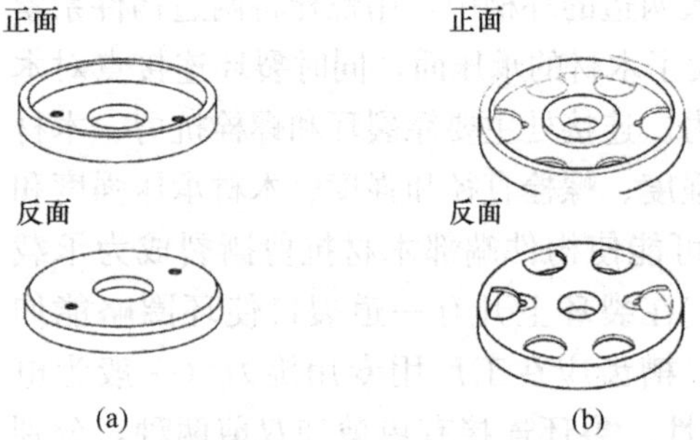

图 4-8　剪盘形式

(a) 冷压制作；(b) 铸铁铸造

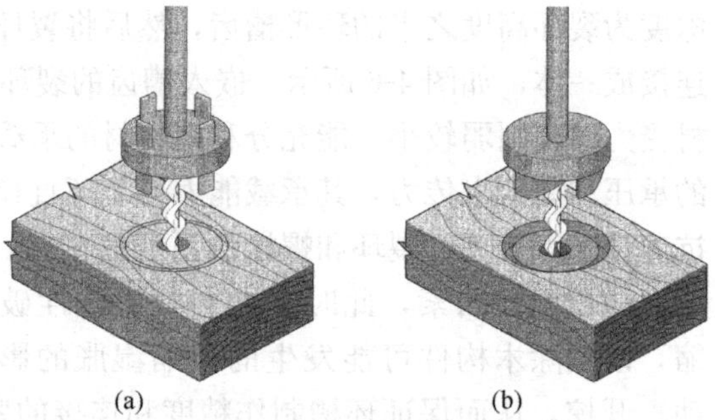

图 4-9　开槽工具及槽齿形式

(a) 裂环；(b) 剪盘

④ 齿板连接。齿板，经表面处理的钢板冲压成带齿板，用于轻型木结构中桁架节点的连接或受拉杆件的接长。齿的形状、分布、材料强度、承载能力等因生产厂商而异；只要设计、施工正确、合理，采用齿板连接的轻型木桁架跨度可达 30 多米。

(5) 植筋连接

现代木结构中的植筋节点主要是指通过胶粘剂将钢杆植入于木构件预钻或预留的孔道内或开设的槽道内，然后采用连接件和节点紧固件将不同构件的植入钢杆相连实现木构件的连接，如图 4-10 所示。由于植筋节点将钢杆隐藏在木材里面，植筋节点的防火性能和耐腐蚀性能都较好，刚度和承载力较高。

植筋节点技术常被用于连接及加固这两方面。连接的工程应用包括钢-木连接（用于木网壳结构植筋节点）、用于新建筑建造或既有建筑修复的木-木连接以及用于形成组合结构的木-混连接（木梁抗拉，混凝土板抗压）、连接件抗剪以及木结构与地基连接等。

植筋节点技术在木结构加固方面的工程应用如图 4-11 所示。影响木结构植筋节点的抗拔与粘结性能的因素有多种，主要有：几何参数、材料参数、荷载及边界条件等。

木结构植筋节点破坏模式包括以下七类：

① 植筋杆破坏（强度破坏及受压屈服破坏）；

(a) (b) (c)

图 4-10 木结构植筋连接

(a) 木-钢连接；(b) 木-木连接；(c) 木-混凝土连接

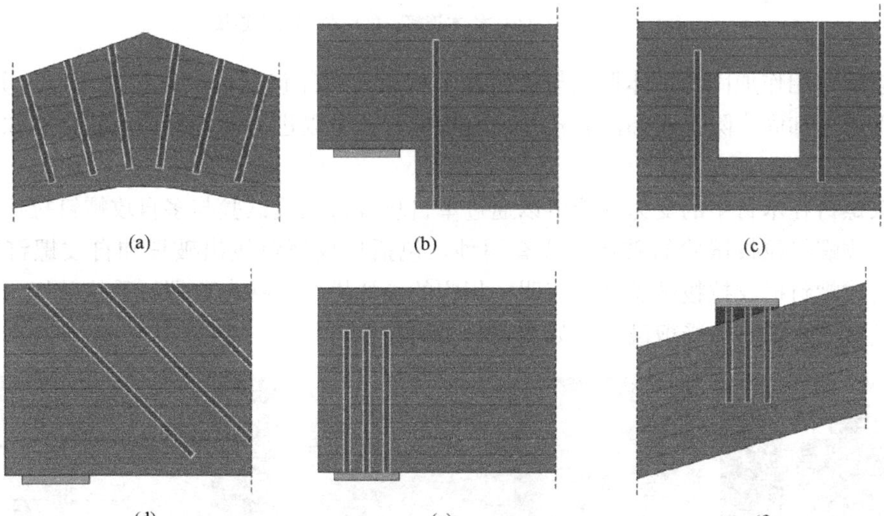
(a) (b) (c) (d) (e) (f)

图 4-11 用于构件加固的植筋连接形式

(a)、(b)、(c) 木材横纹抗拉加固；(d) 木材抗剪加固；(e)、(f) 横纹局部承压加固

② 植筋杆拔出破坏（杆-胶界面破坏、胶层内聚破坏、木-胶截面破坏及近胶层处木材破坏）；

③ 胶层周围木材环向剪切破坏；

④ 木材开裂（植筋边距过小、植筋杆与木纹不平行或过大的横纹方向荷载）；

⑤ 木构件截面过小，受拉破坏；

⑥ 木材开裂（多植筋杆情况下的植筋杆间距过小）；

⑦ 群体拔出（多植筋杆情况下整体拔出）。

（6）自攻螺钉连接

用于木结构连接的自攻螺钉具有和传统木螺钉相比更为优异的性能。自攻螺钉一般都经过硬化处理，抗拉强度高。而且，特殊设计的自攻螺钉几何形状有利于增大有效咬合面，从而与木材形成较好的粘结力和抗拔能力。目前市场上自攻螺钉直径可以达到12mm，甚至更大，螺钉长度可达到 2m 以上。

自攻螺钉同样常被用于木结构中的连接及加固。连接的工程应用包括木-钢连接、木-木连接和木-混凝土组合结构的连接，如图 4-12 所示。

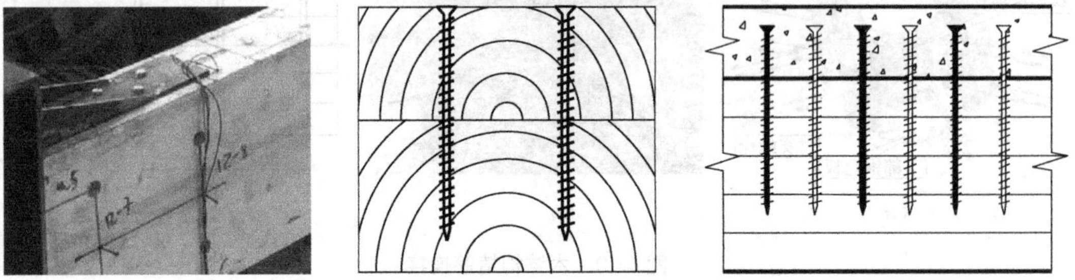

(a) (b) (c)

图 4-12　用于连接的自攻螺钉的工程应用

(a) 木-钢连接；(b) 木-木连接；(c) 木-混凝土连接

自攻螺钉用作加固的具体形式与植筋技术相似，同样包括横纹抗拉加固、抗剪加固、横纹局部承压加固。除上述加固方式外，自攻螺钉还可以进行多螺栓节点构件的顺纹抗拉加固。

自攻螺钉在木材中的受力性能可以通过单自攻螺钉拉拔试验与多自攻螺钉拉拔试验确定。单自攻螺钉拉拔试验的破坏模式有两种，包括自攻螺钉拔出破坏和自攻螺钉受拉破坏。多自攻螺钉横纹拉拔试验结果表明，相应的破坏模式包括自攻螺钉受拉破坏、自攻螺钉拔出破坏和木材整体受剪破坏，如图 4-13 所示。

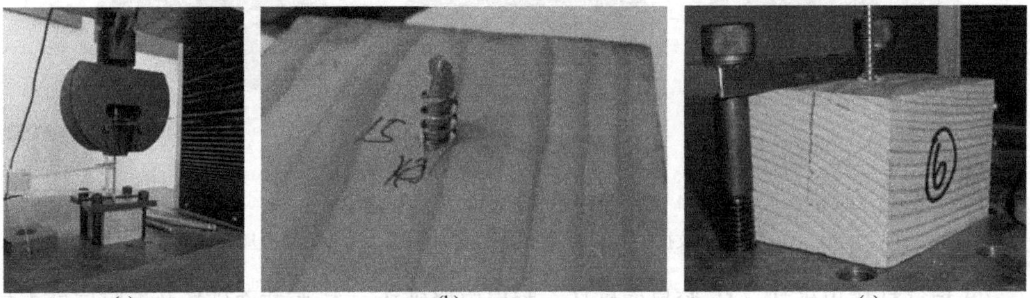

(a) (b) (c)

图 4-13　多自攻螺钉破坏模式

与钉节点类似，自攻螺钉节点的破坏模式和承载力与自攻螺钉的间距、端距及边距关系密切。为确保节点不过早破坏，或发生木材劈裂和整体剪切破坏等脆性破坏，国外设计规范中会对自攻螺钉的间距、端距及边距的最小取值作出规定，如图 4-14 所示。

图中，a_1为顺纹间距，最小间距为 $7d$；a_2为横纹间距，最小间距为 $5d$；$a_{1,CG}$为每个试件中的自攻螺钉段的重心的端距，最小值为 $10d$；$a_{2,CG}$为每个试件中的自攻螺钉段的重心的边距，最小值为 $4d$。

欧洲建筑产品法规（No 305/2011）规定在欧盟销售的建筑产品必须通过 European Technical Assessment (ETA) 的评估。对于木结构中使用的自攻螺钉，ETA 主要关注自攻螺钉本身的力学性能、抗火性能、耐久性和可用性、自攻螺钉打入不同木质材料后的力学性能、绝热性能和抗腐蚀性能等指标。

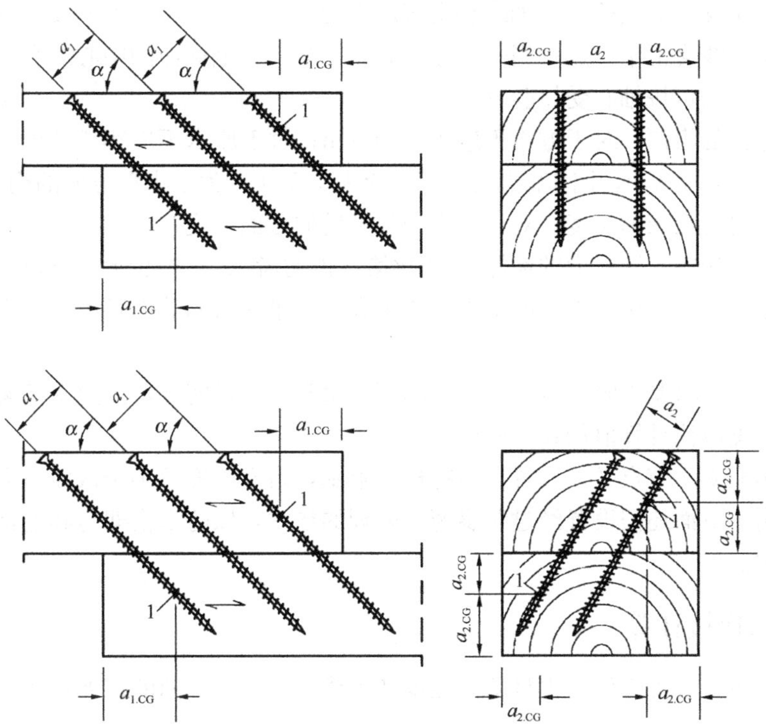

图 4-14 欧洲规范中自攻螺钉间距、端距及边距要求

4.2 齿连接

4.2.1 概述

齿连接有单齿（图 4-15）或双齿（图 4-16）两种形式。双齿的木材承压面和抗剪面往往都大于单剪的相应尺寸，所以可以承受更大的构件压力。齿连接在构造上应符合下列规定。

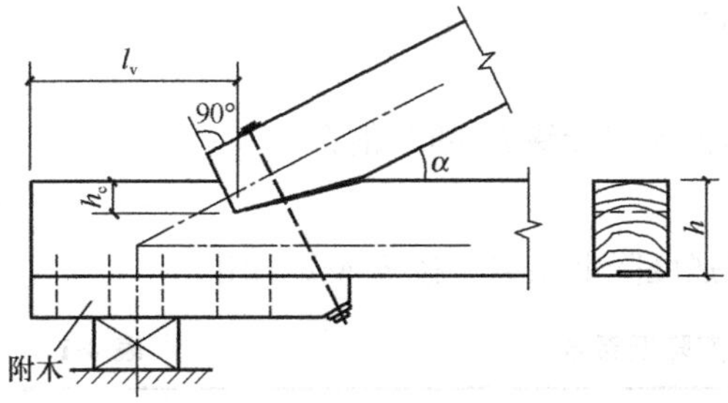

图 4-15 单齿连接

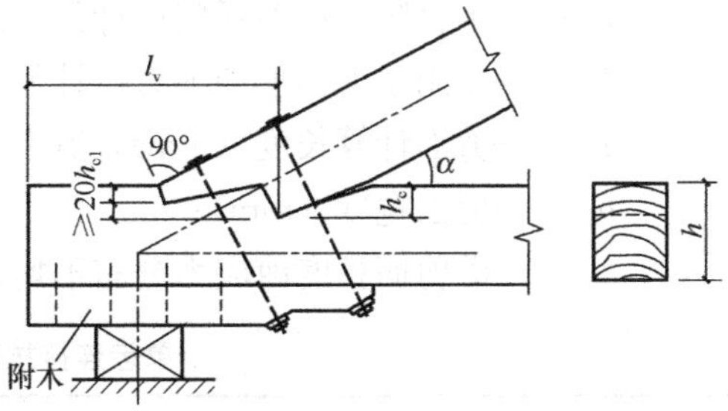

图 4-16 双齿连接

（1）齿连接的承压面，应与所连接的压杆轴线垂直。

（2）单齿连接应使压杆轴线通过承压面中心。

(3) 木桁架支座节点的上弦轴线和支座反力的作用线，当采用方木或板材时，宜与下弦净截面的中心线交汇于一点；当采用原木时，可与下弦毛截面的中心线交汇于一点。此时，刻齿处的截面可按轴心受拉验算。

(4) 齿连接的齿深，对于方木不应小于 20mm；对于原木不应小于 30mm。木桁架支座节点齿深不应大于 $h/3$，中间节点的齿深不应大于 $h/4$(h 为沿齿深方向的构件截面高度，对于方木和板材为截面的高度，对于原木为削平后的截面高度)。

(5) 双齿连接中，第二齿的齿深 h_c 应比第一齿的齿深 h_{c1} 至少大 20mm；第二齿的齿尖应位于上弦轴线与下弦上表面的交点。单齿和双齿第一齿的剪面长度不应小于该齿齿深的 4.5 倍。

(6) 当采用湿材制作时，应考虑木材端部发生开裂的可能性，因此木桁架支座节点齿连接的剪面长度应比计算值加长 50mm。

(7) 木桁架支座节点必须设置保险螺栓、附木，附木厚度不小于截面高度 h 的三分之一；支座处附木下面还需设置经过防腐药剂处理的垫木，以防木桁架与其他材料支座接触处的木材腐蚀。

4.2.2 单齿连接计算

单齿连接主要考虑齿面的木材承压强度和齿槽处沿木纹方向的抗剪强度。

(1) 木材承压

木材在齿面上的承压强度按下式验算：

$$\frac{N}{A_c} \leqslant f_{ca} \tag{4-1}$$

式中 f_{ca} ——木材斜纹承压强度设计值 (N/mm²)；

N ——作用于齿面上的轴向压力设计值 (N)；

A_c ——齿的承压面面积 (mm²)。

(2) 木材受剪

木材有可能在齿槽根部沿顺纹方向发生剪切破坏，因此木材需按下式验算抗剪强度：

$$\frac{V}{l_v b_v} \leqslant \psi_v f_v \tag{4-2}$$

式中 f_v ——木材顺纹抗剪强度设计值 (N/mm²)；

V ——作用于剪面上的剪力设计值 (N)；

l_v ——剪面计算长度 (mm)，其取值不得大于齿深 h_c 的 8 倍；

b_v ——剪面宽度 (mm)；

ψ_v ——沿剪面长度剪应力分布不均匀的强度降低系数，按表 4-1 采用。

单齿连接抗剪强度降低系数 **表 4-1**

l_v/h_c	4.5	5	6	7	8
ψ_v	0.95	0.89	0.77	0.70	0.64

剪面长度除根据计算满足式 (4-2) 要求外，还需满足构造要求：介于 4.5 倍 h_c 和 8 倍 h_c 之间。

剪面上应力沿长度方向分布不均匀，随离齿槽的距离增大而减小，并逐渐趋向于 0。如果剪面太长，大于 $8h_c$ 的部分不能有效传递剪力，所以规定不超过 $8h_c$ 的限值。即使设计剪面长度大于 $8h_c$，计算时仍取 $8h_c$ 数值。

剪面长度太小，也有可能偶然过载就将剪面剪坏，所以规定不小于 $4.5h_c$。

（3）木材受拉净截面验算

木桁架的下弦杆在齿槽处有较大的截面削弱，因此需进行受拉净截面强度验算。验算公式如下：

$$\frac{N_t}{A_n} \leqslant f_t \tag{4-3}$$

式中 f_t——木材抗拉强度设计值（N/mm^2）；

N_t——受拉的下弦杆件中的拉力设计值（N）；

A_n——刻齿处的净截面面积（mm^2），计算中应扣除由于设置保险螺栓、附木等造成的截面削弱。

4.2.3 双齿连接

双齿连接计算仍包含齿面的木材承压强度和齿槽处沿木纹方向的抗剪强度等几个方面。

（1）木材承压

双齿连接的承压，仍按式（4-1）验算，但其承压面面积应取两个齿承压面面积之和。

（2）木材受剪

双齿连接的受剪仅考虑第二齿剪面的工作，按式（4-2）计算，并符合下列规定：

① 计算受剪应力时，全部剪力 V 应由第二齿剪面承受；

② 第二齿剪面的计算长度 l_v 的取值，不得大于齿深 h_c 的 10 倍；

③ 双齿连接沿剪面长度剪应力分布不均的强度降低系数 ψ_v 值应按表 4-2 采用。

双齿连接抗剪强度降低系数 **表 4-2**

l_v/h_c	6	7	8	10
ψ_v	1.00	0.93	0.85	0.71

双齿连接时第二齿剪面的计算长度 l_v 介于 6 倍 h_c 和 10 倍 h_c 之间。

4.2.4 桁架支座节点齿连接

桁架支座节点采用齿连接时，应设置保险螺栓，但不考虑保险螺栓与齿的共同工作。保险螺栓应与上弦轴线垂直。保险螺栓应满足国家标准《钢结构设计标准》GB 50017—2017 的要求，进行净截面抗拉验算，所承受的轴向拉力应由下式确定：

$$N_b = N\tan(60^\circ - \alpha) \tag{4-4}$$

式中 N_b——保险螺栓所承受的轴向拉力（N）；

N——上弦轴向压力的设计值（N）；

α——上弦与下弦的夹角（°）。

保险螺栓的抗拉强度设计值应乘以 1.25 的调整系数。这是因为正常情况下节点由齿连接传递荷载，保险螺栓只有当齿连接的受剪面万一破坏时起到保险作用，为整个结构抢修提供必要的时间。考虑保险螺栓受力的短暂性，其强度设计值乘以大于 1.0 的调整系数。

双齿连接宜选用两个直径相同的保险螺栓（图 4-11），但保险螺栓抗拉强度验算不考虑采用两根圆钢（此处为两个螺栓）共同受拉时，所用的钢材抗拉强度设计值乘以 0.85 的调整系数。在木桁架设计中，当两根圆钢共同受拉时，为考虑两根圆钢有可能受力不均匀，《木结构设计标准》GB 50005 规定对此处钢材抗拉强度验算时予以 0.85 的强度折减。但对于双齿连接的两个保险螺栓，因木材一旦剪切破坏，节点变形较大，两个螺栓受力较为均匀，故不用考虑 0.85 的不均匀受力调整系数。

木桁架下弦支座应设置附木，并与下弦用钉钉牢。钉子数量可按构造布置确定。附木截面宽度与下弦相同，其截面高度不小于 $h/3$(h 为下弦截面高度)。

4.3 螺栓连接和钉连接

4.3.1 概述

螺栓连接和钉连接具有连接紧密、韧性好、制作简单及安全可靠等优点，因此是现代木结构中用得最为广泛的连接形式；它们可以直接将木构件连接起来，也可以通过钢板将木构件连成整体，还可以将木构件连接到钢构件和混凝土结构上。

图 4-17 为一些螺栓连接的实例。图 4-17 (a) 为多根规格材连成的组合梁通过钢牛腿连接于木柱侧。图 4-17 (b) 中胶合木梁通过钢梁托连于主梁侧，钢梁托与两根梁都是用一种特殊的扁钉（原来称作为胶合木钉，Glulam rivets）连接。图 4-17 (c) 中构件较多，连接也很复杂；下弦平面一个方向的构件连续，另一与其正交的两根构件通过钢板连于此连续构件的两侧；下弦平面上方有 3 根腹杆，其中一根钢拉杆穿过木构件，端部用钢板和螺栓使连续木梁承压连接，这样将受拉形式转换为木构件横纹承压，成为木材最为合理的一种承载方式。图 4-17 (d) 中梁的高度很大，木结构在使用过程中有一定变形；因此右侧纵向连续钢板上钉孔为长圆孔，避免了对梁变形的约束，从而避免裂缝的发生与发展。图 4-17 (e) 节点也很复杂，两根立柱通过钢板连成一体；一根连续主梁搁置在柱间连接钢板上，钢板为承受压力而设置了加劲肋；左方水平次梁通过三向正交的钢板连于立柱侧面。图 4-17 (f) 为木柱通过连接钢板连于基础混凝土顶部。

上节提到的扁钉见图 4-18。这种钉最初主要用于胶合木的连接，所以以前称为胶合木钉，现在在北美也大量用于普通木结构构件的连接。扁钉断面为扁椭圆形，如图 4-18 (a) 所示；在端部有锥度，如图 4-18 (b) 所示；钉入木材时其短边方向垂直于木纹，长边平行于木纹方向，这样切断木纹少，对连接处强度影响也小；钉前需在连接钢板上开圆孔，钉好后钉头露出钢板面 2～3mm，图 4-18 (c) 为钉入胶合木不同阶段时的状况，最右侧为钉好的最后位置。

钉子的类型非常多，有普通圆钢钉、麻花钉、螺纹圆钉和 U 形钉等，其尺寸、强度变化也很多，因此选用时需谨慎，钉入方式、各种间距等应满足规范要求。

(a)

(b)

(c)

(d)

(e)

(f)

图 4-17 螺栓连接实例

(a) 梁与柱连接；(b) 梁与梁连接；(c) 复杂节点；(d) 深梁连接节点；(e) 复杂节点；(f) 基础连接

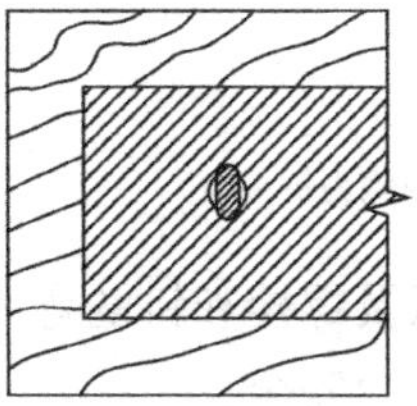
(a)

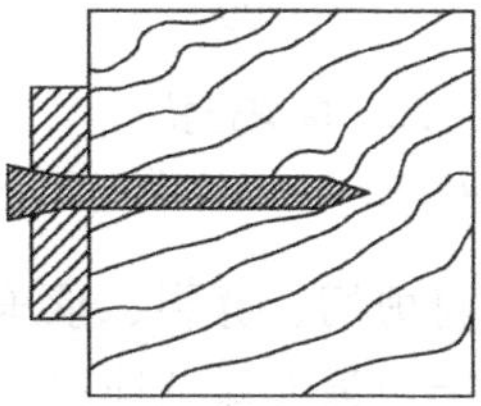
(b)

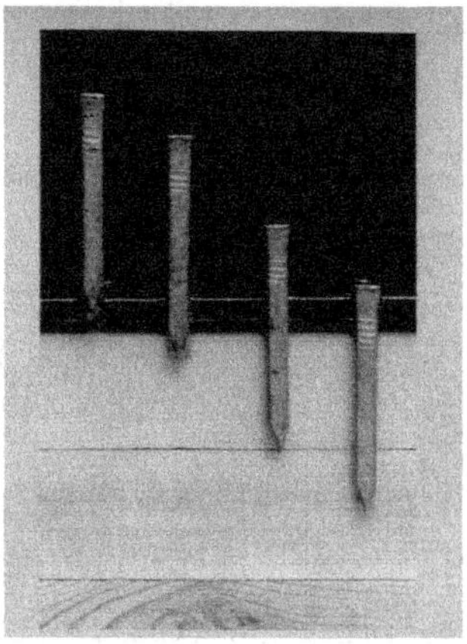
(c)

图 4-18 扁钉

(a) 钉头平面及钢板上钻孔；(b) 钉纵断面；(c) 不同钉入阶段

4.3.2 螺栓、钉的构造要求

无论螺栓连接还是钉连接，从受力角度分析，则以抗剪连接为主。抗剪连接中根据连接板件的数量常常有双剪连接和单剪连接两大类，分别见图 4-19 和图 4-20。

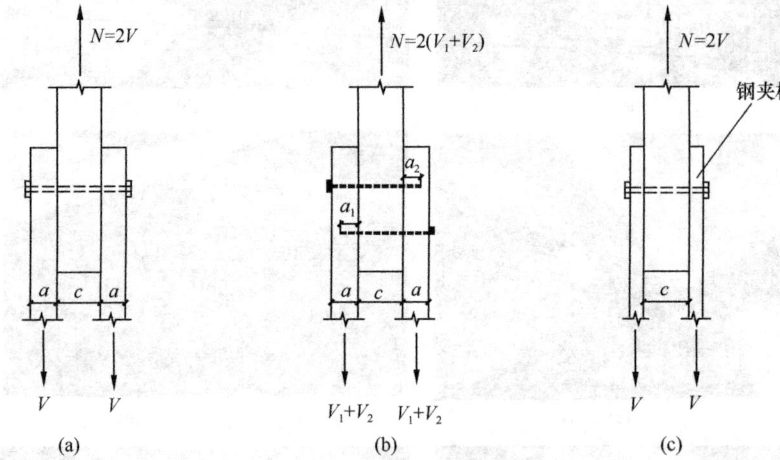

图 4-19　双剪连接

(a) 双剪螺栓连接；(b) 双剪钉连接；(c) 双剪螺栓连接（两侧为钢夹板）

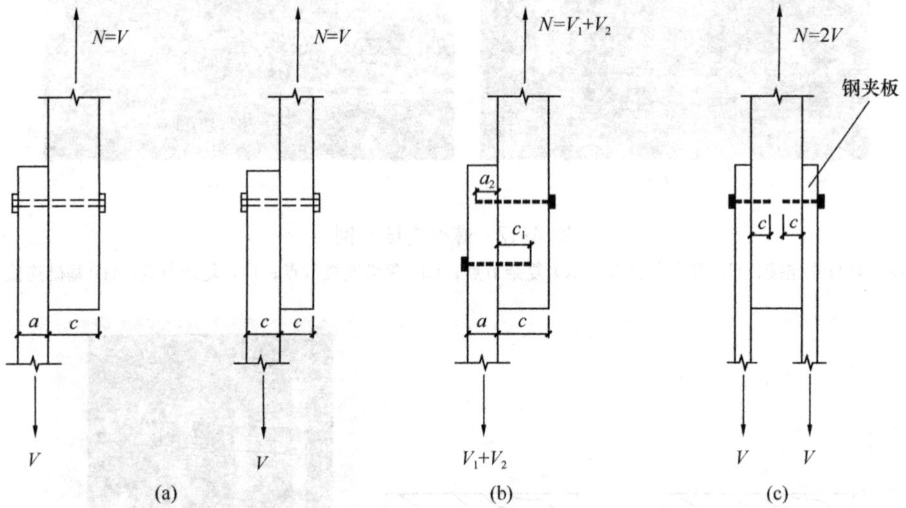

图 4-20　单剪连接

(a) 单剪螺栓连接；(b) 单剪钉连接；(c) 单剪钉连接（两侧为钢夹板）

螺栓和钉的抗剪连接承载能力受木材剪切、劈裂、承压以及螺栓和钉的弯曲等因素的影响，其中以充分利用螺栓和钉的抗弯能力最能保证连接的受力安全。

为保证螺栓连接的承载能力不受螺栓之间木材剪切、板边缘木材剪切等的影响，螺栓排列时，各种距离应符合表 4-3 的规定。当采用螺栓、销或六角头木螺钉作为紧固件时，其直径不应小于 6mm。

交错布置的销轴类紧固件（图 4-21），其端距、边距、间距和行距的布置应符合下列规定：

（1）对于顺纹荷载作用下交错布置的紧固件，当相邻行上的紧固件在顺纹方向的间距不大于 $4d$ 时，则可将相邻行的紧固件确认是位于同一截面上。d 为紧固件的直径。

（2）对于横纹荷载作用下交错布置的紧固件，当相邻行上的紧固件在横纹方向的间距不小于 $4d$ 时，则紧固件在顺纹方向的间距不受限制；当相邻行上的紧固件在横纹方向的间距小于 $4d$ 时，则紧固件在顺纹方向的间距应符合表 4-4 的规定。d 为紧固件的直径。

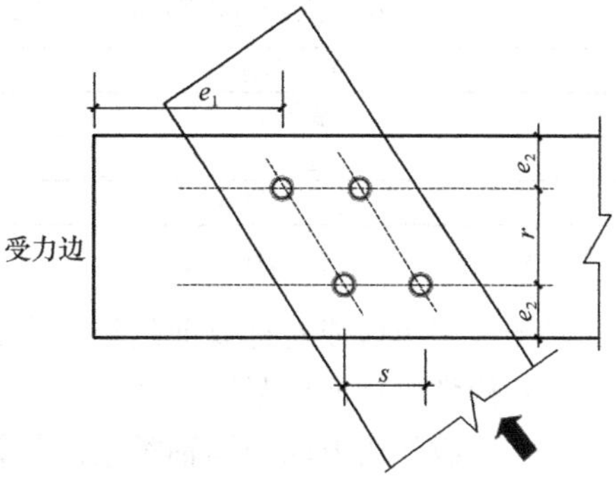

图 4-21　紧固件交错布置几何位置示意图

（3）当连接中采用钢夹板时，钢板上的端距 s_0 取螺栓直径的 2 倍；边距 s_3 取螺栓直径的 1.5 倍。

销轴类紧固件的端距、边距、间距和行距的最小值尺寸　　**表 4-3**

距离名称	顺纹荷载作用时		横纹荷载作用时	
最小端距 e_1	受力端	$7d$	受力边	$4d$
	非受力端	$4d$	非受力边	$1.5d$
最小边距 e_2	当 $l/d \leqslant 6$	$1.5d$	$4d$	
	当 $l/d > 6$	取 $1.5d$ 与 $r/2$ 两者较大值		
最小间距 s	$4d$		$4d$	
最小行距 r	$2d$		当 $l/d \leqslant 2$	$2.5d$
			当 $2 < l/d < 6$	$(5l+10d)/8$
			当 $l/d \geqslant 6$	$5d$
几何位置示意图	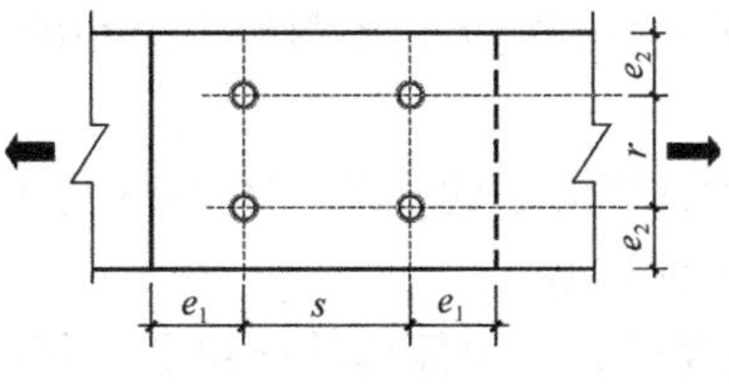		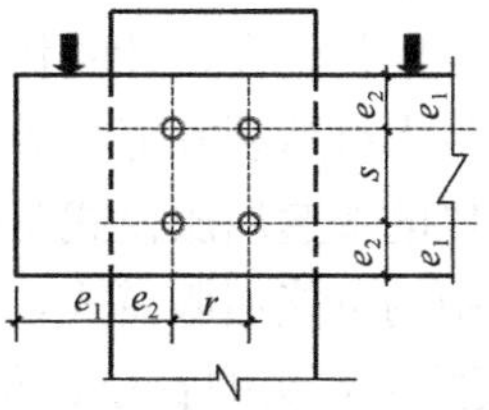	

注：1. 受力端为销槽受力指向端部；非受力端为销槽受力背离端部；受力边为销槽受力指向边部；非受力边为销槽受力背离端部。

2. 表中，l 为紧固件长度，d 为紧固件的直径；并且，l/d 应取下列两者中的较小值：

1）紧固件在主构件中的贯入深度 l_m 与直径 d 的比值 l_m/d；

2）紧固件在侧面构件中的总贯入深度 l_s 与直径 d 的比值 l_s/d。

3. 当钉连接不预钻孔时，其端距、边距、间距和行距应为表中数值的 2 倍。

当六角头木螺钉承受轴向上拔荷载时，端距 e_1、边距 e_2、间距 s 以及行距 r 应满足表 4-4 的规定。

六角头木螺钉承受轴向上拔荷载时的端距、边距、间距和行距的最小值　　表 4-4

距离名称	最小值
端距 e_1	$4d$
边距 e_2	$1.5d$
行距 r 和间距 s	$4d$

注：表中 d 为六角头木螺钉的直径。

对于采用单剪或对称双剪的销轴类紧固件的连接（图 4-22）应符合下列要求：

（1）构件连接面应紧密接触；

（2）荷载作用方向与销轴类紧固件轴线方向垂直；

（3）紧固件在构件上的边距、端距以及间距应符合表 4-4 或表 4-5 中的规定；

（4）六角头木螺钉在单剪连接中的主构件上或双剪连接中侧构件上的最小贯入深度不应包括端尖部分的长度，并且，最小贯入深度不应小于六角头木螺钉直径的 4 倍。

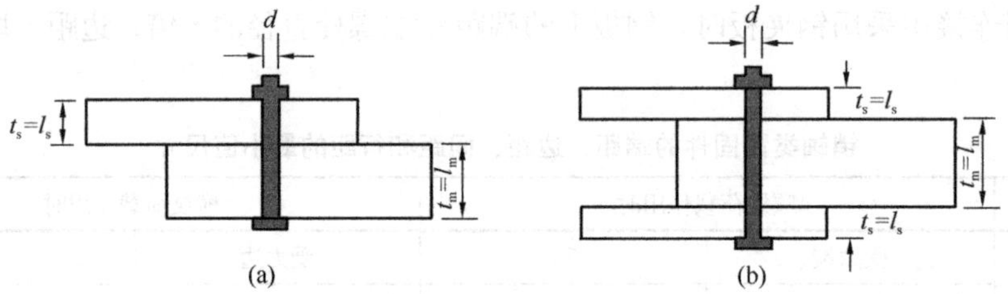

图 4-22　销轴类紧固件的连接方式

（a）单剪连接；（b）双剪连接

4.3.3　设计承载力

（1）螺栓连接或钉连接的计算原理

螺栓和钉都是细而长的杆状连接件，因此也统称为销类连接件。销类连接件的受力特点是承受的荷载与连接件长度方向垂直，故是抗剪连接。由于销杆细长，它的抗剪是通过杆弯曲、孔壁木材承压来体现的，销杆抗弯、木材承压都有较好的韧性，所以销连接受力性能可靠。但是，在设计时仍需注意避免采用杆径过大、木材厚度过小的销连接，这种连接可能发生木材剪裂和劈裂等脆性破坏。

销连接的普遍屈服模式是确定承载能力计算方法的基础。图 4-23 为木材与木材双剪、单剪连接中的可能屈服模式，可以归纳为 4 种类型。

① 模式一：销的直径 d 很大，相应刚度很大；中部构件或单剪连接中较厚构件的厚度（主材 c）很大，对销杆弯折、倾斜有很大的约束力，而边部构件厚度（侧板厚度 a）相对较小；这种条件下，侧板木材的孔壁被挤压破坏。见图 4-23（a）、（e）。

② 模式二：销杆刚直，在双剪连接中边部构件（侧板厚度 a）很厚而主材 c 较薄，则主材 c 的销孔孔壁被均匀挤压破坏；或者在单剪连接中，销杆倾斜转动致使较厚构件的边缘区域的销孔局部被挤压破坏。见图 4-23（b）、（f）、（g）。

③ 模式三：销径较小，主材较厚具有很大的约束力，受力后销杆弯曲，在一块主材中出现塑性铰；塑性铰之外的部分销杆虽仍然刚直，但由于转动倾斜致使连接板件的销孔孔壁木材局部被挤压破坏。这种情况称为“一铰”屈服模式。见图 4-23（c）、（h）。

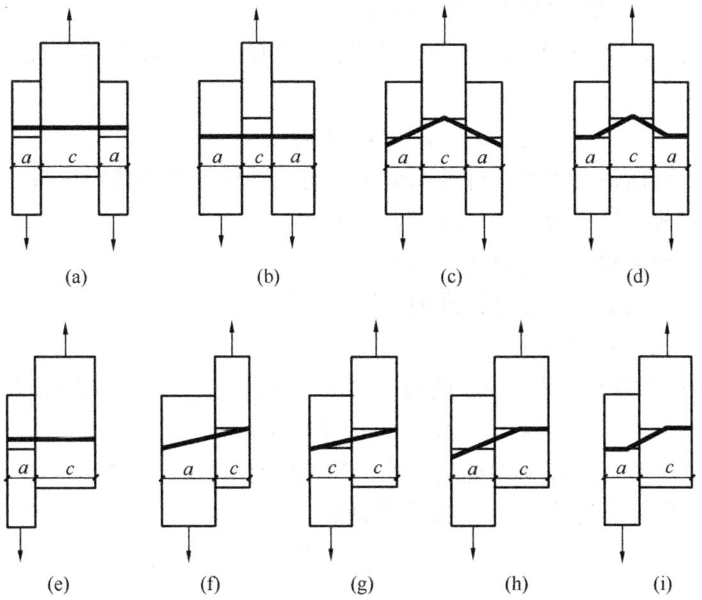

图 4-23　螺栓或钉连接的典型屈服模式

④ 模式四：销径较小，主材和侧材较厚具有很大的约束力，受力后销杆弯曲，在两块主材中同时出现塑性铰；由于两个塑性铰之间的部分销杆转动倾斜致使两侧构件销孔孔壁边缘区域被挤压破坏，见图 4-23（d）、（i）。这种情况称为“两铰”屈服模式。在“一铰”屈服模式中，如果增加侧材 a 的厚度，可以提高销连接的承载能力；而在“两铰”屈服模式中，即使增加侧材、主材的厚度，再也不能提高其承载能力。故“两铰”屈服模式又称“最大”屈服模式。

（2）销轴类紧固件每个剪面的承载力

根据上述 4 种屈服模式，对于采用单剪或对称双剪连接的销轴类紧固件，每个剪面的承载力设计值 Z_d 应按下式进行计算：

$$Z_d = C_m C_n C_t k_g Z \tag{4-5}$$

式中　C_m——含水率调整系数，应按表 4-5 中规定采用；

C_n——设计使用年限调整系数；

C_t——温度环境调整系数，应按表 4-5 中规定采用；

k_g——群栓组合系数，应按相关设计规范的规定确定；

Z——承载力参考设计值。

使用条件调整系数　　**表 4-5**

序号	调整系数	采用条件	取值
1	含水率调整系数 C_m	使用中木构件含水率大于 15%	0.8
		使用中木构件含水率小于 15%	1.0
2	温度调整系数 C_t	长期生产性高温环境，木材表面温度达 40～50℃	0.8
		其他温度环境	1.0

(3) 销轴类紧固件单个销的每个剪面承载力

对于单剪连接或对称双剪连接，单个销的每个剪面的承载力参考设计值 Z 应按下式进行计算：

$$Z = k_{\min} t_s d f_{es} \tag{4-6}$$

式中 $k_{\min}$——单剪连接时较薄构件或双剪连接时边部构件的销槽承压最小有效长度系数；

t_s——较薄构件或边部构件的厚度（mm）；

d——销轴类紧固件的直径（mm）；

f_{es}——构件销槽承压强度标准值（N/mm^2）。

(4) 销槽承压最小有效长度系数

销槽承压最小有效长度系数 $k_{\min}$ 应按 4 种破坏模式计算，并应按下式确定：

$$k_{\min} = \min\left[k_{\text{I}}, k_{\text{II}}, k_{\text{III}}, k_{\text{IV}}\right] \tag{4-7}$$

1) 屈服模式Ⅰ时，应按下列规定计算销槽承压有效长度系数 k_{I}。

① 销槽承压有效长度系数 k_{I} 应按下式计算：

$$k_{\text{I}} = \frac{R_e R_t}{\gamma_{\text{I}}} \tag{4-8}$$

式中 R_e——f_{em}/f_{es}，f_{em} 为较厚构件或中部构件的销槽承压强度标准值（N/mm^2）；

R_t——t_m/t_s，t_m 为较厚构件或中部构件的厚度（mm）；

γ_{I}——屈服模式Ⅰ的抗力分项系数，应按表 4-6 的规定取值。

② 对于单剪连接时，应满足 $R_e R_t \leqslant 1.0$。

③ 对于双剪连接时，应满足 $R_e R_t \leqslant 2.0$，并且，销槽承压有效长度系数 k_{I} 应按下式计算：

$$k_{\text{I}} = \frac{R_e R_t}{2\gamma_{\text{I}}} \tag{4-9}$$

2) 屈服模式Ⅱ时，应按下列公式计算单剪连接的销槽承压有效长度系数 k_{II}。

$$k_{\text{II}} = \frac{k_{s\text{II}}}{\gamma_{\text{II}}} \tag{4-10}$$

$$k_{s\text{II}} = \frac{\sqrt{R_e + 2R_e^2(1 + R_t + R_t^2) + R_t^2 R_e^3} - R_e(1 + R_t)}{1 + R_e} \tag{4-11}$$

式中 γ_{II}——屈服模式Ⅱ的抗力分项系数，应按表 4-6 的规定取值。

3) 屈服模式Ⅲ时，应按下列规定计算销槽承压有效长度系数 k_{III}。

① 销槽承压有效长度系数 k_{III} 按下式计算：

$$k_{\text{III}} = \frac{k_{s\text{III}}}{\gamma_{\text{III}}} \tag{4-12}$$

式中 γ_{III}—— 屈服模式Ⅲ的抗力分项系数，应按表 4-6 的规定取值。

② 当单剪连接的屈服模式为 III_m 时：

$$k_{s\text{III}} = \frac{R_t R_e}{1 + 2R_e}\left[\sqrt{2(1 + R_e) + \frac{1.647(1 + 2R_e) k_{ep} f_{yk} d^2}{3 R_e R_t^2 f_{es} t_s^2}} - 1\right] \tag{4-13}$$

式中 f_{yk}——销轴类紧固件屈服强度标准值（N/mm^2）；

k_{ep}——弹塑性强化系数。

③ 当屈服模式为 III_s 时：

$$k_{s\mathrm{III}}=\frac{R_e}{2+R_e}\left[\sqrt{\frac{2(1+R_e)}{R_e}+\frac{1.647(1+2R_e)k_{ep}f_{yk}d^2}{3R_e f_{es}t_s^2}}-1\right] \tag{4-14}$$

④ 当采用 Q235 钢等具有明显屈服性能的钢材时，取 $k_{ep}=1.0$；当采用其他钢材时，应按具体的弹塑性强化性能确定，其强化性能无法确定时，仍应取 $k_{ep}=1.0$。

4）屈服模式Ⅳ时，应按下列公式计算销槽承压有效长度系数 k_{IV}：

$$k_{\mathrm{IV}}=\frac{k_{s\mathrm{IV}}}{\gamma_{\mathrm{IV}}} \tag{4-15}$$

$$k_{s\mathrm{IV}}=\frac{d}{t_s}\sqrt{\frac{1.647R_e k_{ep}f_{yk}}{3(1+R_e)f_{es}}} \tag{4-16}$$

式中 γ_{IV}——屈服模式Ⅳ的抗力分项系数，应按表 4-6 的规定取值。

构件连接时剪面承载力的抗力分项系数 γ 取值 **表 4-6**

连接件类型	各屈服模式的抗力分项系数			
	γ_{I}	γ_{II}	γ_{III}	γ_{IV}
螺栓、销或六角头木螺钉	4.38	3.63	2.22	1.88
圆钉	3.42	2.83	2.22	1.88

（5）销槽承压强度标准值

销槽承压强度标准值应按下列规定取值：

当 6mm≤d≤25mm 时，销轴类紧固件销槽顺纹承压强度 $f_{e,0}$（N/mm²）应按下式确定：

$$f_{e,0}=77G \tag{4-17}$$

式中 G——主构件材料的全干相对密度；常用树种木材的全干相对密度按附录 3 的规定确定。

当 6mm≤d≤25mm 时，销轴类紧固件销槽横纹承压强度 $f_{e,90}$（N/mm²）应按下式确定：

$$f_{e,90}=\frac{212G^{1.45}}{\sqrt{d}} \tag{4-18}$$

式中 d——销轴类紧固件直径（mm）。

当作用在构件上的荷载与木纹呈夹角 α 时，销槽承压强度 $f_{e,\alpha}$应按下式确定：

$$f_{e,\alpha}=\frac{f_{e,0}f_{e,90}}{f_{e,0}\sin^2\alpha+f_{e,90}\cos^2\alpha} \tag{4-19}$$

式中 α——荷载与木纹方向的夹角。

当 d<6mm 时，销槽承压强度 f_e（N/mm²）应按下式确定：

$$f_e=115G^{1.84} \tag{4-20}$$

当销轴类紧固件插入主构件端部并且与主构件木纹方向平行时，主构件上的销槽承压强度取 $f_{e,90}$。

紧固件在钢材上的销槽承压强度 f_{es}应按现行国家标准《钢结构设计标准》GB 50017 规定的螺栓连接的构件销槽承压强度设计值的 1.1 倍计算；紧固件在混凝土构件上的销槽

承压强度按混凝土立方体抗压强度标准值的 1.57 倍计算。当销轴类紧固件的贯入深度小于 10 倍销轴直径时，承压面的长度不应包括销轴尖端部分的长度。

互相不对称的三个构件连接时，剪面承载力设计值 Z_d应按两个侧构件中销槽承压长度最小的侧构件作为计算标准，按对称连接计算得到的最小剪面承载力设计值作为连接的剪面承载力设计值。

当四个或四个以上构件连接时，每一剪面按单剪连接计算。连接的承载力设计值取最小的剪面承载力设计值乘以剪面个数和销的个数。

当单剪连接中的荷载与紧固件轴线呈除了 90°外的一定角度时，垂直于紧固件轴线方向作用的荷载分量不应超过紧固件剪面承载力设计值。平行于紧固件轴线方向的荷载分量，应采取可靠的措施，满足局部承压要求。

(6) 承受侧向荷载和外拔荷载共同作用的六角头木螺钉承载力计算

当六角头木螺钉承受侧向荷载和外拔荷载共同作用时（图 4-24），其承载力设计值应按下式确定：

$$Z_{d,\alpha} = \frac{(W_d h_d) Z_d}{(W_d h_d)\cos^2\alpha + Z_d \sin^2\alpha} \tag{4-21}$$

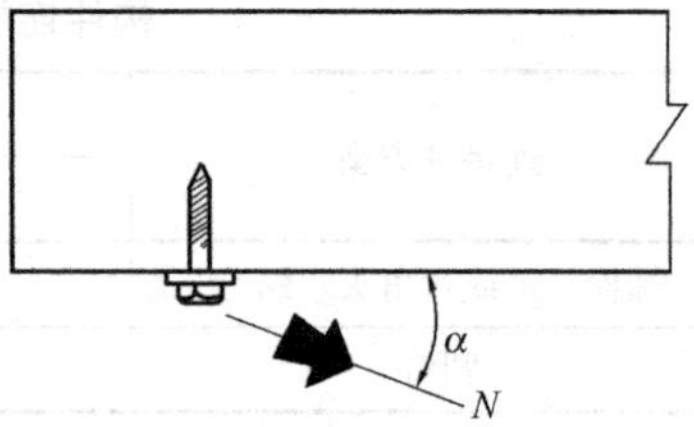

图 4-24 六角头木螺钉受侧向、外拔荷载

式中 α——木构件表面与荷载作用方向的夹角；

h_d——六角头木螺钉有螺纹部分打入主构件的有效长度（mm）；

W_d——六角头木螺钉的抗拔承载力设计值（N/mm）；

Z_d——六角头木螺钉的剪面抗剪承载力设计值（kN）。

六角头木螺钉的抗拔承载力设计值 W_d应按下式计算：

$$W_d = C_m C_t k_g C_{eg} W \tag{4-22}$$

式中 C_m——含水率调整系数，应按表 4-5 中规定采用；

C_t——温度环境调整系数，应表 4-5 中规定采用；

k_g——组合系数，应按相关设计规范的规定确定；

C_{eg}——端部木纹调整系数，应按表 4-7 的规定采用；

W——抗拔承载力参考设计值（N/mm）。

端面调整系数 **表 4-7**

序号	采用条件	C_{eg}取值
1	六角头木螺钉的轴线与插入构件的木纹方向垂直	1.00
2	六角头木螺钉的轴线与插入构件的木纹方向平行	0.75

当六角头木螺钉的轴线与木纹垂直时，六角头木螺钉的抗拔承载力参考设计值应按下式确定：

$$W = 43.2 G^{3/2} d^{3/4} \tag{4-23}$$

式中 W——抗拔承载力参考设计值（N/mm）；

G——主构件材料的全干相对密度，按《木结构设计标准》GB 50005 的要求确定；

d ——木螺钉直径（mm）。

（7）螺栓节点横纹受拉承载力计算

螺栓-钢填板所连接构件呈一定角度时，节点可受垂直于构件轴线方向（木材横纹方向）力作用。在此类内力作用下，节点的破坏源于木材横纹方向的裂缝萌生和扩展，具有突然性。

欧洲规范 EN 1995-1-1 规定了每个螺栓的最大剪力值应按下式确定：

$$P_{cr} = 14b\sqrt{\frac{h_e}{1-h_e/h}} \tag{4-24}$$

式中 P_{cr} ——节点的开裂临界荷载（N）；

b ——构件截面宽度（mm）；

h ——构件截面高度（mm）；

h_e ——螺栓受荷侧的等效高度（mm）。

加拿大规范 CSA O86-14 在式（4-24）的基础上进一步考虑了节点脆性破坏的特点，并采用折减系数 $w=0.7$。式（4-24）没有考虑螺栓端距的影响，但理论推导和试验研究均表明端距是影响节点性能的关键因素。

同济大学的宋晓滨和罗烈等学者提出了节点等效受拉区域的概念，并假定等效受拉区域沿螺栓传递的荷载对称分布，一侧的等效受拉宽度 $l_e/2$ 只受到该侧螺栓端距的影响，由此自然满足螺栓端距无穷大和为零时的承载力关系。

如图 4-25 所示，当螺栓端距在一侧为有限值时，比较螺栓端距 s 和等效受拉宽度 $l_e/2$ 并取小值，即当螺栓端距 s 小于一侧的等效受拉宽度时，节点劈裂承载力随螺栓端距线性减小。相应的计算方法按下式确定：

$$P_{cr} = f_t b(s_l + s_r), \left(s_l \leqslant \frac{l_e}{2}, s_r \leqslant \frac{l_e}{2}\right) \tag{4-25}$$

式中 f_t ——木材横纹抗拉强度（MPa）；

s_l、s_r ——螺栓左侧和右侧的端距（mm）。

螺栓一侧的等效受拉宽度 $l_e/2$ 可表示为：

$$\frac{l_e}{2} = \sqrt{\frac{GG_c}{0.6f_t^2}\frac{h_e}{(1-h_e/h)}} \tag{4-26}$$

式中 G ——木材剪切刚度（MPa）；

G_c ——断裂能释放率（N/mm）。

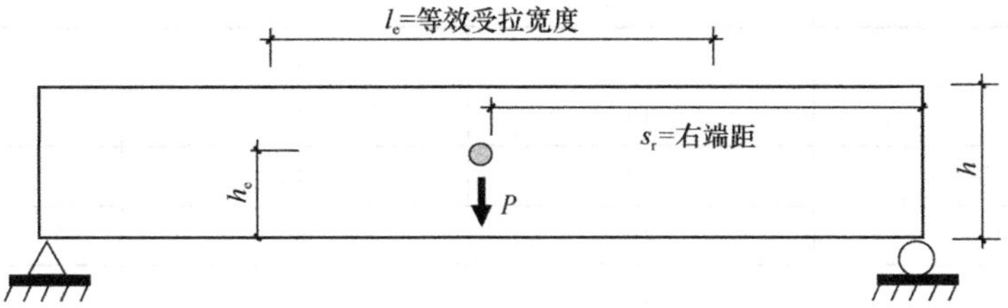

图 4-25 横纹受力螺栓节点等效受拉区域

4.4 齿板连接

4.4.1 概述

齿板主要用于轻型木结构建筑中由规格材制成的轻型木桁架的节点连接以及受拉杆件的接长。齿板中齿的形状、齿板承载能力等因生产厂商不同而变化。

齿板很薄，如果处于腐蚀环境、潮湿或有冷凝水环境中极易锈蚀，从而减小承载力，甚至导致结构破坏。所以齿板连接的轻型木桁架不能用于腐蚀环境、潮湿或有冷凝水的环境。另外，也由于齿板很薄，受压极易失稳，所以齿板不得用于传递压力，也就是说，受压构件不能用齿板接长。

齿板应由镀锌薄钢板制作。镀锌在齿板制造前进行，镀锌层重量不低于 275g/m^2。钢板可采用 Q235 碳素结构钢和 Q345 低合金高强度结构钢，其质量应符合国家标准《碳素结构钢》GB 700 和《低合金高强度结构钢》GB/T 1591 的规定。当有可靠依据时，也可采用其他型号的钢材。齿板采用的钢材性能应满足表 4-8 的要求。

齿板采用钢材的性能要求 **表 4-8**

钢材品种	屈服强度（N/mm^2）	抗拉强度（N/mm^2）	伸长率（%）
Q235	≥235	≥370	26
Q345	≥345	≥470	21

4.4.2 齿板连接的构造要求

齿板连接的构造应符合下列规定：

（1）齿板应成对对称设置于构件连接节点的两侧；

（2）采用齿板连接的构件厚度应不小于齿嵌入构件深度的两倍；

（3）在与桁架弦杆平行及垂直方向，齿板与弦杆的最小连接尺寸、在腹杆轴线方向齿板与腹杆的最小连接尺寸均应符合表 4-9 的规定；

（4）弦杆对接所用齿板宽度不应小于弦杆相应宽度的 65%。

齿板与桁架弦杆、腹杆最小连接尺寸（mm） **表 4-9**

规格材截面尺寸（mm×mm）	桁架跨度 L（m）		
	$L\leqslant12$	$12<L\leqslant18$	$18<L\leqslant24$
40×65	40	45	—
40×90	40	45	50
40×115	40	45	50
40×140	40	50	60
40×185	50	60	65
40×235	65	70	75
40×285	75	75	85

此外，用齿板连接的构件在制作时应做到：

（1）齿板连接的构件制作应在工厂进行；

（2）板齿应与构件表面垂直；

（3）板齿嵌入构件的深度应不小于板齿承载力试验时板齿嵌入试件的深度；

（4）齿板连接处构件无缺棱、木节、木节孔等缺陷；

（5）拼装完成后齿板无变形。

4.4.3 齿板连接设计承载力计算

齿板连接计算内容包括：应按承载能力极限状态荷载效应的基本组合验算齿板连接的板齿承载力、齿板受拉承载力、齿板受剪承载力和剪-拉复合承载力；按正常使用极限状态标准组合验算板齿的抗滑移承载力。

在节点处，应按轴心受压或轴心受拉构件进行构件净截面强度验算，构件净截面高度h_n应按下列规定取值：

1）在支座端节点处，下弦杆件的净截面高度h_n为杆件截面底边到齿板上边缘的尺寸；上弦杆件的h_n为齿板在杆件截面高度方向的垂直距离（图4-26a）；

2）在腹杆节点和屋脊节点处，杆件的净截面高度h_n为齿板在杆件截面高度方向的垂直距离（图4-26b、c）。

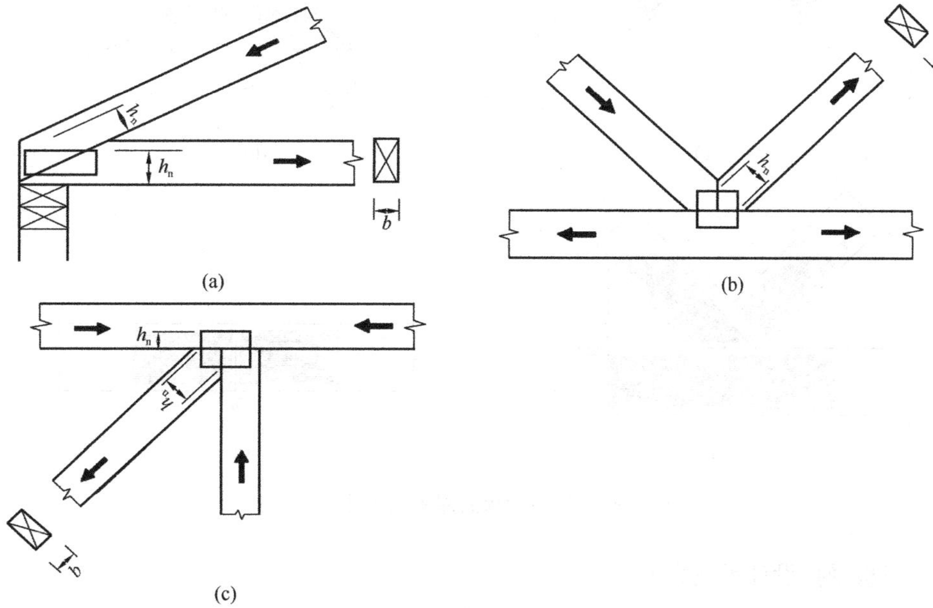

图4-26 杆件净截面尺寸示意图

（a）支座节点；（b）下弦节点；（c）上弦节点

（1）板齿设计承载力

$$N_r = n_r k_h A \tag{4-27}$$

式中 n_r——齿承载力设计值（N/mm^2）；

A——齿板表面净面积（mm^2）；是指用齿板覆盖的构件面积减去相应端距a及边

距 e 内的面积（图 4-27）；端距 a 应平行于木纹量测，并取 12mm 或 1/2 齿长的较大者；边距 e 应垂直于木纹量测，并取 6mm 或 1/4 齿长的较大者；

k_h ——桁架支座节点弯矩系数。

桁架支座节点弯矩影响系数 k_h，可按下式计算：

$$k_h = 0.85 - 0.05(12\tan\alpha - 2.0) \tag{4-28}$$

$$0.65 \leqslant k_h \leqslant 0.85$$

式中　α ——桁架支座处上下弦间夹角。

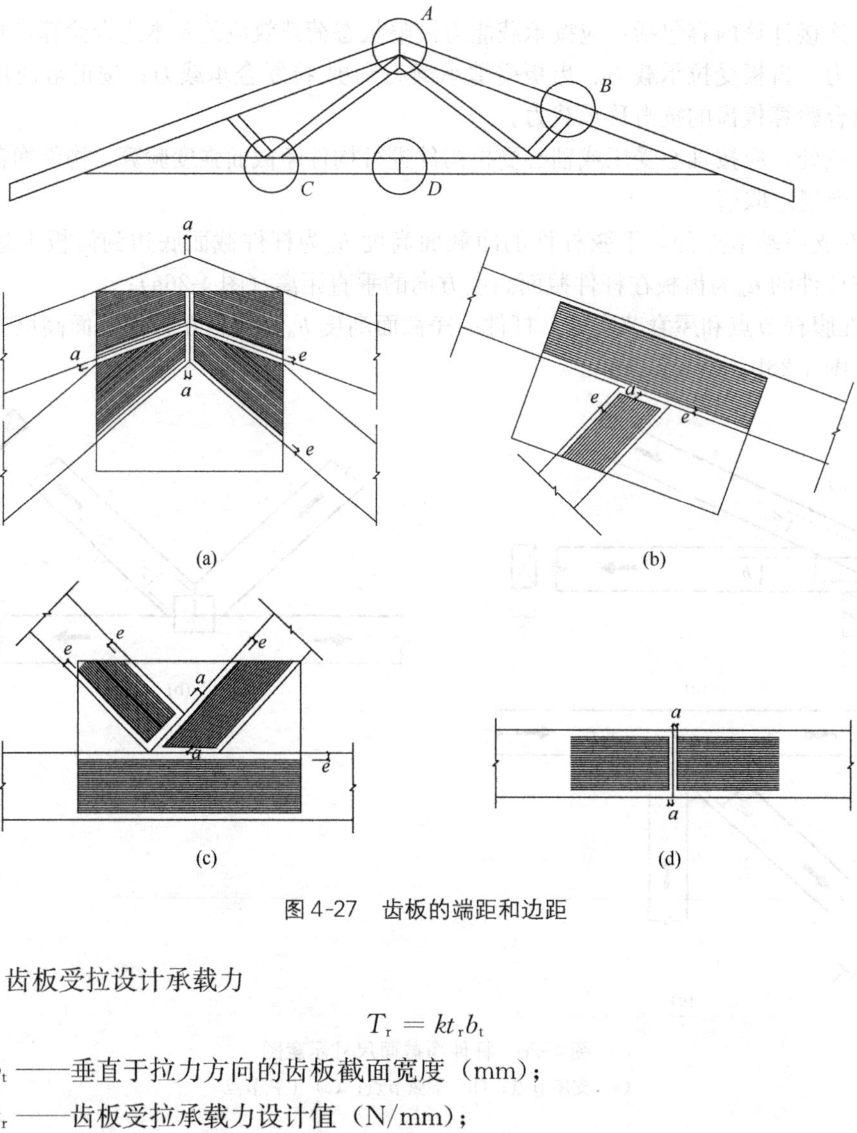

图 4-27　齿板的端距和边距

(2) 齿板受拉设计承载力

$$T_r = kt_rb_t \tag{4-29}$$

式中　b_t ——垂直于拉力方向的齿板截面宽度（mm）；

t_r ——齿板受拉承载力设计值（N/mm）；

k——受拉弦杆对接时齿板抗拉强度调整系数。

受拉弦杆对接时，齿板计算宽度 b_t 和抗拉强度调整系数 k 应按下列规定取值：

1）当齿板宽度小于或等于弦杆截面高度 h 时，齿板的计算宽度 b_t 可取齿板宽度，齿板抗拉强度调整系数应取 $k=1.0$；

2）当齿板宽度大于弦杆截面高度 h 时，齿板的计算宽度 b_t 可取 $b_t=h+x$，x 取值应符合下列规定：

① 对接处无填块时，x 应取齿板凸出弦杆部分的宽度，但不应大于 13mm；

② 对接处有填块时，x 应取齿板凸出弦杆部分的宽度，但不应大于 89mm。

3）当齿板宽度大于弦杆截面高度 h 时，抗拉强度调整系数 k 应按下列规定取值：

① 对接处齿板凸出弦杆部分无填块时，应取 $k=1.0$；

② 对接处齿板凸出弦杆部分有填块且齿板凸出部分的宽度≤25mm 时，应取 $k=1.0$；

③ 对接处齿板凸出弦杆部分有填块且齿板凸出部分的宽度>25mm 时，k 应按下式计算：

$$k=k_1+\beta k_2 \tag{4-30}$$

式中 $\beta=x/h$；

k_1、k_2——计算系数，应按表 4-10 的规定取值。

4）对接处采用的填块截面宽度应与弦杆相同。在桁架节点处进行弦杆对接时，该节点处的腹杆可视为填块。

计算系数 k_1、k_2 **表 4-10**

弦杆截面高度 h（mm）	k_1	k_2
65	0.96	−0.228
90～185	0.962	−0.288
285	0.97	−0.079

注：当 h 值为表中数值之间时，可采用插入法求出 k_1、k_2 值。

（3）齿板受剪设计承载力

$$V_r=v_r b_v \tag{4-31}$$

式中 b_v——平行于剪力方向的齿板受剪截面宽度（mm）；

v_r——齿板受剪承载力设计值（N/mm）。

（4）齿板剪-拉复合设计承载力

$$C_r=C_{r1}l_1+C_{r2}l_2 \tag{4-32}$$

$$C_{r1}=V_{r1}+\frac{\theta}{90}(T_{r1}-V_{r1}) \tag{4-33}$$

$$C_{r2}=T_{r2}+\frac{\theta}{90}(V_{r2}-T_{r2}) \tag{4-34}$$

式中 C_{r1}——沿 l_1（图 4-28）齿板剪-拉复合设计承载力（N）；

C_{r2}——沿 l_2（图 4-28）齿板剪-拉复合设计承载力（N）；

l_1——所考虑的杆件水平方向被齿板覆盖的长度（mm）；

l_2——所考虑的杆件垂直方向被齿板覆盖的长度（mm）；

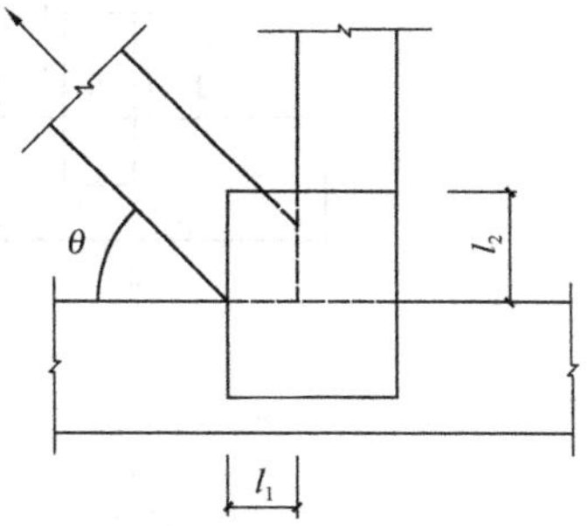

图 4-28 齿板剪-拉复合受力

V_{r1}——沿 l_1 齿板抗剪设计承载力（N）；

V_{r2}——沿 l_2 齿板抗剪设计承载力（N）；

T_{r1}——沿 l_1 齿板抗拉设计承载力（N）；

T_{r2}——沿 l_2 齿板抗拉设计承载力（N）；

θ——杆件轴线夹角（°）。

（5）板齿抗滑移承载力

$$N_s = n_s A \tag{4-35}$$

式中 n_s——齿抗滑移承载力（N/mm^2）；

A——齿板表面净面积（mm^2）。

（6）承载力设计值 n_r、t_r、v_r、n_s 的确定

1）齿板承载力设计值 n_r

① 若荷载平行于齿板主轴（$\theta=0°$）

$$n_r = \frac{P_1 P_2}{P_1 \sin^2\alpha + P_2 \cos^2\alpha} \tag{4-36}$$

② 若荷载垂直于主板（$\theta=90°$）

$$n'_r = \frac{P'_1 P'_r}{P'_1 \sin^2\alpha + P'_r \cos^2\alpha} \tag{4-37}$$

式中 P_1、P_2、P'_1、P'_2——取值为 10 个与 α、θ 相关的齿极限承载力试验中的 3 个最小值的平均值除以系数 k。

确定 P_1、P_2、P'_1、和 P'_2 时所用的 θ 与 α 取值如下：

P_1：$\alpha = 0°, \theta = 0°$；P_2：$\alpha = 90°, \theta = 0°$

P'_1：$\alpha = 0°, \theta = 90°$；$P'_2$：$\alpha = 90°, \theta = 90°$

我国《木结构试验方法标准》GB/T 50329 规定了 P_1、P_2、P'_1和 P'_2 可通过四种标准试验得到齿板的极限承载力，试件与荷载加载方向如图 4-29 所示。

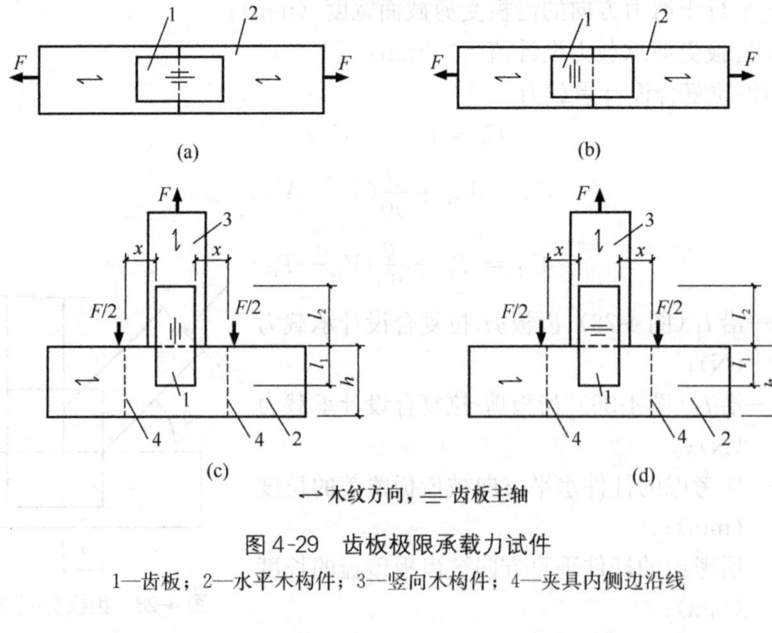

图 4-29 齿板极限承载力试件

1—齿板；2—水平木构件；3—竖向木构件；4—夹具内侧边沿线

③ 系数 k 应按下式计算：

对阻燃处理后含水率小于或等于15%的规格材：

$$k = 1.88 + 0.27r \tag{4-38}$$

对阻燃处理后含水率大于15%且小于20%的规格材：

$$k = 2.64 + 0.38r \tag{4-39}$$

对未经阻燃处理含水率小于或等于15%的规格材：

$$k = 1.69 + 0.24r \tag{4-40}$$

对未经阻燃处理含水率大于15%且小于20%的规格材：

$$k = 2.11 + 0.3r \tag{4-41}$$

式中 r——恒载标准值与活载标准值之比，$r = 1.0 \sim 5.0$；若 $r < 1.0$ 或 > 5.0，则取 $r = 1.0$ 或 5.0。

④ 当齿板主轴与荷载方向夹角 θ 不等于“0°”或“90°”时，齿承载力设计值应在 n_r 与 n'_r 之间用线性插值法确定。

2）齿板受拉承载力设计值 t_r

取3个受拉极限承载力校正试验值中2个最小值的平均值除以1.75即得出 t_r。

3）齿板受剪承载力设计值 v_r

取3个受剪极限承载力校正试验值中的2个最小值的平均值除以1.75即得出 v_r。若齿板主轴与荷载方向夹角不同于试验方法中的角度，则齿板受剪承载力设计值应按线性插值法确定。

4）齿抗滑移承载力 n_s

① 若荷载平行于齿板主轴（θ=0°）

$$n_s = \frac{P_{s1} P_{s2}}{P_{s1}\sin^2\alpha + P_{s2}\cos^2\alpha} \tag{4-42}$$

② 若荷载垂直于齿板主轴（θ=90°）

$$n'_s = \frac{P'_{s1} P'_{s2}}{P'_{s1}\sin^2\alpha + P'_{s2}\cos^2\alpha} \tag{4-43}$$

式中 P_{s1}、P_{s2}、P'_{s1}、P'_{s2}——取值按试验时木材连接处产生0.8mm相对滑移时的10个齿极限承载力试验值的平均值除以系数 k_s。

确定 P_{s1}、P_{s2}、P'_{s1} 和 P'_{s2} 时采用的 θ 与 α 取值如下：

$$P_{s1}:\alpha = 0° \quad \theta = 0°；P_{s2}:\alpha = 90° \quad \theta = 0°$$

$$P'_{s1}:\alpha = 0° \quad \theta = 90°；P'_{s2}:\alpha = 90° \quad \theta = 90°$$

③ 对含水率小于或等于15%的规格材，$k_s = 1.40$；对含水率大于15%且小于20%的规格材，$k_s = 1.75$。

④ 当齿板主轴与荷载方向夹角 θ 不等于“0°”或“90°”时，齿抗滑移承载力应在 n_s 与 n'_s 之间用线性插值法确定。

Reading Material 4
Connections in Timber Construction

Cost-effective and structurally sound connections present a critical challenge when considering the performance of a structure. Many examples illustrate that individual members need to be connected to form the structural system in wooden buildings. For example, beams need to be connected to the headers or girders to form the framing of the floor and sheathing needs to be connected to the frame to form the cover of the floor (Figure 4-1). In the wall of a wood-frame building, the vertical studs, top and sill plates, and sheathing cover are connected via nails and further connected to the foundation via hold-down devices and anchor bolts (Figure 4-2). For longer span applications, the length of the most common structural member (sawn lumber) is limited by the length of the sawn logs (five to six meters) and the desired span may be longer than the available member length; therefore, long-distance spans require connection, splicing/jointing techniques or trusses.

Wood is easily drilled or shaped (e. g. , sawing) to facilitate a connection. A wide range of connectors and connection methods is available. Cost effective, elegant and safe connection solutions are possible when designers possess a good understanding of the structural properties of wood in relation to commercially-available connectors or one-of-a-kind connector systems. For example, the anisotropic wood properties yield relatively low strengths in tension perpendicular-to-grain, shear and embedment. These properties can lead to a need for large spacing, edge-distance, and end-distance for some types of connections to avoid splitting problems. This combination could further lead to a rather large load transfer area and member size; therefore, an uneconomical solution would result. Alternatively, with proper knowledge, the designer can take advantage of the relatively high compression strength of wood and design the connections to by-pass the weaknesses in wood products to produce cost effective, structurally sound solutions. This possibility is especially relevant in long span heavy timber construction, where the cost competitiveness of the structural solution often hinges on the connection design that can govern the fabrication and installation costs of the building components.

Many solutions are available to the structural designers when detailing proper connectors for a building. Examples include the most widely used connectors (common nails, screws, and bolts (Figures 4-1 to 4-3)), the combination of two common connectors (bolts and timber rivets (Figure 4-4)), more exotic traditional connectors (Figure 4-5), one-of-a-kind special connections (Figure 4-6), off-the-shelf proprietary connection systems such as metal truss plates (Figure 4-7) or hold-down devices and joist hangers. The designer can achieve a cost-effective and elegant structural solution with a thorough understanding of the mechanical fundamentals of wood and wood products. Many good references are available on the subject of timber connection (Madsen 2000, Larsen 2003, Blass 2003, Aicher 2003, and Nielsen 2003). This document reviews some of the more commonly available connectors for wood and wood product, discusses the fundamental concept of brittle versus ductile connection from the point of view of a single connector to a group of connectors, explains the concept of European yield theory and introduces some of the newer connection systems.

Figure 4-1　Examples of connections in wood frame floors

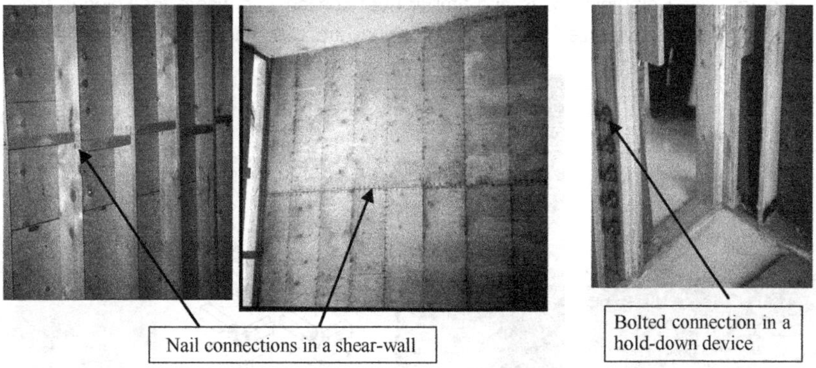

Figure 4-2　Some examples of connections in wood frame walls

Figure 4-3 Bolted heavy timber connections

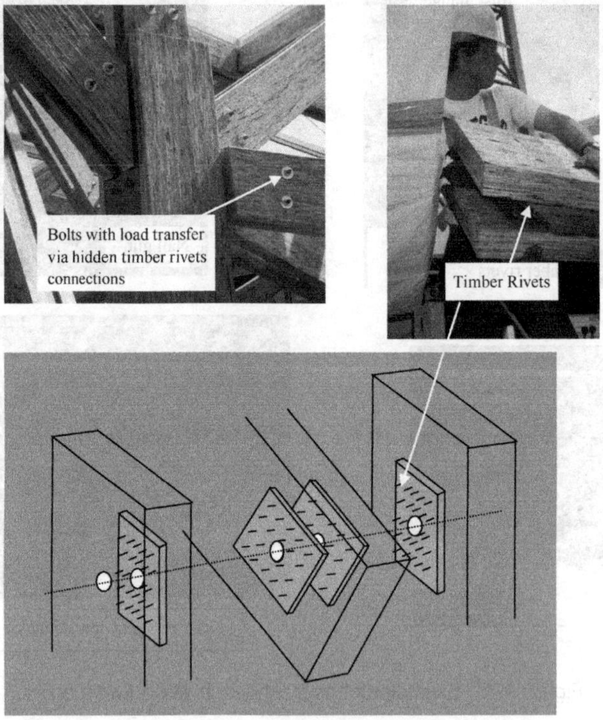

Figure 4-4 Combining bolts and timber rivet connections where the holes in the timber are oversized slightly to allow load transfer via the timber rivets

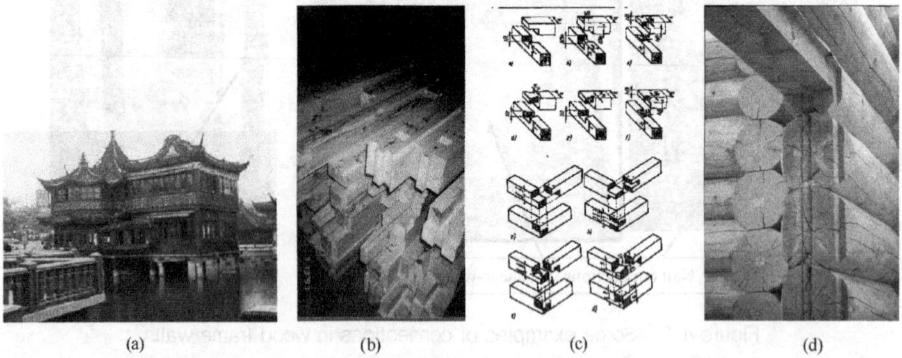

(a) (b) (c) (d)

Figure 4-5 Traditional connection method

(a) Yu Garden in Shanghai where not a single metal fastener is used; (b) Sill (Dodai) connection in Japanese post-and-beam systems; (c) Examples of some classical European connection methods; (d) Joints in log homes

Figure 4-6 Examples of some sophisticated connection systems for heavy timber construction

Figure 4-7 Examples of metal truss plates

Brittle Versus Ductile Connection

In general, under tension perpendicular-to-grain or shear failure modes, wood is considered brittle where sudden failure without obvious signs of distress can occur. In other modes of loading such as compression perpendicular-to-grain wood is very ductile where large deformation is observed before failure. Ductility allows us to detect distress in a structure while allowing different components within structure to share and redistribute the applied loads. Consider a common multiple bolts connector as a system: ductility influences the amount of load carried by each bolt, which, in turn, governs the failure mode and the capacity of the connector. In this case, workmanship or the connection's fabrication precision strongly influences performance. It is undesirable to design a strong but brittle connection and equally undesirable to have a weak but ductile connection. A proper balance of both strength and ductility creates a good connection system. In this section, the concept of ductility and strength will be explained from the point of view of a single connector to multiple connectors by examining some common connectors such as nails, timber rivets and bolts/dowels.

A wood structure connection consists of several components such wood, steel, glue and etc. The connection's characteristic depends on the properties of its components and how these properties relate to each other. Let us look at the most common connector, a nail. A nail connection can behave in a very ductile mode. The nail is relatively slender and its stiffness level combines well with the stiffness of the wood. Under lateral loading, a nail connection behaves like a beam support in a foundation (wood medium surrounding the nail). Under relatively light load levels, the wood behaves elastically; upon higher loads, a nonlinear inelastic response takes place. Figure 4-8 represents a steel dowel supported by inelastic foundation.

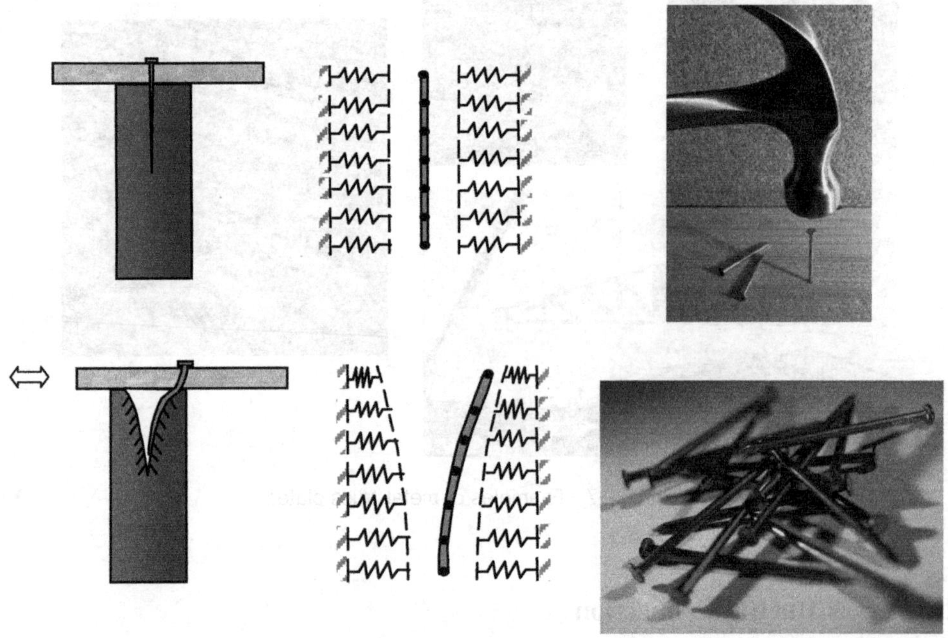

Figure 4-8 Schematic representation of a nail as a steel dowel on inelastic foundation

Upon high levels of reverse cyclic loading, such as lateral forces from earthquakes, the load deformation relationship of a nail connection takes on various shapes (Figure 4-9). As the wood medium is crushed by the steel dowel, the hysteresis loops exhibit pinched and asymmetric characteristics indicating strength and stiffness degradations. Eventually, a gap forms between the nail and the wood and this gap enlarges upon increasing reserve cyclic loads. This action causes the strength and stiffness degradation of the connection as exhibited by the pinching of the loops.

Figure 4-9 shows the test results of a simple nail joint and the prediction results from a finite element analysis of a nail based on the analog in Figure 4-8. The nonlinear spring stiffness is obtained by model calibration against monotonic static test results of a nail connection. The model agrees quite well with the test data in the sense that it shows the major characteristics of the load slip relationship.

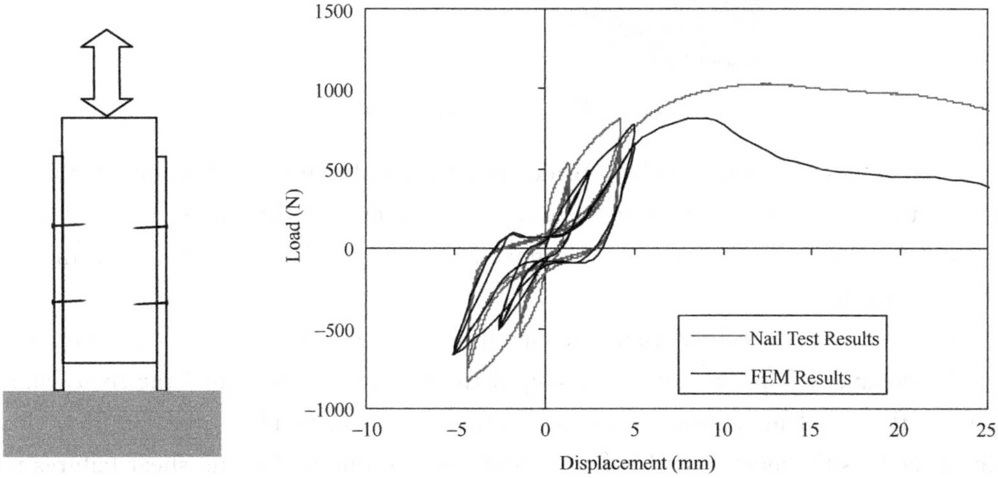

Figure 4-9 Schematic representation of a nail as a steel dowel on inelastic foundation

Another example of a nail-type of connector is the timber rivet, a steel-to-wood connector. The timber rivet differs from the common nail primarily in its oblong cross-sectional shape. It was designed to be installed into a wood member through a steel side plate with predrilled round holes. The major axis of the rivet cross-section is intended to be aligned along the grain direction. The tapered head of the rivet should sit firmly in the pre-drilled steel side plate while maintaining a minimum two millimeter head projection above the plate. The tapered head deforms the hole in the steel side plate and wedges itself tightly in the hole to provide additional fixity of the head against movement. The resulting connection is much stiffer and stronger than a similar connection using common nails.

In general, the timber rivets suit heavy timber construction very well. Nevertheless, on-site installation of timber rivets can be time consuming if the connection position makes installation difficult. Figure 4-10 illustrates the combination of timber rivets and bolts to form an effective and elegant solution. A cluster of rivets is usually applied over a prescribed area. If the spacing is too small, splitting or other undesirable situations result: the minimum spacing parallel-and perpendicular-to-grain is 25 and 15mm, respectively. Minimum edge distances in the wood of 25 and 50mm are required for the free edge and the loaded edge, respectively.

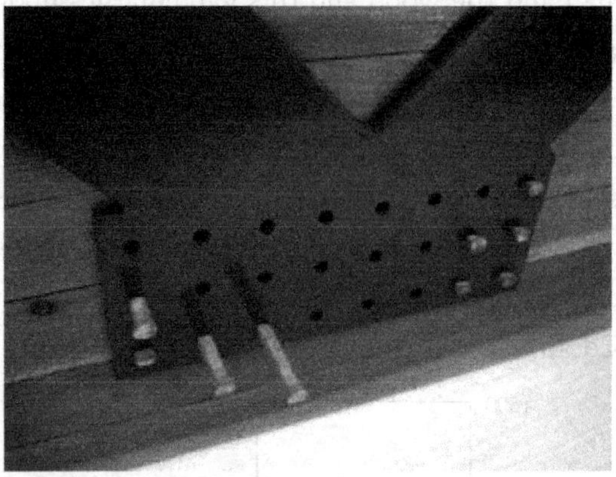

Figure 4-10 Timber rivet connection

Three modes of failures can be considered in the parallel-to-grain load direction: 1) yielding of the rivet with crushing of the wood medium around the rivet; 2) failure of the wood in tension parallel to grain at the connection edge; 3) shear plug failure of the wood around the rivet.

In the tension-parallel-to-grain load direction, two modes of failures can be considered: 1) yielding of the rivet with crushing of the wood medium around the rivet, and 2) failure of the wood in tension at the connection edge (shear plug type failure). Rivet yielding mode is the most desirable failure mode as tension parallel and shear failures tend to be brittle. The configuration of the rivets in the connection can be designed to control the failure mode of the timber rivet connection. In general, the designer should avoid loading modes that are reliant upon the tensile perpendicular capacity of wood member.

Bolts and Dowels

Bolts and dowels commonly connect purlin to beam, beam to column, or column to base in wooden buildings. These connections typically involve pre-drilling of the wood and/or steel side plates so that the metal connector can insert into the members to make the connection. Wood-to-wood connections or wood-to-steel side plates connections are commonly made (Figure 4-11). In more sophisticated applications, steel plates can be inserted into pre-manufactured slots in the timber to offer a partially concealed connection that improves fire ratings and provides an aesthetically pleasing solution (Figures 4-12 and 4-13).

In bolt and dowel connections, the loads are transferred primarily through the surface area of the bolt on the wood members. The bolts can offer additional resistance via the tensile action in the fasteners since the ends of the bolts are restrained from moving into the

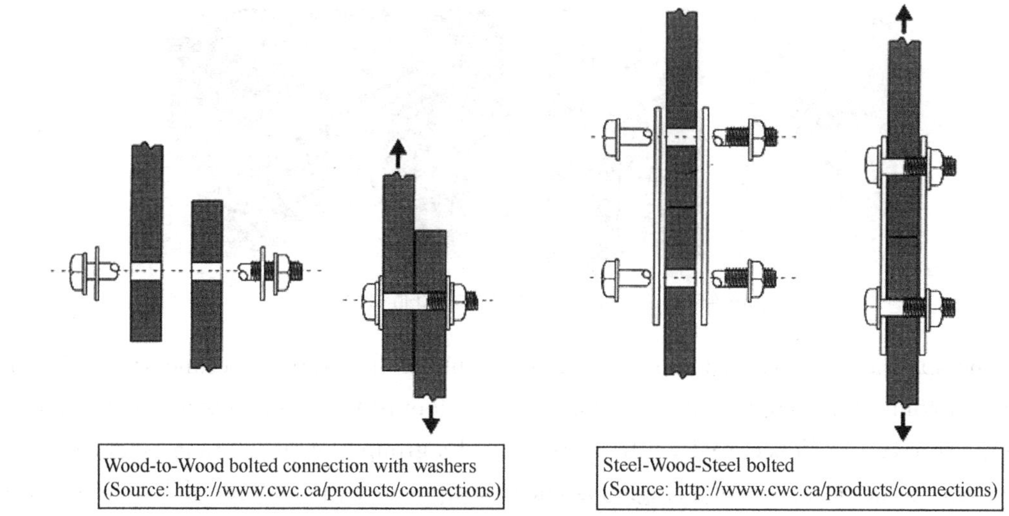

Wood-to-Wood bolted connection with washers
(Source: http://www.cwc.ca/products/connections)
Steel-Wood-Steel bolted
(Source: http://www.cwc.ca/products/connections)

Figure 4-11 Bolt connections

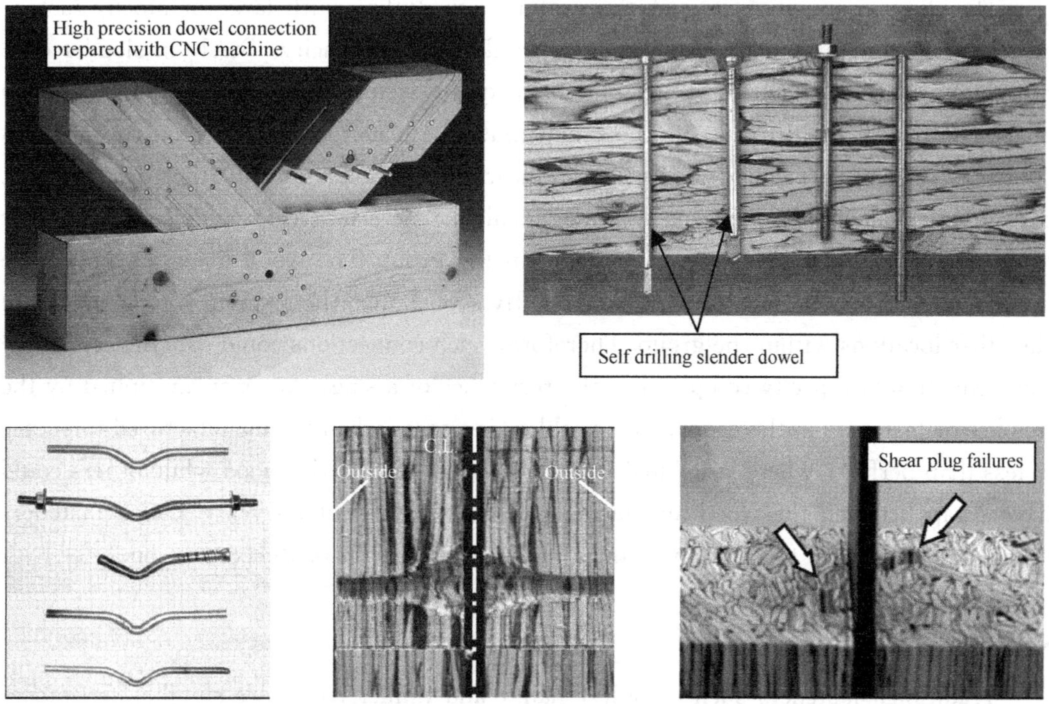

Figure 4-12 Dowel connections

wood. The connection's performance depends on the slenderness of the bolt in relation to the properties of the wood where diameter-to-length ratio defines slenderness. The bolt's position in relation to a connection area affects building design where minimum end distance is based on bolt diameter and wood species, while minimum edge distance and spacing requirements are based on bolt diameters.

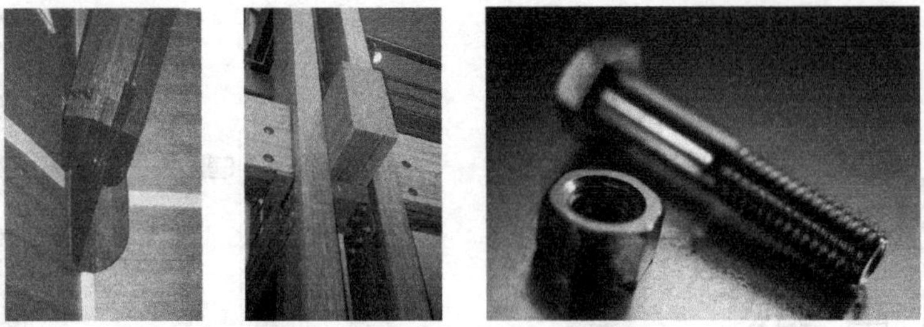

Figure 4-13 Connections with slotted in steel plates

The spacing, edge and end distance requirements are based on experimental studies of groups of connectors. These distances allow the development of a reasonable resistance level in the connection. Conceptually, the resistance of a group of connectors is assumed to be equivalent to the resistance of a single fastener multiplied by the number of fasteners (provided that the fasteners are very slender with good manufacturing tolerance, e. g. , precision drilling).

The above assumption is no longer valid when dealing with large or stocky fasteners. In fact, test results indicate a significant reduction in capacity. Steel, in slender connectors with good manufacturing tolerance, often yields and deforms under applied loads. A group of such connectors can redistribute the loads before the wood ruptures via splitting, tension-perpendicular-to-grain or shear. Stocky bolts, on the other hand, do not deform much under load: one or two individual fasteners may carry significantly higher loads compared to the rest of the fasteners in the group. The wood medium, under the highly stressed fasteners, could fail significantly sooner than the medium with fasteners in the other locations within the group. Therefore, such connections could experience significant reduction in capacity compared to the resistance of a single fastener multiplied by the number of fasteners in the group. This problem increases when the manufactured tolerance is less than perfect, where individual fasteners would bear on the wood while others could have a gap between the wood and fastener. Again, individual unevenly loaded fasteners would cause localized fracture and reduce the overall capacity of the connection.

Self-tapping Wood Screws

Traditional fasteners such as bolts, nails, and timber rivets are suitable as connections for mass timber construction. Resistance of these fasteners is typically achieve from dowel bearing mode when the fastener reacts against the wood substrate in bearing under the applied load. A relatively new type of fastener is the self-tapping wood screws (STS). These screws are either fully threaded or partially threaded and, in general, come in nominal diameter of 6mm, 8mm, 10mm and 12mm. Some screws can be over a meter long. Typically, their installation does not require predrilling; therefore, they can be installed quickly and easily into the wood. In cases when predrilling is required because high density wood is involved or a lead hole is needed to guide the installation angle, the size of the predrill hole should be less than the diameter of the screw shank. When STS are installed in a group, the minimum spacing requirement between the screws and the minimum edge distance (between the screw location and the edge of the member) are 5 to 7.5 times the nominal screw diameter. Minimum end distance (between the screw and the end of the member) typically ranges from 12 to 18 times the nominal screw diameter. Typically, fitting a group of STS within the width and length of mass timber elements does not govern the design. Because of their robustness and ease of installation, STS are very well suited for applications in connections for mass timber elements. Figures 4-14 and 4-15 show some examples of fully threaded STS and the installation of a long STS, respectively.

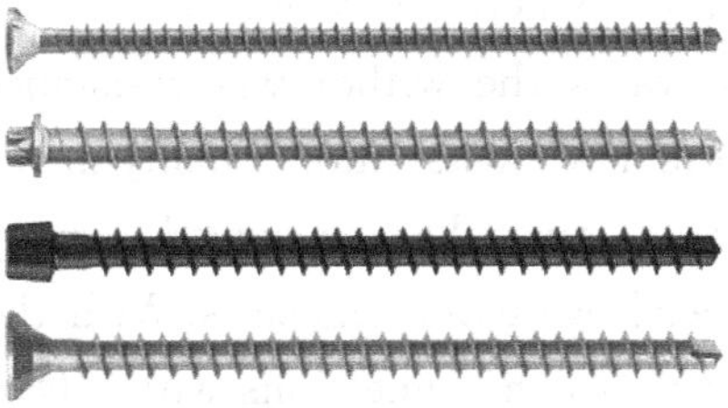

Figure 4-14 Examples of STS

Figure 4-15 A long STS being installed at 90° to the wood grain

As these screws are optimized for axial loading, the withdrawal strength of these fasteners is one of the parameters that directly controls the structural performance of connections made with these STS. In turn, the withdrawal characteristics of these fasteners are influenced by the proprietary design parameters of the screws including the type of steel, the metallurgical treatment of steel, and the geometry of different components of the screw (see Figure 4-16). Given a type of STS, its withdrawal capacity depends on the shank diameter, the penetration length of the thread, the angle of screw penetration relative to the wood grain, and the type of wood and the density of wood.

With the traditional dowel type timber fasteners such bolted connection, as the number of fasteners and the diameter of fastener increase, splitting based brittle failure modes govern the design. This is because wood has relatively low tension perpendicular to grain strength. STS are very much suited to reinforce the connection against tension perpendicular to grain failures. It is also possible to reinforce the wood against the shear and the compression perpendicular to grain failures.

STS can also be installed at 90° to wood grain through the thickness of the member to connect mass timber via lap joints or splines. To take better advantage of the length of the

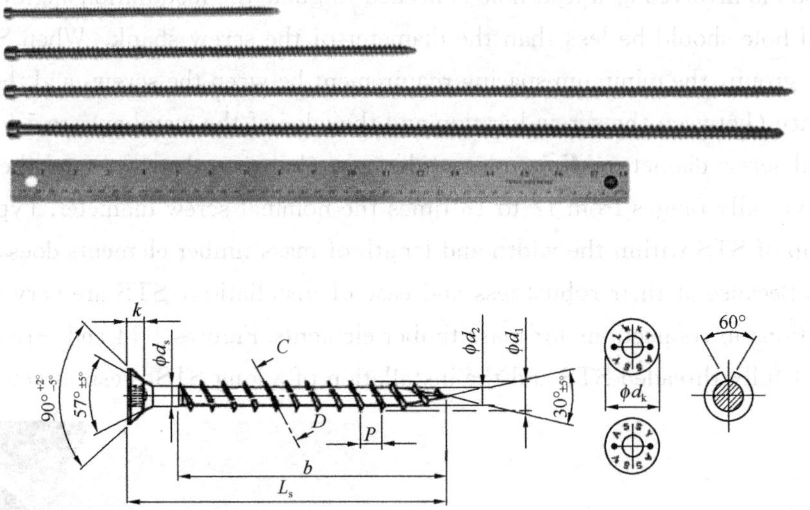

Figure 4-16 Some of the geometric variables that influence the performance of STS

screws, STS can be installed at an inclined angle (θ) where $30^\circ < q < 90^\circ$. Using inclined STS in a connection subject to lateral load activates the withdrawal resistance of the STS. This can result in high resistance compared to a 90° installation. Finally in N. America, STS are proprietary products. STS from manufacturer has its own design properties that are published in evaluation report from official evaluation agencies. With these published design values and procedures, engineers can design connections with STS either to reinforce the connection or as positive connecting elements.

Summary

Connection design is one of the most essential aspects of a modern timber engineering design code. Quick examination of such a code reveals that the connection chapter is typically the largest section of the code. Often key to a successful design is to ability to detail safe, cost effective and elegant solutions that require low maintenance. During the detailing of connections of the wood anisotropic properties, designers must attempt to minimize stressing the connection in tension perpendicular-to-grain. One must also keep in mind the hygroscopic nature of wood; i. e., wood absorbs and gives up moisture within its environment throughout its service life. Special consideration in connection design is necessary so that swelling or shrinkage in the wood does not create undesirable tension perpendicular-to-grain stresses in the member. Finally, a good design is fabrication friendly and successful implication of a good design needs good workmanship and well-controlled manufacturing tolerance.

Finally, in more advanced applications, reinforcements can improve the tensile perpendicular-to-grain and/or shear resistance in a wood connection. This is an interesting topic of research in modern timber engineering that investigates the combination of the positive attributes of wood and other structural materials. Examples of these reinforcement techniques include gluing of fiberglass or other fabrics, application of punched metal truss plates, installation of reinforcement screws through the perpendicular-to-grain direction. Refinement of these techniques leads the way to potential commercial application where savings and highly efficient connections systems can be achieved.

思考题

4.1 试列举木结构常用节点类型。

4.2 试阐述木结构节点设计原则。

4.3 木结构齿连接设计应考虑哪几种破坏模式?

4.4 木结构钉连接和螺栓连接设计应考虑哪几种破坏模式?

4.5 木结构齿板连接设计应考虑哪几种破坏模式?

4.6 试列举木结构高性能节点，并解释为何其应用不如普通节点广泛。

4.7 试介绍木结构设计时如何选择节点类型。

4.8 试根据你的理解，推荐一种木结构理想连接方法，并尽可能给出节点构造的细节。

计算题

4.1 某单齿连接节点如题 4.1 图所示，节点内力 N=70kN，T=60kN。节点木材强度等级为 TC15A，相关木材材性可参考表 2-5 确定且忽略强度调整系数。如不考虑保险螺栓的设计，请校核该单齿连接节点的各项承载力。

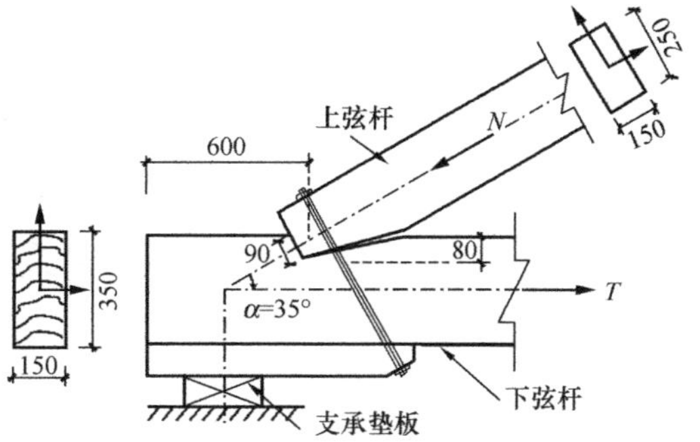

题 4.1 图　单齿连接节点尺寸 (单位：mm)

4.2 某双齿连接节点及其所受荷载如题 4.2 图所示（上下弦杆截面宽度相同）。已知该节点木构件的强度等级为 TC15A。如果木材材性可直接根据表 2-5 确定且无需折减，请对该双齿连接节点进行安全校核（忽略保险螺栓的承载力验算）。

4.3 某双剪多螺栓节点如题 4.3 图所示。节点木材强度等级为 TC15A，受拉构件以及螺栓间距如图中所示，试分析：

(1) 如果螺栓直径 18mm，图中螺栓间距是否满足构造要求?

(2) 假定节点发生螺栓屈服的破坏模式，请选择螺栓直径和木材最小厚度。

(3) 当节点所受拉力 T_0=80kN 时，试校核节点承载力是否满足要求。

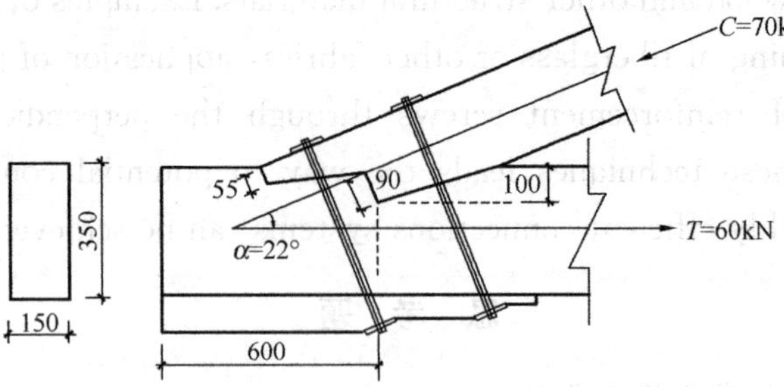

题4.2图 双齿连接节点尺寸（单位：mm）

(4) 如果节点所受拉力 T_{30} 与木材纹理的夹角 $\alpha=30°$，试计算节点所能承受的最大拉力 T_{30} 的数值。

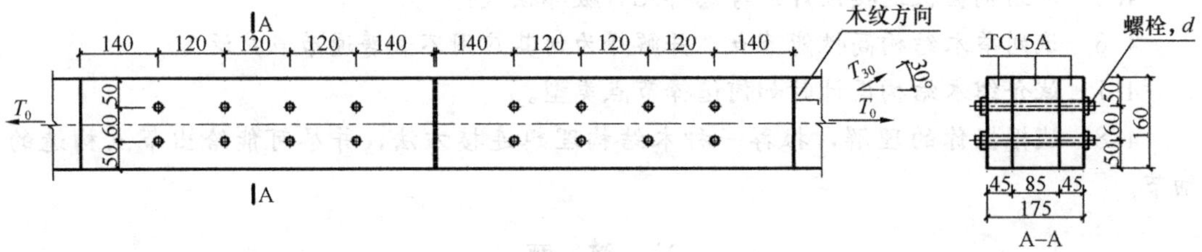

题4.3图 双剪螺栓连接节点尺寸（单位：mm）

5　木结构建筑设计

木结构体系常分为“方木原木结构”“胶合木结构”“轻型木结构”和“正交胶合木结构”等。“方木原木结构”是指承重构件采用方木或原木制作的单层或多层木结构；“胶合木结构”是指承重构件采用胶合木制作的结构体系；“轻型木结构”是指用规格材及木基结构板材或石膏板制作的木构架墙体、楼板和屋盖系统构成的单层或多层建筑结构；而“正交胶合木结构”则是采用正交胶合木板作为墙板和楼板通过连接形成低层、多层甚至高层结构体系。从结构体系而言，“方木原木结构”和“胶合木结构”都是通过梁和柱将荷载传递到基础，可称为“梁柱结构体系”（Post and beam construction）；而“轻型木结构体系”（Light wood frame construction）和“正交胶合木结构”（Cross laminated timber structure）其抗侧力体系是墙体，竖向荷载和水平荷载是通过墙体传递到基础。相对而言，轻型木结构墙体用料经济，一般用于低层和多层结构体系；而正交胶合木结构，因其墙体抗侧强度高、抗侧刚度大，常用于多层和高层木结构中。随着建筑物高度的增大或使用功能的需求提高，木-混凝土混合结构、木-钢混合结构等木混合结构也不断涌现，在此不作一一介绍。本章主要介绍中国传统木结构体系、现代梁柱结构体系和轻型木结构体系的设计方法。

5.1　设计概述

5.1.1　设计基本准则

（1）设计使用年限

木结构设计采用以概率理论为基础的极限状态设计法。以可靠度指标度量构件可靠度，采用分项系数的设计表达式。

设计时根据建筑功能需求按表 5-1 的基本规定确定设计使用年限。一般民用建筑房屋的设计使用年限是 50 年；某些临时展馆，其设计使用年限可为 5 年；一些重要的标志性建筑物，其设计年限可为 100 年。

设计使用年限　　表 5-1

类别	设计使用年限	示例
1	5 年	临时性建筑结构
2	25 年	易于替换的结构构件
3	50 年	普通房屋和一般构筑物
4	100 年及以上	标志性建筑和特别重要的建筑结构

（2）结构安全等级

根据木建筑结构破坏后果的严重程度，其安全等级可划分为三个等级，见表 5-2。一般民用建筑设计安全等级为二级。对有特殊要求的建筑物、文物建筑和优秀历史建筑，其安全等级可根据具体情况另行确定。建筑物中各类结构构件的安全等级，宜与整个结构的安全等级相同，对其中部分结构构件的安全等级，可根据其重要程度适当调整，但不得低于三级。

建筑结构的安全等级 **表 5-2**

安全等级	破坏后果	建筑物类型
一级	很严重	重要的建筑物
二级	严重	一般的建筑物
三级	不严重	次要的建筑物

(3) 设计基准期

木结构设计时，其活荷载代表值按照设计基准期为 50 年选取，对于重要的代表性建筑物，其设计基准期可提高。

5.1.2 结构布置要求

在风荷载与地震作用等水平荷载作用下，结构需具有良好的抗侧承载力和变形性能，要求结构规则、整体性好，且具有良好的延性和冗余度。

(1) 规则性

规则性要求结构具有合理的刚度和承载力分布，一是减少结构的扭转振动导致的结构反应增大；二是避免因局部削弱或突变形成薄弱部位产生过大的应力集中或塑性变形集中。比如木结构连接处是结构耗能的关键部位，不规则等因素引起的房屋整体扭转效应将加剧部分构件节点处的剪力、弯矩和扭矩，造成节点处连接部位的木材横纹受拉和受剪等不利状态，因此满足结构的规则性要求有利于建筑物抗风和抗震性能。

木结构建筑的结构体系平面布置宜简单、规则，减少偏心。楼层平面宜连续，不宜有较大凹凸或开洞；竖向布置宜规则、均匀，不宜有过大的外挑和内收。结构的侧向刚度沿竖向自下而上宜均匀变化，竖向抗侧力构件宜上下对齐，并应可靠连接；结构薄弱部位应采取措施提高抗震能力；当有挑檐时，挑檐与主体结构应具有良好的连接。

木结构建筑的不规则类型详见表 5-3。

木结构建筑不规则类型 **表 5-3**

方向	类型	定义
平面不规则	扭转不规则	在具有偶然偏心的水平力作用下，楼层最大弹性水平位移（或层间位移）大于该楼层两端弹性水平位移（或层间位移）平均值的 1.2 倍，为扭转不规则；大于该楼层两端弹性水平位移（或层间位移）平均值的 1.4 倍，为扭转特别不规则
	凹凸不规则	结构平面凹进的尺寸大于相应投影方向总尺寸的 30%
	楼板局部不连续	① 有效楼板宽度小于该层楼板标准宽度的 50% ② 开洞面积大于该层楼面面积的 30% ③ 楼层错层超过层高的 1/3

续表

方向	类型	定义
竖向不规则	侧向刚度不规则	① 该层的侧向刚度小于相邻上一层的 70% ② 该层的侧向刚度小于其上相邻三个楼层侧向刚度平均值的 80% ③ 除顶层或出屋面的小建筑外，局部收进的水平向尺寸大于相邻下一层的 25%
	竖向抗侧力构件不连续	上下层抗侧力单元之间的平面错位大于楼盖搁栅高度的 4 倍或平面错位大于 1.2m
	楼层承载力突变	抗侧力结构的层间受剪承载力小于相邻上一楼层的 65%

(2) 整体性

整体性是指结构体系空间整体性能良好，抗侧力结构体系应受力明确、传力合理且不间断，各抗侧力构件受力均匀、变形协调。现代木结构房屋各构件往往采用金属连接件进行连接，连接的可靠性和稳定性是确保结构整体性的重要环节，结构的所有构件必须与支承构件相连。特别在风荷载作用下，飓风或龙卷风常导致构件间连接的失效，进而导致整个结构的失效。为此，连接处的多道防线，如抗拉锚固件、屋架锚固件是不可缺少的附加连接件。

(3) 高宽比

一般情况下，木结构的高度有限，其结构的高宽比较小。但由于木结构自重轻，较混凝土结构更易发生倾覆。为此，《多高层木结构建筑技术标准》GB/T 51226 中对木结构的高宽比有一定的要求，即 6 度、7 度区，正交胶合木结构和混凝土核心筒木结构高宽比不大于 5，其他木结构和上下混合木结构其高宽比不大于 4，而 8 度、9 度区上述所有结构的高宽比分别不大于 3 和 2。当不符合该规定时，结构的整体稳定性应进行验算。

(4) 最大高度

木结构房屋的高度由其材料的最优适应性确定，兼顾结构整体的抗火性能和抗震能力。房屋所选用的材料和结构形式密切相关，一般根据房屋的建筑功能进行选择。表 5-4 给出了轻型木结构、胶合木结构、正交胶合木结构，以及上述结构与混凝土结构的混合结构形式的对应最大高度限值，其中木混合结构高度与层数是指建筑的总高度和总层数，房屋高度指室外地面到结构大屋顶板面的高度，不包括局部突出屋顶的水箱和机房等部分。

多高层木结构建筑适用结构类型、总层数和总高度 **表 5-4**

结构体系	木结构类型	抗震设防烈度									
		6 度		7 度		8 度				9 度	
						0.20g		0.30g			
		高度(m)	层数	高度(m)	层数	高度(m)	层数	高度(m)	层数	高度(m)	层数
纯木结构	轻型木结构	20	6	20	6	17	5	17	5	13	4
	木框架支撑结构	20	6	17	5	15	5	13	4	10	3
	木框架剪力墙结构	32	10	28	8	25	7	20	6	20	6
	正交胶合木剪力墙结构	40	12	32	10	30	9	28	8	28	8

续表

结构体系		木结构类型	抗震设防烈度									
			6度		7度		8度				9度	
							0.20g		0.30g			
			高度(m)	层数	高度(m)	层数	高度(m)	层数	高度(m)	层数	高度(m)	层数
木混合结构	上下混合木结构	上部轻型木结构	23	7	23	7	20	6	20	6	16	5
		上部木框架支撑结构	23	7	20	6	18	6	17	5	13	4
		上部木框架剪力墙结构	35	11	31	9	28	8	23	7	23	7
		上部正交胶合木剪力墙结构	43	13	35	11	33	10	31	9	31	9
	混凝土核心筒木结构	纯框架结构										
		木框架支撑结构	56	18	50	16	48	15	46	14	40	12
		正交胶合木剪力墙结构										

当建筑物平面形状复杂、立面高度差异大或楼层荷载相差较大时，可设置防震缝。防震缝两侧的上部结构应完全分离，防震缝的最小宽度不应小于 100mm；除木混合结构外，木结构建筑中不宜出现表 5-3 中规定的一种或多种不规则类型。当木结构建筑的结构不规则时，应进行地震作用计算和内力调整，并对薄弱部位应采取有效的抗震构造措施。

5.1.3 构件承载力验算

(1) 楼层剪力分配

风荷载或水平地震作用下的楼层剪力由各层的抗侧力构件分担，如柱或墙。分配原则根据楼盖平面内刚度特性，按柔性楼盖假定或刚性楼盖假定进行。

一般情况下，当木楼盖仅由木格栅和木基结构板组成时，由于其平面内刚度较小，难以协同各抗侧力构件的位移，此时按柔性楼盖假定，即楼层剪力按各抗侧力构件的从属面积上重力荷载代表值的比例进行分配，水平作用力的分配可不考虑扭转影响，但是对较长的墙体宜乘以放大系数 1.05～1.10。

对于平面为不规则的木结构建筑，楼盖必须首先设计为刚性楼盖，则楼层水平力按抗侧力构件层间等效抗侧刚度的比例分配，并同时计入扭转效应对各抗侧力构件的附加作用。楼盖平面内刚度是协同各竖向抗侧力构件共同抵抗水平力的必要条件，因此在楼盖设计时，必须在木格栅和木基结构板上铺设不小于 35mm 厚的细石混凝土整浇层或在楼盖平面内增加水平支撑，以提高木楼盖平面内刚度。当楼盖开洞时，应在洞口周围设置附加构件，以保证洞口周边楼盖的平面内力的有效传递。

但有些情况下，个别刚度较小的墙肢分配到的楼层剪力可能小于实际受到的剪力。为安全起见，设计时常按两种假定计算得到的最大剪力值进行抗侧力构件的承载力验算。

(2) 构件承载力验算

对于承载能力极限状态，结构构件应按荷载效应的基本组合，采用下列极限状态设计表达式：

$$\gamma_0 S_d \leqslant R_d \tag{5-1}$$

式中 γ_0 ——结构重要性系数，一般情况下，对应安全等级分别为一级、二级和三级的木结构，分别取 1.1、1.0 和 0.9；

S_d ——承载能力极限状态下作用组合的效应设计值。按现行国家标准《建筑结构荷载规范》GB 50009 进行计算；

R_d ——结构或结构构件的抗力设计值。

当结构需要进行抗震验算时，其结构构件的截面抗震验算应采用下列设计表达式：

$$S \leqslant R/\gamma_{RE} \tag{5-2}$$

式中 γ_{RE} ——承载力抗震调整系数，按表 5-5 取值；

S ——地震作用效应与其他作用效应的基本组合。按现行国家标准《建筑抗震设计规范》GB 50011 进行计算；

R ——结构构件的承载力设计值。

承载力抗震调整系数 **表 5-5**

构件名称	系数 γ_{RE}
柱，梁	0.80
各类构件（偏拉、受剪）	0.85
木基结构板剪力墙	0.85
连接件	0.90

5.1.4 结构水平位移验算

结构的层间位移为结构上下两层的水平位移差，包含三种成分：①竖向构件剪切变形引起的位移；②本楼层竖向构件弯曲变形引起的位移；③下一楼层竖向构件弯曲变形引起的层间位移。层间位移是各竖向和横向结构构件变形的综合反映。

结构位移的验算应采用正常使用极限状态，结构构件应按荷载效应的标准组合，按下列极限状态设计表达式进行验算：

$$S_d \leqslant C \tag{5-3}$$

式中 S_d——正常使用极限状态下作用组合的效应设计值；

C——设计对变形、裂缝等规定的相应限值。

结构的层间位移角是楼层层间最大水平位移与楼层层高之比，是检验和控制建筑抗侧能力的主要宏观指标之一。限制结构的最大层间位移角可以保证结构具有足够的抗侧刚度和抗倒塌的能力，同时也体现了对非结构构件损伤的控制。《多高层木结构建筑技术标准》GB/T 51226 对木结构建筑的弹性层间位移角及弹塑性层间位移角作了相关规定，详见表 5-6。

木结构建筑层间位移角限值 **表 5-6**

结构体系	弹性层间位移角	弹塑性层间位移角
轻型木结构	≤1/250	≤1/50
梁柱式木结构	≤1/150	
梁柱-支撑结构	≤1/250	
其他纯木结构	≤1/350	
混凝土核心筒木结构	≤1/800	

5.1.5 设计内容及流程

木结构房屋设计与钢筋混凝土结构、钢结构和砌体结构房屋的设计内容和流程基本相同，主要包含以下内容和步骤：

(1) 结构布置。根据建筑布置，确定各受力构件的截面，确定材料强度和弹性模量等基本力学参数。

(2) 确定荷载和荷载组合。根据结构自重、活荷载以及当地的风荷载和地震设防烈度，确定结构所受的基本荷载及最不利荷载效应组合；抗震设计时应计算水平地震作用，采用地震效应组合；对于大跨构件宜考虑竖向地震作用。

(3) 构件内力计算。根据不同木结构体系，采用合理力学假定，特别是连接节点假定，采用简化方法或三维有限元计算方法得到梁、柱或墙体的剪力、弯矩和轴力。

(4) 结构动力特性和楼层位移角验算。确保结构整体满足设计要求，如不满足，返回第一步，调整结构布置，或调整构件截面，或调整材料强度，重新进行 (1) ～ (4) 的验算。

(5) 构件及连接的承载力验算。对梁、柱或墙体，以及楼（屋）盖构件分别进行承载力验算，对楼面格栅或梁需进行挠度验算，采用最不利组合得到满足设计要求的构件截面。

(6) 对于特别不规则结构或薄弱层，应进行弹塑性分析，验算楼层弹塑性位移角，使其满足设计规范要求。

(7) 根据不同结构体系设计连接节点并按构造要求进行施工图设计。

但是，鉴于组成构件的材料特点不同，构件的连接方法不同，木结构房屋的设计必须基于木结构材料的特性，以及其特定的连接方式进行设计。

5.2 中国传统木结构体系

5.2.1 结构体系特点

从选用材料而言，中国传统木结构房屋的柱、梁、格栅、檩条及斗栱等承重构件的材料采用天然木材（方木或原木），故又称为“方木原木结构”。从结构受力而言，其楼面荷载由梁传递到柱，抗侧力构件也是梁和柱，故又称为“梁柱式木结构”或“木框架结构体系”。但需要注意的是，由于传统木结构中所有的连接都是接触式连接，如梁柱榫卯连接、楼（屋）盖与柱斗栱连接、木柱与础石浮搁放置等，节点处转动难以完全限制，存在较大的相对转动，即难以形成完全抵抗弯矩的作用。因此，该“木框架结构体系”与混凝土框架结构或钢框架结构中特指的传递弯矩的刚性节点有所区别。

中国传统木结构按其建造形式，主要可以分为穿斗式木结构、抬梁式木结构、密梁平顶式木结构和井干式木结构。

(1) 穿斗式木结构

穿斗式木结构的特点是木柱和木梁、木枋的几何尺寸较小，选用较易生长的杉木和松木。木柱和瓜柱（不落地的柱子称为瓜柱）直接承檩，檩条上铺设椽子，椽子上铺设望板和陶瓦或砖瓦。木柱之间用穿透木柱的穿枋连接而成，底部用地枋限制柱底平面内的滑动，提供该榀木构架的平面内整体稳定性。同时，每两榀木构架之间采用斗枋连接，形成空间结构，如图 5-1 所示。

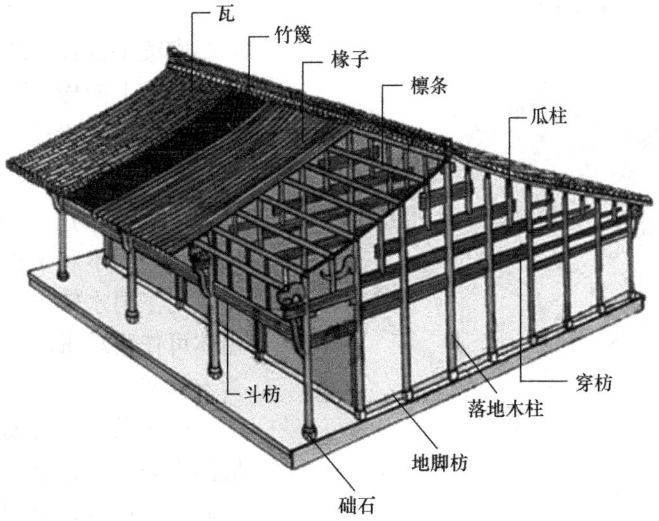

图 5-1 穿斗式木结构示意图

穿斗式木结构中木柱直径通常在 160～260mm 之间。当木柱全部落地时，屋面荷载通过檩条传至木柱，再由木柱传至基础，此时穿枋多为联系作用；当落地木柱与瓜柱相间使用，屋面荷载一部分通过檩条传至落地木柱，再直接传至基础，一部分通过檩条传至瓜柱，由瓜柱传至穿枋，再由穿枋传至木柱，最终传至基础。此时的穿枋需承重，起到梁的作用。穿斗式木结构多用于民居。

(2) 抬梁式木结构

抬梁式木结构主要由柱、梁、檩三类构件组成，以落地木柱为基本支撑，木柱沿房屋进深方向立柱，木柱顶端沿房屋高度方向依次叠梁，梁的长度由下至上逐层减短，层间垫短柱或木块。梁两端承檩，檩上架椽。挑檐一般用斗栱层层叠放扩大，支撑大屋面的悬挑部分。如图 5-2 所示。

图 5-2 抬梁式木结构示意图

抬梁式木结构的屋面荷载由檩条传至木梁，再由木梁传至落地木柱，最后通过立柱传至基础。此类结构传力明确，且屋内立柱较少，空间布置灵活，常用于宫殿、坛庙、寺院等大型建筑物中。

(3) 密梁平顶式木结构

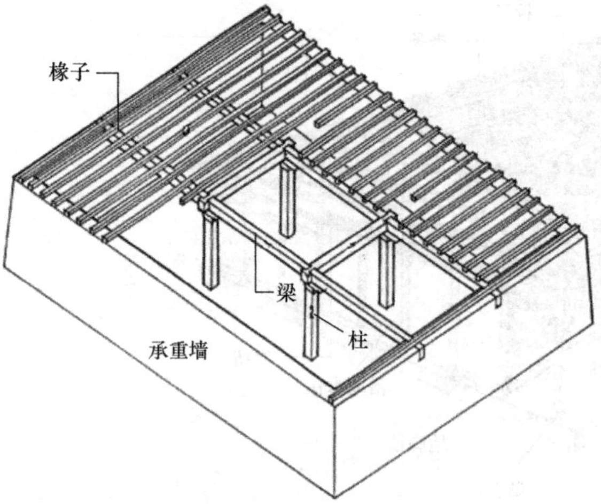

图 5-3　密梁平顶式木结构示意图

密梁平顶式木结构采用纵向柱列承檩，檩上架椽，形成平屋顶。其结构形式类似于梁柱结构，檩条置于柱顶起到主梁的作用，椽子架于檩条上起到次梁的作用，如图 5-3 所示。平顶式木结构不利于排水，此类建筑形式多用于雨水较少的地域。四周围护墙体可作为承重墙使用，屋内空间仍为木构架。

由于传统方木原木结构连接弱，抗侧力较差，地震作用下变形较大。因此，抗震设防烈度为 6～8 度的地区不宜超过两层，总高度不宜超过 6m；9 度时宜建单层，高度不应超过 3.3m；木柱木梁房屋宜建单层，高度不宜超过 3m。

(4) 井干式木结构

井干式木结构是采用截面经过适当加工后的方木、原木和胶合原木作为基本构件，将构件在水平方向上层层叠加，并在构件相交的端部采用层层交叉咬合连接，以此组成的井字形木墙体作为主要承重体系的木结构，也称原木结构，如图 5-4 所示。

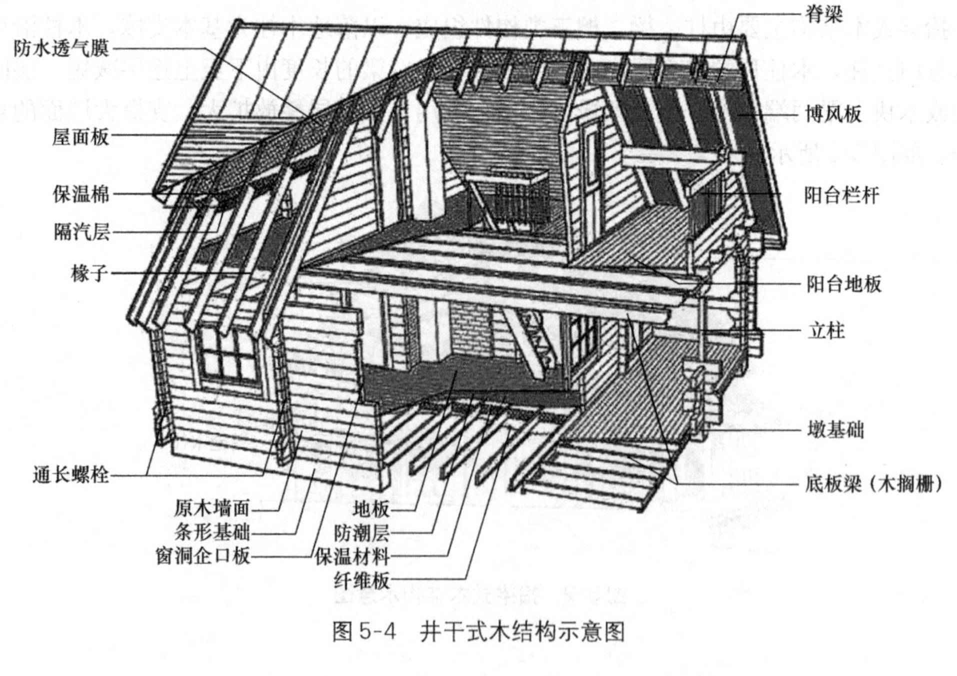

图 5-4　井干式木结构示意图

井干式木结构建筑在我国东北地区又称为“木刻楞”结构，其取材方便、适应性强、抗震能力好、建造速度快且方便，越来越受用户欢迎。但是因为需用大量木材，在绝对尺度和开设门窗上都受很大限制，因此通用程度不如抬梁式构架和穿斗式构架。

5.2.2 梁柱构件设计

木结构梁柱构件应根据端部连接方式确定其支承状况。

在计算假定方面，通常情况下，传统方木原木结构的梁可按两端简支受弯构件计算，柱可按铰接构件计算。另外，为了更加准确地模拟结构体系的受力特征，梁柱的榫卯连接可采用变刚度旋转弹簧等方式模拟其半刚性特征。

结构分析后得到梁、檩条、木枋构件按第3章中的受弯构件进行设计，柱或支撑构件按第3章中的受压构件进行设计。

在构造设计方面，矩形木柱截面尺寸应不小于100mm×100mm，且不应小于被柱所支撑的构件界面宽度。木梁在支座上的最小支承长度不小于90mm，梁与支座应紧密接触，且在支座处应设置防止其侧倾的侧向支承和防止其侧向位移的可靠锚固。木柱与混凝土基础接触面应采取防腐防潮措施。梁采用方木制作时，其截面高宽比不宜大于4。对于高宽比大于4的木梁，应根据稳定承载力的验算结果，采取必要的保证侧向稳定的措施。木梁与砌体或混凝土连接时，木梁不应与砌体或混凝土构件直接接触，应设置防潮层。

5.2.3 节点连接形式

(1) 梁柱连接节点

我国传统木结构由立柱、横梁、顺檩等主要构件建造而成，各个构件之间的连接以榫卯相吻合，见图5-5。榫卯加工目前已可以采用机械加工，将构件刨削成型后结合在一起，用木销或仅利用节点的几何形状固定连接。抬梁式结构中大屋盖与柱之间常用的斗栱连接，在受力时斗栱中的斗与栱相互咬合，在一定程度内可提高结构的耗能能力，在地震作用下起到减震的作用。

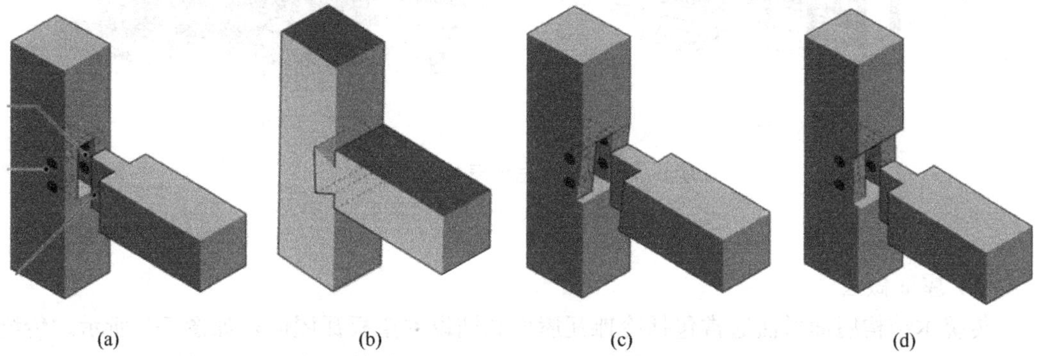

图5-5 梁柱榫卯连接示例
(a) 基本的榫卯连接节点；(b) 燕尾节点；(c) 斜肩榫卯节点；(d) 镶嵌榫卯节点

(2) 柱脚连接形式

木柱作为传统木结构中主要受力构件之一，木柱与础石之间的连接方式可大致分为三种：直接浮搁于础石上、管脚榫和套顶榫，如图 5-6 所示。直接浮搁的柱脚是最常见连接方式，木柱与础石之间并无任何拉结或者联结，础石仅可提供支持力和摩擦力。后两种连接形式分别需要将木柱插入础石中的“海眼”和“透眼”，在实际应用中，管脚榫和套顶榫会更容易腐烂或被真菌附着。因此，在传统木结构中，多采用木柱直接浮搁于础石上的做法，一方面是为了防止木柱在地下受潮腐朽，减小结构承载力降低的风险，另一方面也是将木柱从“固结”节点释放为“滑动”节点，柱与础石之间在大震下处于滑动状态，起到隔震的作用。础石通常高于地面，面积大于木柱截面积，既可以防止木柱的受潮腐朽，又能为木柱的滑移提供余地。

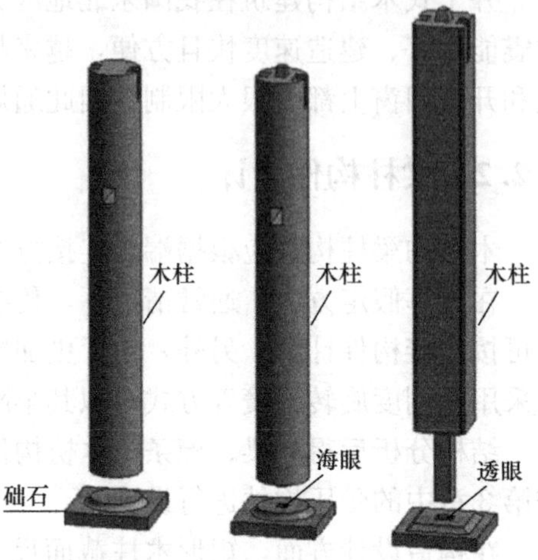

图 5-6　我国传统的木结构柱脚连接形式

(a) 直接浮搁；(b) 管脚榫；(c) 套顶榫

5.2.4 屋盖设计要求

(1) 屋盖形式

我国的传统木结构建筑中最常采用的屋面形式有悬山式屋顶和歇山式屋顶，如图 5-7 所示。

图 5-7　传统木结构屋盖建筑形式

(a) 悬山式屋顶；(b) 歇山式屋顶

(2) 屋面做法

传统木结构屋面做法通常包括冷摊瓦屋面和铺设木望板瓦屋面，如图 5-8 所示。传统木结构屋面木基层宜用挂瓦条、屋面板、椽条、檩条等构件组成。设计时应根据所用屋面防水材料、房屋使用要求和当地气象条件，选用不同的木基层的组成形式。设计时不仅要注意构件的自重荷载，还要注意构件和不同材料之间的连接。在风荷载较大的地区，设计时应注意台风时风吸力影响；在抗震设计时应注意动力荷载影响。应采取有效措施加强瓦片与屋面板和檩条的连接。

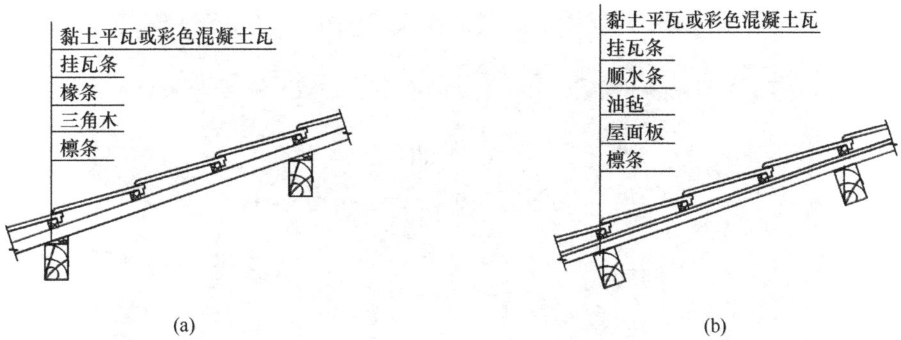

图 5-8 常用传统木结构屋面构造做法

(a) 冷摊瓦屋面；(b) 铺设木望板瓦屋面

（3）构件验算

屋面构件的验算包括承载力极限状态和正常使用极限状态，前者应按下列三种荷载效应的基本组合进行设计，后者应按第一种荷载的标准组合进行挠度验算。

① 恒荷载和活荷载（或雪荷载）

② 恒荷载和风荷载

③ 恒荷载和一个 1.0kN（施工或检修集中荷载）

对于稀铺屋面构件，当构件间距不大于 150mm 时，1.0kN 施工或检修集中荷载由两根构件共同承受；若间距大于 150mm，则由一根构件承受。对于密铺屋面板，1.0kN 施工或检修集中荷载，由 300mm 宽的屋面板承受。

5.2.5 设计实例简介

养云安缦酒店位于上海闵行区马桥镇，一期项目建成于 2017 年。项目包含酒店公共部分、基本客房区和若干院落式客房组群。其中最有特色的是大型复建徽派建筑，图 5-9 为宅院正立面外墙，图 5-10 为建成后的室内木结构，图 5-11 为在建时的穿斗式木构架。

图 5-9 徽派建筑正立面

图 5-10 房屋内景木构架

图 5-11 在建时的穿斗式木构架

5.3 现代梁柱式木结构体系

5.3.1 结构体系特点

现代梁柱式木结构采用工程木材料，如层板胶合木（Glulam）、结构胶合材（SCL）、平行木片胶合木（PSL）和旋切胶合板（LVL）等材料制作梁、柱、檩条等结构承重构件，用实木面板或定向刨花板（OSB）作楼面和屋面覆板，最常见的是层板胶合木，故也称为胶合木结构。

现代梁柱式木结构建筑表现力强、美观、节能，空间灵活，可广泛应用于工业、商业、学校、体育、娱乐、车库等公告建筑中。例如，加拿大不列颠哥伦比亚大学可持续发展大楼和美国俄勒冈州比佛敦市图书馆，见图 5-12。

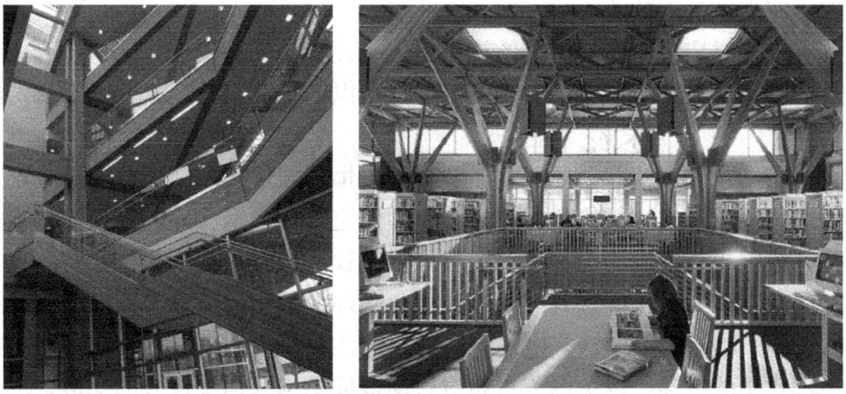

(a) (b)

图 5-12 现代梁柱式木结构的应用示例

(a) 加拿大不列颠哥伦比亚大学可持续发展大楼；(b) 美国俄勒冈州比佛敦市图书馆

梁柱式木结构因梁与柱形成框体，也常被称为木框架结构体系。需要注意的是，即使采用现代的螺栓钢板连接，梁柱节点处也难以避免相对转动，因此为与混凝土或钢框架结构中特指的传递弯矩的刚性节点有所区别，特称其为梁柱式木结构。试验研究表明，梁柱式木结构抗侧刚度有限，为此常采用交叉支撑、K 形支撑或抗侧轻木墙、CLT 墙体等增加结构的整体抗侧能力。对于多高层木结构建筑，可直接采用混凝土剪力墙或混凝土筒体抵抗地震作用，胶合木柱与梁仅承受竖向荷载，详见 5.3.4 节设计实例。

现代梁柱式木结构常见的抗侧力结构体系有①梁柱-支撑结构；②梁柱-木剪力墙结构，包括轻型木结构剪力墙和 CLT 剪力墙；③梁柱-筒体结构，包括 CLT 筒体或混凝土筒体。如图 5-13 所示。

(a) (b) (c)

图 5-13 现代梁柱式木结构常见抗侧力结构体系

(a) 梁柱-支撑结构；(b) 梁柱-木剪力墙结构；(c) 梁柱-筒体结构

5.3.2 结构整体设计

现代木结构设计应遵循建筑功能、建筑表现与结构受力共同设计的原则，在方案设计时应充分了解木结构的特点，即充分利用支撑或耗能支撑、填充墙体结构，同时选择正确的连接方式，实现力与美的统一。

结构方案设计时应慎重选择结构的抗侧力体系，同时平面及竖向布置应符合第5.1.2节要求，且应满足最大高宽比、最大高度等要求，以得到满足抗震、抗风要求的经济高效的结构体系。

结构设计应能承受雪荷载、风荷载、活荷载与恒荷载等外加荷载，应满足规范中规定的强度与变形限值的要求。结构计算时注意设计假定，应根据实际的连接方式确定合适的计算简图。螺栓钢板连接的梁与柱节点一般可以按铰接假定，当梁与柱之间的连接选择铰接时，应确保在完工后尽可能达到纯铰接，避免附加的限制对节点带来的横纹受拉或横纹受剪等不利情况。当构件之间选择刚性连接时，应注意完工后的节点具有可靠的抗转动能力，有效实现弯矩的传递，以免因节点相对转动造成结构或构件过大的变形。

构件和连接材料应具有良好的防护。对于外伸梁暴露于露天的端部，应将这些端部涂漆或采用金属挡雨板以减少水分的吸收并避免开裂与腐烂。

5.3.3 构件及节点设计

与其他木结构体系相比，梁柱式木结构的构件数量相对较少，节点数量少，体系的冗余度小，因此每一个节点的设计与施工至关重要。梁与柱、柱与基础的连接一般采用螺栓连接。设计方法和设计构造需符合第4章的相关规定。如要实现较大的剪力和弯矩的传递，在大跨度木结构中，可选用裂环和剪盘连接以替代螺栓连接。由于螺栓连接在受力时易导致木材的局部横纹受拉和受剪，为此，目前通常在与螺栓垂直的方向钉入自攻螺钉，以抵抗相应的拉应力和剪应力。

因为构件与连接经常故意外露，所以连接不仅要满足承载力要求，还要注意美观和耐久性设计，特别是防锈蚀和防火设计。

对于外露的梁柱式木结构柱底，连接处应保持通风干燥，避免积水，木构件周围应留有适当的空间，并做好防腐处理。

5.3.4 设计实例简介

加拿大不列颠哥伦比亚大学（University of British Columbia，UBC）一直处于振兴重型木结构建筑的前沿，将工程木产品创新应用于教学和行政大楼。Brock Commons混合木结构大楼位于UBC校园内，是目前世界上最高的木结构之一。该大楼为学生公寓，共18层，总层高53m，建筑平面尺寸约为56m×15m，其建筑平面布置如图5-14所示。该大楼结构体系为木-混凝土混合结构，地基、底层框架和两个核心筒为现浇混凝土结构，2～18层的结构由GLT木柱、PSL木柱和CLT木楼板组成。竖向荷载由木结构承受，两个混凝土核心筒承载侧向稳定。

Brock Commons大楼由混凝土结构和木结构两部分组成。底层为混凝土框架-核心筒结构，层高为5m；2～18层为胶合木柱-混凝土核心筒结构，层高为2.81m。混凝土核心筒平面尺寸为5.5m×6.0m，壁厚为450mm，混凝土强度等级为C35；底层混凝土柱截面为500mm×500mm，柱距为5m，混凝土强度等级为C35；二楼混凝土楼板厚度为600mm，混凝土强度等级为C30。屋顶高度为53m，混凝土核心筒最大高度为54.81m。

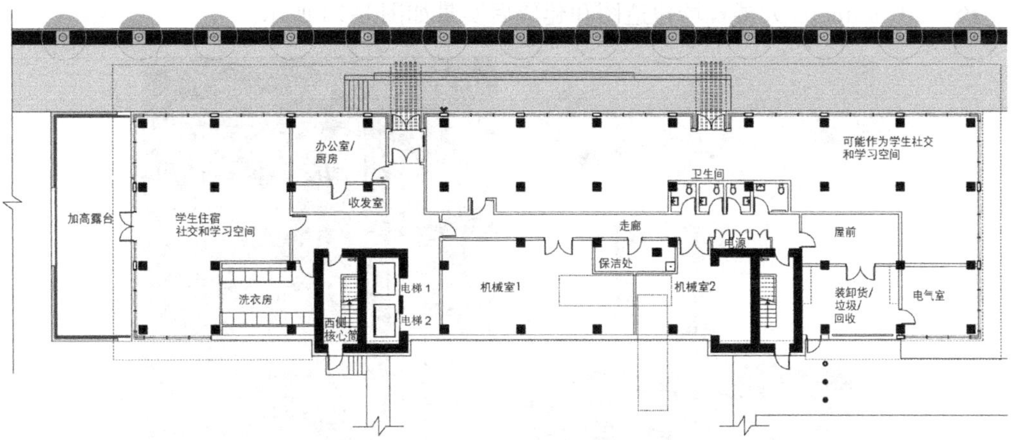

(a)

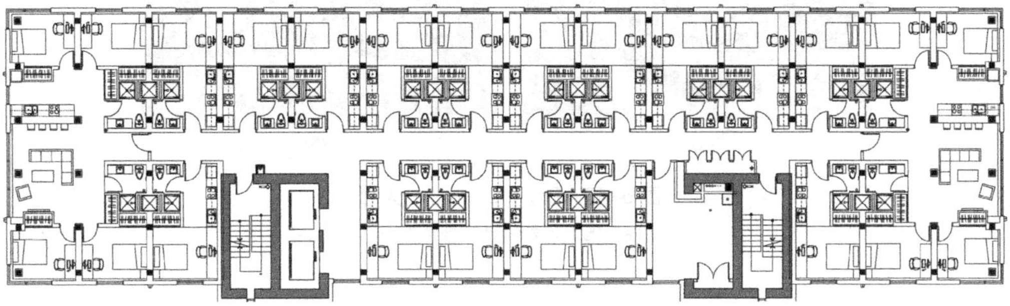

(b)

图 5-14 Brock Commons 大楼建筑平面布置

(a) 底层建筑平面布置；(b) 典型楼层建筑平面布置

胶合木结构中，2～5 层中部采用 PSL 木柱，截面为 265mm×265mm，等级为 PSL 2.2E，弹性模量为 15170MPa；木柱采用层板胶合木 Glulam，等级为 D-Fir 16c-E，弹性模量为 12400MPa，2～10 层柱截面为 265mm×265mm，11～18 层柱截面为 265mm×215mm；楼板采用 5 层胶合的正交胶合木 CLT 板材，厚度为 169mm，上覆 40mm 厚 C30 混凝土。木结构部分装配式搭建，实现每周建一层的施工进度，如图 5-15 所示。

(a)

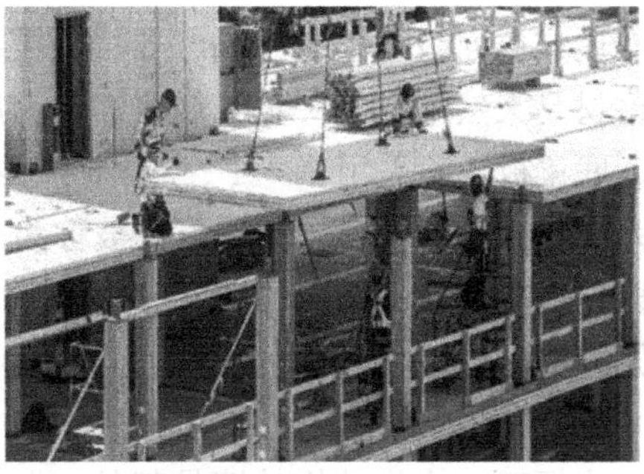

(b)

图 5-15 木结构部分装配式施工

(a) 预制梁柱式构件；(b) 预制板式构件

Brock Commons 大楼现场建造图和建成后实景如图 5-16 所示。

(a) (b)

图 5-16 Brock Commons 大楼

(a) 施工过程；(b) 建成实景

5.4 轻型木结构体系

5.4.1 结构体系

轻型木结构是指由轻木剪力墙、轻木楼（屋）盖系统构成的单层或多层建筑结构，其主要抗力构件为木基结构剪力墙。其中轻木剪力墙是由密布（间距为 400mm 或 600mm）的木墙骨柱、顶梁板和地梁板（通常为 40mm×90mm 或 40mm×140mm 的规格材）和木基结构板材（通常为定向刨花板 OSB）或石膏板采用钢钉连接组成；木楼盖采用楼面搁栅（40mm×250mm 或 40mm×300mm 及以上的规格材等）及楼面板通过钉连接组合而成，通常还在楼面板上铺设 40mm 厚轻质混凝土或细石混凝土层以减轻楼面振动。

规格材是天然木材按一定的规格锯切而成。北美的规格材的尺寸采用英制，墙骨柱和顶梁板、底梁板一般采用 2″×4″、2″×6″，格栅一般采用 2″×10″、2″×12″等，间距为 4/3′ 或 2′，因此，在北美，轻木结构也常被称为“2×4”结构。

根据建造方式，轻型木结构又分两种形式：连续式框架结构（Balloon framing）和平台式框架结构（Platform framing）。

(1) 连续式框架结构

连续式框架结构是结构外墙骨架柱（studs）和部分内墙骨架柱从基础到建筑物顶部连续的一种构造方式，也称连续墙骨柱式结构，如图 5-17 所示。该结构体系是 19 世纪下半叶～20 世纪上半叶北美普遍采用的轻型木结构形式。

(2) 平台式框架结构

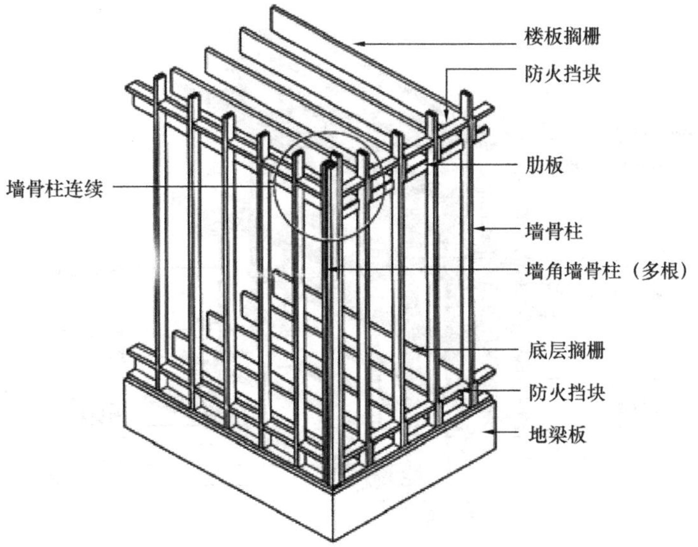

图 5-17 连续式框架结构

不同于连续式框架结构，平台式框架结构的墙骨柱不连续，施工时先建造一个楼盖平台，在该平台上铺设楼面板，已建成的楼盖可以作为上部墙体施工时的工作平台。然后建造上层墙体，逐一搭建至楼盖，如图 5-18 所示。该结构体系自 20 世纪 40 年代后期起成为北美独立房屋的主要结构形式。本章主要介绍该体系。

图 5-18 平台式木框架结构现场施工图

5.4.2 结构特点

（1）结构形式

轻型木结构是墙体结构，竖向受力和抗侧力均由轻木墙体承受。轻木墙体由规格材框架覆上木基结构板而成。其中规格材间距一般是 600mm 或 400mm，木基结构板尺寸一般为 1200mm×2400mm，木基结构板与规格材木框架、规格材之间均采用钢钉连接。“平台式框架”轻型木结构构造图及各种构件的名称见图 5-19。

轻型木结构抗侧力体系包括剪力墙和楼屋盖系统。其剪力墙体系由木骨架和木基结构板材采用钢钉紧密钉合而成，以抵抗风和地震产生的墙体平面内水平作用力、墙体平面外风荷载和竖向荷载。图 5-20（a）所示为木骨架，（b）为施工中的轻木剪力墙。

在侧向力作用下，房屋中的楼板和屋面板是协调整体结构竖向受力构件变形一致的关键部件，同样需要能提供良好的平面内抗剪刚度和承载力以传递水平力，同时需要良好的平面外刚度和承载力以承受楼屋面竖向荷载。一般情况下，轻型木结构中的楼盖由搁栅和木基结构板钉合而成，如图 5-21(a)所示；屋盖包括轻木屋架、水平及竖向支撑和木基结

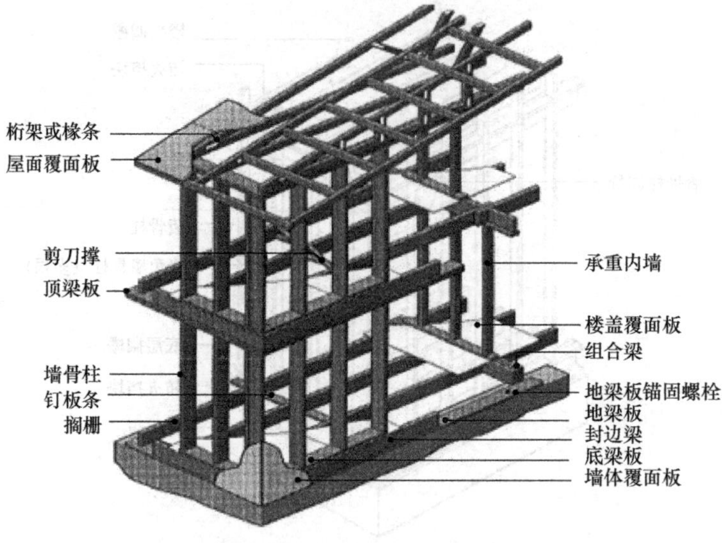

图 5-19 平台式轻型木结构

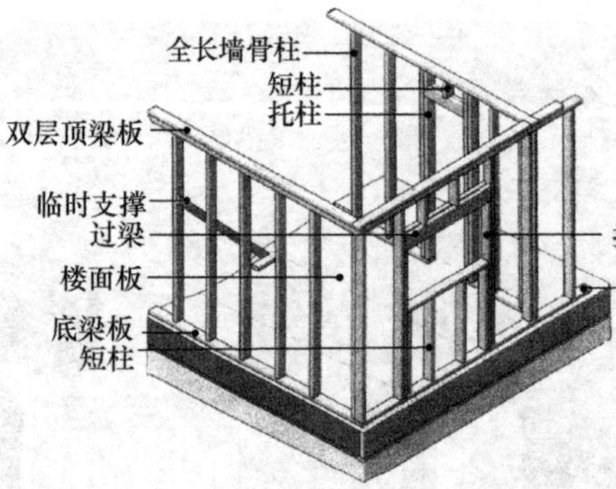

(a)

(b)

图 5-20 轻型木剪力墙

(a) 木骨架；(b) 施工中的轻木剪力墙

构板通过钢钉钉合而成，如图 5-21(b)所示。

(2) 结构优点

1) 经济性

轻型木结构所用木材截面小，可以充分利用木材，特别是可持续发展的人工林。充分利用框架的竖向承载力和覆面板的抗剪能力，充分发挥各构件的共同作用。密置的骨架构件既是结构的主要受力体系，又是内、外墙面和楼屋面面层的支撑构架，还为安装墙面保温隔热层提供了空间。

2) 结构抗震性能好

轻型木结构是墙体结构，抗侧刚度好，面板与规格材框架之间采用钢钉连接，钢钉密集且分布均匀，结构冗余度高。而且轻木结构自重轻，相对砌体结构和混凝土结构，结构受到的地震作用相对较轻，因此结构的抗震性能优越。

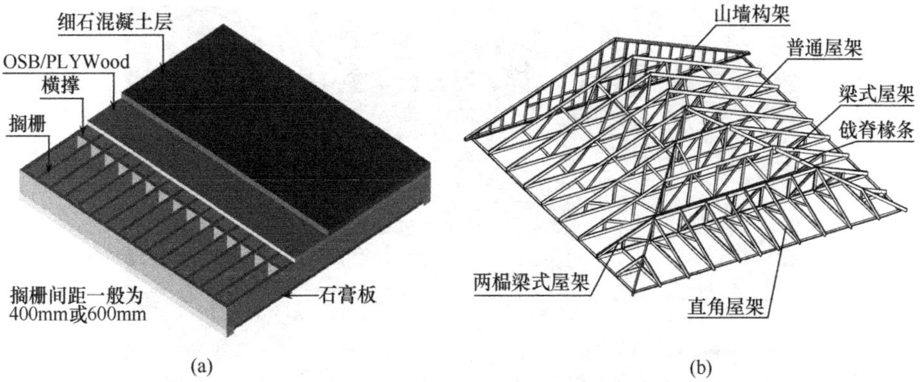

图 5-21 轻型木楼盖和屋盖

(a) 楼盖；(b) 屋盖

3）施工便捷

轻木结构具有很强的模数化设计，木框架、木屋架或楼面桁架均可在工厂制作或现场拼装；而且构件尺度小、重量轻，且采用平台式建造，施工中不需大型设备，如图 5-22 所示。

图 5-22 轻型木结构的安装

4）管线隐蔽且便于维护

轻型木结构的墙体和楼屋面结构都是由不同规格的规格材连接而成的，在墙体内部和楼盖内部形成了空间。为此，电器管线、空调管线、给水排水管等的排放可在此空腔内，并覆盖木基结构板或石膏板，管线隐蔽性好，提高了房屋的实际使用空间，如图 5-23 所示。同时，由于覆面板采用钉连接，可根据检查维护需要打开面板进行管线维修维护。

5）保温隔热性能好

轻木墙体中规格材框架和覆面板形成的空腔填入保温棉，木材和保温棉形成了保温隔热性能优越的墙体，图 5-24 为不同材料墙体在达到相同隔热效果所需的厚度。

（3）结构应用

轻型木结构在北美、欧洲等大量用于住宅建筑和公用建筑，如图 5-25 所示厂房、办公楼、住宅、仓库等。

图 5-23　木构架中各种管线的布置

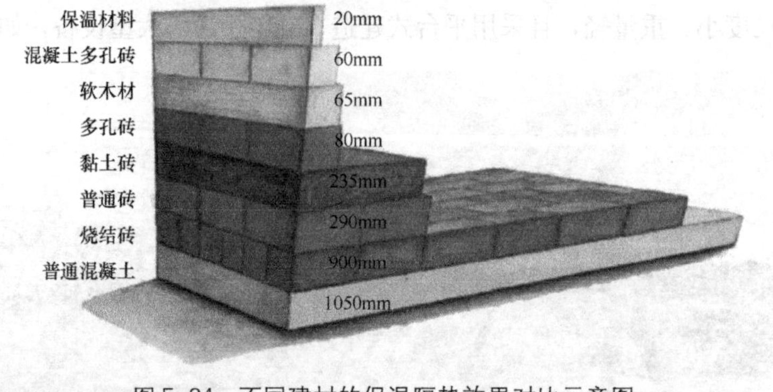

图 5-24　不同建材的保温隔热效果对比示意图

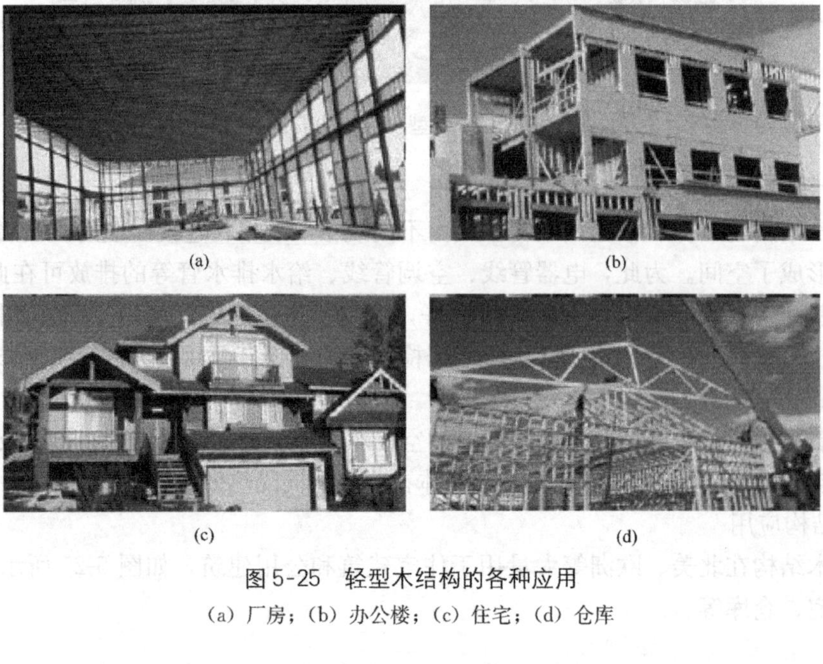

(a)　(b)　(c)　(d)

图 5-25　轻型木结构的各种应用

(a) 厂房；(b) 办公楼；(c) 住宅；(d) 仓库

5.4.3 设计一般规定

(1) 结构高度

轻型木结构的层数不宜超过 3 层。若上部结构采用轻型木结构的混合结构，则木结构层数不应超过 3 层，且建筑总层数不应超过 7 层。图 5-26 为采用轻型木结构建造的三层住宅房屋。

图 5-26 三层轻型木结构住宅

(2) 结构布置

轻型木结构的平面布置宜规则，质量、刚度变化宜均匀。所有构件之间应有可靠的连接和必要的锚固、支撑，足够的承载力，保证结构正常使用的刚度，良好的整体性。

与其他建筑材料的结构相比，轻型木结构质量较轻，具有较好的抗震性能。同时，轻型木结构是高次超静定的结构体系，使结构在风荷载、地震作用下具有较好的延性。尽管如此，当建筑不规则或有大开口时，会引起结构刚度、质量分布不均匀。质量或刚度的非对称性必然会导致建筑物质心和侧向力作用点不重合，即结构在风载、地震作用等侧向力作用下会导致建筑物绕质心扭转，如图 5-27 所示，对建筑物受力极为不利。

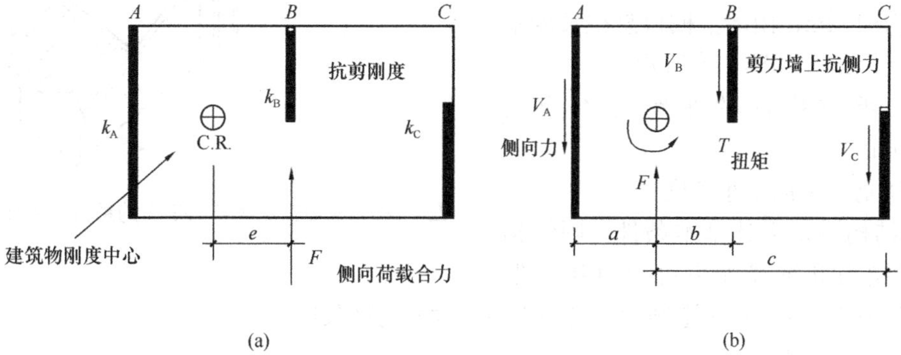

图 5-27 非对称的平面布置形式

(a) 不规则的平面布置；(b) 不规则引起的扭转

(3) 材料选用

构件及连接应根据树种、材质等级、作用荷载、连接形式及尺寸选用，必须要有相应的等级标识和证明，应符合规范要求。

木材是一种天然生长的材料，其材性匀质性较差，强度随生长速度、气候、树种及含水率等因素的变化而变化，天然缺陷较多。目前常用的规格材和板材一般采用英制，在构件选用时约有 0～2mm 的尺寸误差。当英制的规格材和公制的混凝土或钢结构组合时，应注意木结构的实际尺寸。

(4) 设计方法

轻型木结构的设计内容一般包括墙体竖向承载力设计、屋楼盖竖向承载力设计，以及墙体抗侧力设计和楼（屋）盖抗侧力设计。墙体和楼盖格栅的竖向承载力设计可根据荷载组合效应选择最不利组合验算墙骨柱抗压承载力和压弯承载力、格栅抗弯抗剪承载力等，按第 3 章所述构件设计规定进行计算分析，这里不再赘述。本章节主要介绍轻型木结构的抗侧力设计方法，包括构造设计法和工程设计法两种方法。

构造设计法是一种基于工程经验的设计方法，当建筑物满足一定条件时，可不做结构抗侧力计算，但需要满足相应的体量和构造要求。当结构不满足上述条件时，则采用工程设计法，即需要计算地震作用或风荷载，验算墙体、楼盖和屋盖的抗侧承载力。

5.4.4 构造设计法

轻型木结构当满足以下规定时，可按照构造要求进行剪力墙的设计，而无需通过内力分析和构件计算确定结构的抗侧能力。

(1) 基本条件

1) 三层及三层以下建筑物，且每层面积不超过 $600m^2$，层高不大于 3.6m。

2) 楼面活荷载标准值不应大于 $2.5kN/m^2$，屋面活荷载标准值不应大于 $0.5kN/m^2$。

3) 建筑物屋面坡度不应小于 1∶12，也不应大于 1∶1；纵墙上檐口悬挑长度不应大于 1.2m；山墙上檐口悬挑长度不应大于 0.4m，如图 5-28 所示。

4) 承重构件的净跨度不应大于 12.0m。

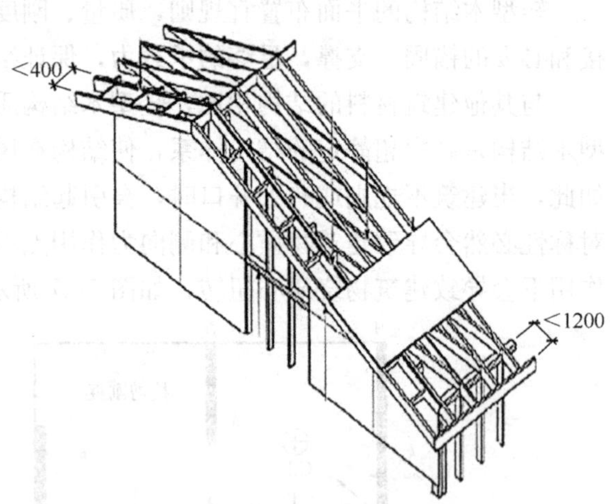

图 5-28 屋面在纵墙与山墙上的悬挑长度要求

(2) 剪力墙的最小长度要求

当结构满足上述基本条件，则结构的抗震能力和抗风能力可以直接按照表 5-7和表 5-8 的要求确定结构在受力方向上的剪力墙长度。

1) 抗震设计

抗震设计是指剪力墙的有效长度应满足结构在该方向的地震剪力。构造设计法考虑了设防烈度、楼层数、楼层所在位置、剪力墙最大间距以及楼层面积等主要参数，给出了方便设计的表 5-7。设计时只要满足剪力墙的有效最小长度，即可满足该方向的抗震承载力。因为当建筑物建造地点确定且自重和活荷载基本确定后，水平地震作用与建筑物的楼层质量成正比，即与楼层的建筑面积成正比。

按抗震构造要求设计时剪力墙的最小长度（m）　　表 5-7

抗震设防烈度		最大允许层数	木基结构板材剪力墙最大间距（m）	剪力墙的最小长度		
				单层、二层或三层的顶层	二层的底层或三层的二层	三层的底层
6 度	—	3	10.6	0.02A	0.03A	0.04A
7 度	0.10g	3	10.6	0.05A	0.09A	0.14A
	0.15g	3	7.6	0.08A	0.15A	0.23A
8 度	0.20g	2	7.6	0.10A	0.20A	—

注：1. 表中 A 指建筑物的最大楼层面积（m^2）。
2. 表中剪力墙的最小长度以墙体一侧采用 9.5mm 厚木基结构板材作面板、150mm 钉距的剪力墙为基础。当墙体两侧均采用木基结构板材作面板时，剪力墙的最小长度为表中规定长度的 50%。当墙体两侧均采用石膏板作面板时，剪力墙的最小长度为表中规定长度的 200%。
3. 对于其他形式的剪力墙，其最小长度可按表中数值乘以 $3.5/f_{vd}$ 确定，f_{vd} 为其他形式的剪力墙抗剪强度设计值。
4. 位于基础顶面和底层之间的架空层剪力墙的最小长度应与底层规定相同。
5. 当楼面有混凝土面层时，表中剪力墙的最小长度应增加 20%。

2）抗风设计

剪力墙平面内抗风设计是指剪力墙的有效长度应满足结构在该方向所承受的设计风荷载。构造设计法考虑了基本风压、地面粗糙度、楼层数、楼层所在位置、剪力墙最大间距以及垂直于该剪力墙方向的建筑物长度。表 5-8 给出了抗风设计的剪力墙最小长度，因为当建筑物所在地点确定后，风荷载与建筑物迎风面（或背风面）的面积有关。针对轻型木结构，层高最大不超过 3.6m，为此，变量就是该面的建筑物长度 L。

按抗风构造要求设计时剪力墙的最小长度（m）　　表 5-8

基本风压（kN/m²）				最大允许层数	木基结构板材剪力墙最大间距（m）	剪力墙的最小长度		
地面粗糙度						单层、二层或三层的顶层	二层的底层或三层的二层	三层的底层
A	B	C	D					
—	0.30	0.40	0.50	3	10.6	0.34L	0.68L	1.03L
—	0.35	0.50	0.60	3	10.6	0.40L	0.80L	1.20L
0.35	0.45	0.60	0.70	3	7.6	0.51L	1.03L	1.54L
0.40	0.55	0.75	0.80	2	7.6	0.62L	1.25L	—

注：表中 L 指垂直于该剪力墙方向的建筑物长度（m）；其余注意项同表 5-7 第 2～4 点。

3）剪力墙设置要求

表 5-7 和表 5-8 基于结构对称、规则、无明显的薄弱环节等基本假定得到的计算和经

验结构，是为了方便而简化了设计过程。因此对于剪力墙的布置也有明确的规定。要求严格按照图 5-29 进行布置。且单个墙段的长度不应小于 0.6m，墙段的高宽比不应大于 4∶1；同一轴线上相邻墙段之间的距离不应大于 6.4m；墙端与离墙端最近的垂直方向的墙段边的垂直距离不应大于 2.4m；一道墙中各墙段轴线错开距离不应大于 1.2m。

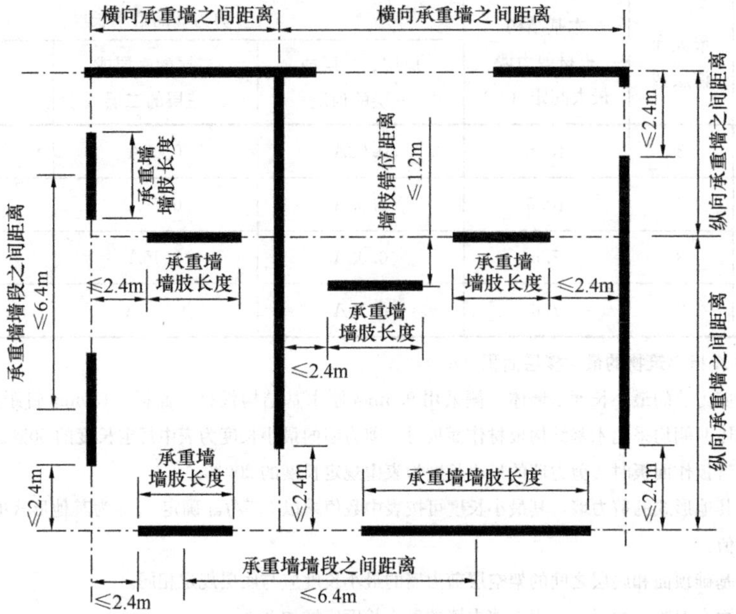

图 5-29　构造剪力墙平面布置及要求

4）结构平面不规则与上下层墙体之间的错位要求

上下层构造剪力墙外墙之间的平面错位（图 5-30）不应大于楼盖搁栅高度的 4 倍，或不应大于 1.2m；对于进出开门面没有墙体的单层车库两侧构造剪力墙或顶层楼（屋）盖外伸的单肢构造剪力墙，其无侧向支撑的墙体端部外伸距离不应大于 1.8m，如图 5-31 所示；相邻楼盖错层的高度不应大于楼盖搁栅的截面高度；楼（屋）盖平面内开洞面积不应大于平面四周的支承剪力墙所围合面积的 30%，并且洞口的尺寸不应大于四周剪力墙之间间距的 50%，如图 5-32 所示。

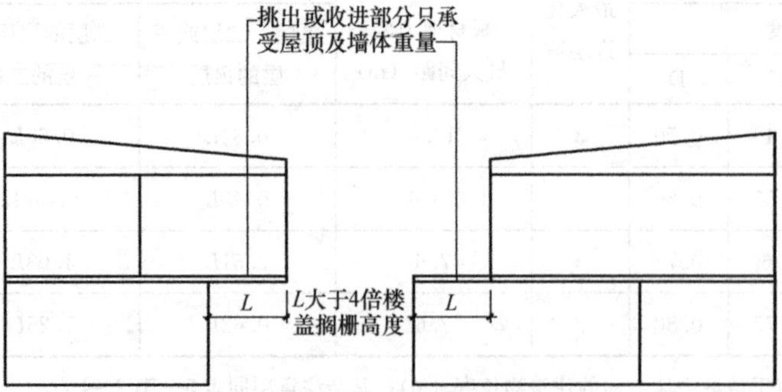

图 5-30　外墙平面错位示意图

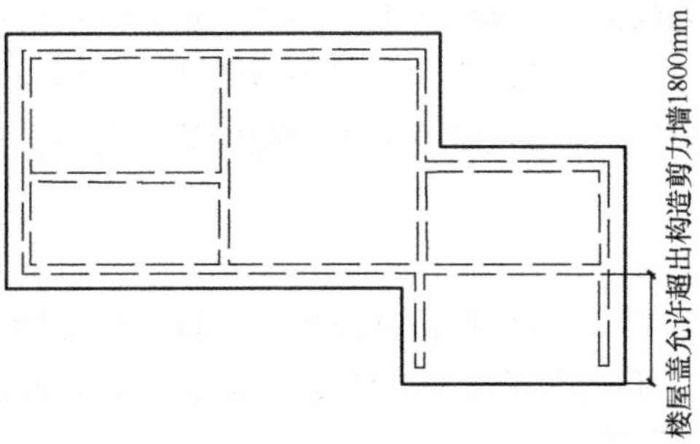

图 5-31 无侧向支撑的外伸剪力墙示意图

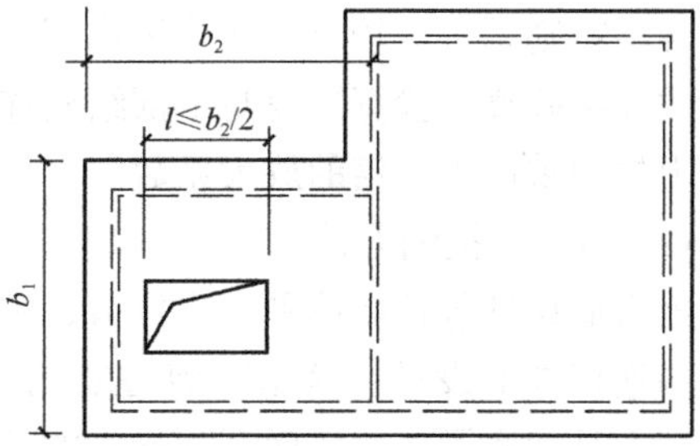

图 5-32 楼（屋）盖开洞示意

5.4.5 工程设计法

轻型木结构中，如果建筑物规模、细部构造及受力等方面不满足上述规定，则结构不能按构造设计法直接给出剪力墙长度，必须通过工程设计法进行抗侧力验算，包括剪力墙抗侧力验算、楼（屋）盖抗侧力验算。

（1）侧向力计算

结构常受到风荷载、地震作用等水平荷载（或称横向荷载）的作用。图 5-33 给出了房屋受到风荷载时的传力路线。风荷载作用到迎风面的墙体上，通过该墙体传递到水平的楼（屋）盖上，楼（屋）盖再传递到与其可靠连接的两侧墙体上，两侧墙体传递到基础。因此需要楼（屋）盖或两侧墙体具有足够的抗侧力性能，基础锚栓具有足够的抗拔能力。

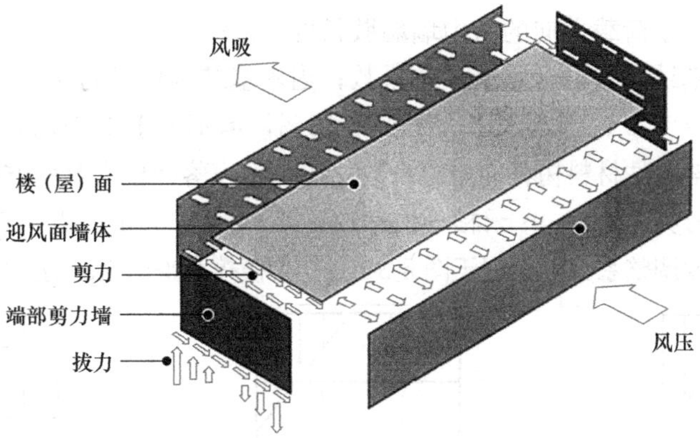

图 5-33 风荷载作用下结构传力路线图

同样，当地震作用方向如图 5-33 中的风作用方向，地震作用主要集中在楼层处，然后由楼盖平面内剪切变形将剪力传递到楼盖边缘，再传递至剪力墙顶梁板边缘，然后继续通过剪力墙的变形将剪力传递到基础。

轻型木结构的地震作用计算应符合《建筑抗震设计规范》GB 50011 的有关规定，水平地震作用可采用底部剪力法，结构自振周期可按经验公式 $T=0.05H^{0.75}$ 估算，H 为基础顶面到建筑物最高点的高度（单位：m）。在轻型木结构抗震验算时，承载力抗震调整系数 γ_{RE} 取 0.80，结构阻尼比取 0.05。

轻型木结构的风荷载计算应符合《建筑结构荷载规范》GB 50009，由于轻木房屋自重较轻，特别是屋盖较轻，在强风作用下可能产生上拔，应注意屋盖与墙体、墙体与基础的抗拔连接验算。验算屋盖与下部结构连接部位的连接强度及局部承载验算，对风荷载引起的上拔力乘以 1.2 倍的放大系数。

(2) 剪力墙抗侧力计算

剪力墙设计包括墙体平面内抗剪、木骨架端部墙骨柱抗拉（或抗压）以及剪力墙与下部结构连接件的设计。这里，剪力墙的高宽比不应大于 3.5，高度是该楼层剪力墙的高度，即木骨架底梁板的底面到顶梁板的顶面的垂直距离。

1) 墙体平面内抗剪验算

墙体的抗剪是由木骨架和覆面板通过钢钉共同作用产生，其中钢钉是将覆面板和木骨架紧密结合在一起的关键。试验表明，在水平力作用下，覆面板四周角部的钢钉首先发生破坏，或者，角部的覆面板破坏，然后逐渐向中部扩展。这是因为在剪力作用下，覆面板角部剪应力最大，中部逐渐减小。由此可见，墙体的抗剪能力主要来自钢钉的直径、钉入深度、钉间距，以及覆面板自身的厚度等因素。双面腹板的剪力墙，其抗剪强度是两个单面铺设覆面板的叠加。

为此，单面铺设覆面板有墙骨柱横撑的剪力墙，其抗剪承载力设计值可按下式计算：

$$V = \sum f_{\mathrm{d}} l \tag{5-4}$$

$$f_{\mathrm{d}} = f_{\mathrm{vd}} k_1 k_2 k_3 \tag{5-5}$$

式中 f_{vd}——采用木基结构板材作覆面板的剪力墙的抗剪强度设计值（kN/m），见表 5-9 和图 5-34；

l——平行于荷载方向的剪力墙墙肢长度（m）；

k_1——木基结构板材含水率调整系数；当木基结构板材的含水率小于 16%时，取 $k_1 = 1.0$；当含水率大于等于 16%，但不大于 19%时，取 $k_1 = 0.8$；

k_2——骨架构件材料树种的调整系数；花旗松—落叶松类及南方松 $k_2 = 1.0$；铁—冷杉类 $k_2 = 0.9$；云杉—松—冷杉类 $k_2 = 0.8$；其他北美树种 $k_2 = 0.7$；

k_3——强度调整系数，仅用于图 5-34（e）无横撑水平铺板的剪力墙，取值见表 5-10。

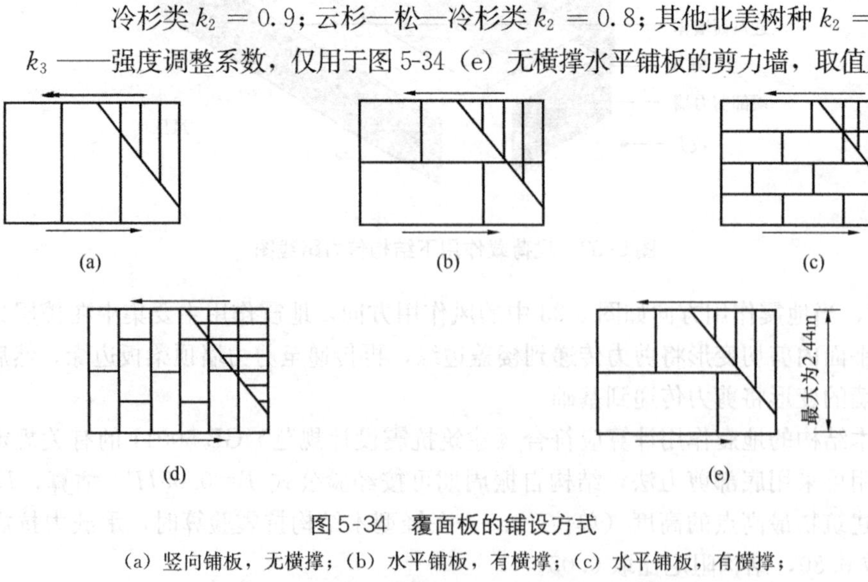

图 5-34 覆面板的铺设方式

(a) 竖向铺板，无横撑；(b) 水平铺板，有横撑；(c) 水平铺板，有横撑；
(d) 竖向铺板，有横撑；(e) 水平铺板，无横撑

采用木基结构板材的剪力墙抗剪强度设计值 f_{vd} 和抗剪刚度 K_w 表 5-9

面板最小名义厚度（mm）	钉在骨架构件最小深度（mm）	钉直径（mm）	面板直接铺于骨架构件											
			面板边缘钉的间距（mm）											
			150			100			75			50		
			f_{vd} (kN/m)	K_w (kN/mm)		f_{vd} (kN/m)	K_w (kN/mm)		f_{vd} (kN/m)	K_w (kN/mm)		f_{vd} (kN/m)	K_w (kN/mm)	
				OSB	PLY		OSB	OSB		OSB	PLY		OSB	PLY
9.5	31	2.84	3.5	1.9	1.5	5.4	2.6	1.9	7.0	3.5	2.3	9.1	5.6	3.0
9.5	38	3.25	3.9	3.0	2.1	5.7	4.4	2.6	7.3	5.4	3.0	9.5	7.9	3.5
11.0	38	3.25	4.3	2.6	1.9	6.2	3.9	2.5	8.0	4.9	3.0	10.5	7.4	3.7
12.5	38	3.25	4.7	2.3	1.8	6.8	3.3	2.3	8.7	4.4	2.6	11.4	6.8	3.5
12.5	41	3.66	5.5	3.9	2.5	8.2	5.3	3.0	10.7	6.5	3.3	13.7	9.1	4.0
15.5	41	3.66	6.0	3.3	2.3	9.1	4.6	2.8	10.9	5.8	3.2	15.6	8.4	3.9

注：1. 表中 OSB 为定向木片板；PLY 为结构胶合板。

2. 表中数值为在干燥使用条件下和标准荷载持续时间下的剪力墙抗剪强度和刚度；当考虑风荷载和地震作用时，表中抗剪强度和刚度应乘以调整系数 1.25。

3. 当钉的间距小于 50mm 时，位于面板拼缝处的骨架构件的宽度不应小于 64mm（可用两根 40mm 宽的构件组合在一起传递剪力），钉应错开布置。

4. 当直径为 3.66mm 的钉的间距小于 75mm 时，位于面板拼缝处的骨架构件的宽度不应小于 64mm（可用两根 40mm 宽的构件组合在一起传递剪力），钉应错开布置。

5. 当采用射钉或非标准钉时，表中抗剪承载力应乘以折算系数 $(d_1/d_2)^2$，其中，d_1 为非标准钉的直径，d_2 为表中标准钉的直径。

无横撑水平铺设面板的剪力墙强度调整系数 k_3 表 5-10

边支座上钉的间距（mm）	中间支座上钉的间距（mm）	墙骨柱间距（mm）			
		300	400	500	600
150	150	1.0	0.8	0.6	0.5
150	300	0.8	0.6	0.5	0.4

注：墙骨柱柱间无横撑剪力墙的抗剪强度可将有横撑剪力墙的抗剪强度乘以抗剪调整系数。有横撑剪力墙的面板边支座上钉的间距为 150mm，中间支座上钉的间距为 300mm。

对于双面铺板的剪力墙，无论两侧是否采用相同材料的木基结构板材，剪力墙的抗剪承载力设计值等于墙体两面抗剪承载力设计值之和。

剪力墙上有开孔时，开孔周围的骨架构件和连接应加强，以保证传递开孔周围的剪力。开孔剪力墙的抗剪承载力设计值等于开孔两侧墙肢的抗剪承载力设计值之和，而不计入开孔上下方墙体的抗剪承载力设计值。

2）剪力墙边界杆件的计算

剪力墙两侧边界杆件为墙骨柱，按受拉或受压构件计算。所受的轴向力如下式：

$$N_r = \frac{M}{B_0} \tag{5-6}$$

式中 N_r——剪力墙边界杆件的拉力或压力设计值（kN）；

M——侧向荷载在剪力墙平面内产生的弯矩（kN·m）；

B_0 ——剪力墙两侧边界构件间的中心距（m）;

剪力墙边界杆件在长度上应连续。如果中间断开，则应采取可靠的连接保证其能抵抗轴向力。剪力墙面板不得用来作为杆件的连接板。

当恒载不能抵抗剪力墙的倾覆时，墙体与基础应采用抗倾覆锚固件。

剪力墙上有开孔时，开孔两侧的每段墙肢都应保证其抗倾覆的能力。

3）剪力墙顶部的水平位移

剪力墙顶部的水平位移可采用以下近似公式计算：

$$\Delta = \frac{VH_w^3}{3EI} + \frac{MH_w^2}{2EI} + \frac{VH_w}{LK_w} + \frac{H_w d_a}{L} + \theta H_w \tag{5-7}$$

式中 Δ ——剪力墙顶部位移总和（mm）;

V ——剪力墙顶部最大剪力设计值（N）;

M ——剪力墙顶部最大弯矩设计值（N·mm）;

H_w ——剪力墙高度（mm）;

I ——剪力墙两端墙骨柱转换惯性矩（mm^4）;

E ——剪力墙两端墙骨柱弹性模量（N/mm^2）;

L ——剪力墙长度（mm）;

K_w ——剪力墙剪切刚度（N/mm），包括木基结构板剪切和钉的滑移变形，见表 5-9;

d_a ——由剪力和弯矩引起的抗拔紧固件的伸长以及局部承压变形等竖向变形;

θ ——剪力墙底部楼盖的转角。

近似公式中的第 1 项和第 2 项为剪力墙两端墙骨柱的变形引起的水平位移，第 3 项为木基结构板的剪切变形和钉变形引起的水平位移，第 4 项为剪力墙两端抗拔紧固件的伸长和局部承压变形引起的水平位移，第 5 项为剪力墙底部楼盖的转角引起的水平位移，包括下部各层剪力墙两端墙骨柱变形引起的转角和下部各层剪力墙两端抗拔紧固件的伸长和局部承压变形引起的转角。

4）剪力墙的连接

剪力墙底梁板承受的剪力必须传递至下部结构。当剪力墙直接搁置在基础上时，剪力通过锚固螺栓来传递。在多层轻型木结构中，当剪力墙搁置在下层木楼盖上时，上层剪力墙底梁板应与下层木楼盖中的边搁栅钉连接，边搁栅必须和下层剪力墙可靠连接以传递上层剪力墙以及本层楼盖的剪力。连接方式可采用如图 5-35 所示的金属件锚固连接。

抗上拔连接件可用来将剪力墙边界杆件与基础墙或下层剪力墙锚固在一起。图 5-35 中上部剪力墙端部墙骨柱通过螺栓与钢托架连接，钢托架再用锚栓（或螺栓）与基础（或下层剪力墙）连接，使上层剪力墙边界构件（端部墙骨柱）中的轴力传递到基础或下层剪力墙，上部剪力墙中的剪力通过剪力墙底梁板（地梁板）与下部结构连接的分布螺栓传递。

（3）楼（屋）盖的抗侧力计算

轻木结构中墙体与墙体之间，剪力的分配和剪力的传递是通过楼（屋）盖的平面内抗剪来实现的。其工作原理如同卧放的剪力墙，楼盖中格栅和覆面板传递剪力，格栅骨架端部边界杆件受拉或压。楼（屋）盖的抗剪设计包括：平面内抗剪、边界杆件抗拉（压）验算和传递楼（屋）盖侧向力的连接件。

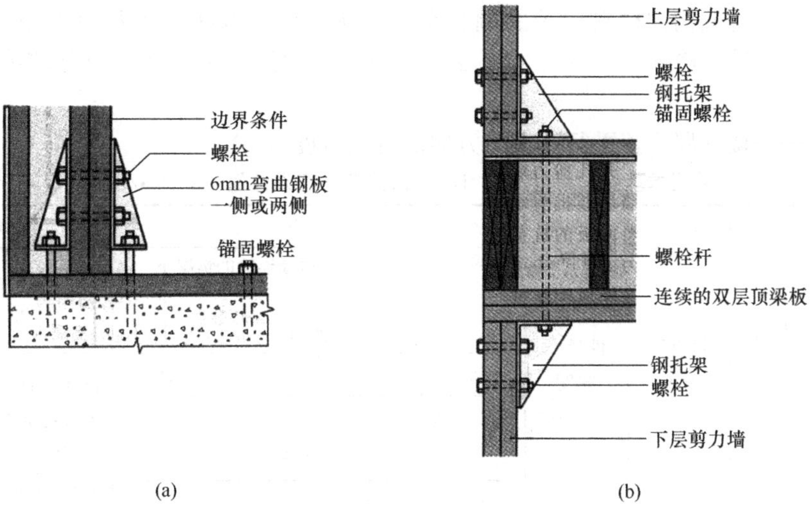

图 5-35　上层剪力墙和基础以及剪力墙之间的典型抗上拔连接示意图

（a）剪力墙和基础连接；（b）剪力墙和下层剪力墙连接

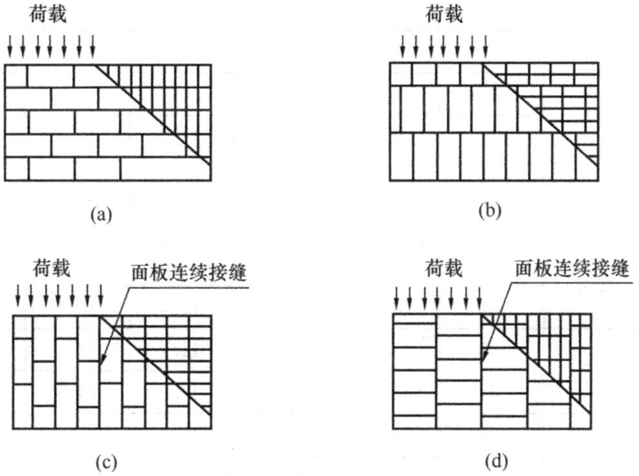

图 5-36　楼屋面板与骨架的铺设方法

（a）横向骨架，纵向横撑；（b）纵向骨架，横向横撑；（c）纵向骨架，横向横撑；（d）横向骨架，纵向横撑

为提供有效的抗剪能力，楼（屋）盖单元的长宽比不应大于 4∶1。

1）覆面板抗侧力计算

当荷载作用在楼（屋）盖的平面内时，假定楼（屋）盖中侧向力沿板宽度方向均匀分布，其抗剪承载力设计值可按下式计算：

$$V = f_{\mathrm{d}} B \tag{5-8}$$

$$f_{\mathrm{d}} = f_{\mathrm{vd}} k_1 k_2 \tag{5-9}$$

式中　f_{vd}——采用木基结构板材的楼（屋）盖抗剪强度设计值（kN/m），见表 5-11 及图 5-36；

k_1——木基结构板材含水率调整系数；当木基结构板材的含水率小于 16%时，取 $k_1 = 1.0$；当含水率大于等于 16%，但不大于 19%时，取 $k_1 = 0.8$；

k_2 ——骨架构件材料树种的调整系数；花旗松—落叶松类及南方松 $k_2=1.0$；铁—冷杉类 $k_2=0.9$；云杉—松—冷杉类 $k_2=0.8$；其他北美树种 $k_2=0.7$；

B ——楼（屋）盖平行于荷载方向的有效宽度（m）。

采用木基结构板材的楼（屋）盖抗剪强度设计值 f_{vd}（kN/m）　　表 5-11

面板最小名义厚度（mm）	钉在骨架构件的最小深度（mm）	钉直径（mm）	骨架构件最小宽度（mm）	有填块				无填块	
				平行于荷载的面板边缘连续的情况下（图 5-36c、d）面板边缘钉的间距（mm）				面板边缘钉的最大间距为150mm	
				150	100	65	50	荷载与面板连续边垂直的情况下（图 5-36a）	所有其他情况下（图 5-36b、c、d）
				在其他情况下（图 5-36a、b）面板边钉的间距（mm）					
				150	150	100	75		
9.5	31	2.84	38	3.3	4.5	6.7	7.5	3.0	2.2
			64	3.7	5.0	7.5	8.5	3.3	2.5
9.5	38	3.25	38	4.3	5.7	8.6	9.7	3.9	2.9
			64	4.8	6.4	9.7	10.9	4.3	3.2
11.0	38	3.25	38	4.5	6.0	9.0	10.3	4.1	3.0
			64	5.1	6.8	10.2	11.5	4.5	3.4
12.5	38	3.25	38	4.8	6.4	9.5	10.7	4.3	3.2
			64	5.4	7.2	10.7	12.1	4.7	3.5
12.5	41	3.66	38	5.2	6.9	10.3	11.7	4.5	3.4
			64	5.8	7.7	11.6	13.1	5.2	3.9
15.5	41	3.66	38	5.7	7.6	11.4	13.0	5.1	3.9
			64	6.4	8.5	12.9	14.7	5.7	4.3
18.5	41	3.66	64	—	11.5	16.7	—	—	—
			89	—	13.4	19.2	—	—	—

注：1. 表中数值为在干燥使用条件下，标准荷载持续时间下的抗剪强度。当考虑风荷载和地震作用时，表中抗剪强度应乘以调整系数 1.25。

2. 当钉的间距小于 50mm 时，位于面板拼缝处的骨架构件的宽度不应小于 64mm（可用两根 38mm 宽的构件组合在一起传递剪力），钉应错开布置。

3. 当直径为 3.66mm 的钉的间距小于 75mm 时，位于面板拼缝处的骨架构件的宽度不应小于 64mm（可用两根 38mm 宽的构件组合在一起传递剪力），钉应错开布置。

4. 当钉的直径为 3.66mm，面板最小名义厚度为 18mm 时，需布置两排钉。

5. 当采用射钉或非标准钉时，表中抗剪承载力应乘以折算系数 $(d_1/d_2)^2$，其中，d_1 为非标准钉的直径，d_2 为表中标准钉的直径。

2）边界杆件承载力

楼（屋）盖中的边界杆件和其连接件应能抵抗楼（屋）盖的最大弯矩。楼（屋）盖边界杆件的轴向力可按下式计算：

$$N_r = \frac{M_1}{B_0} \pm \frac{M_2}{b} \tag{5-10}$$

式中 N_r——边界杆件的轴向压力或轴向拉力设计值（kN）；

M_1——楼（屋）盖全长平面内的弯矩设计值（kN·m）；

B_0——平行于荷载方向的边界杆件中心距（m）；

M_2——楼（屋）盖上开孔长度内的弯矩设计值（kN·m）；

b——沿平行于荷载方向的开孔尺寸（m），不得小于0.6m。

对于简支楼（屋）盖在均布荷载作用下的弯矩设计值 M_1 和 M_2 可分别按下式计算：

$$M_1 = \frac{WL^2}{8} \tag{5-11}$$

$$M_2 = \frac{W_e a^2}{12} \tag{5-12}$$

式中 W——作用于楼（屋）盖的侧向均布荷载设计值（kN/m）；

L——垂直于侧向荷载方向的楼（屋）盖长度（m）；

W_e——作用于楼（屋）盖单侧的侧向均布荷载设计值（kN/m），一般取侧向荷载 W 的一半；

a——垂直于侧向荷载方向的开孔长度（m）。

楼（屋）盖边界杆件在楼（屋）盖长度范围内应连续。如中间断开，则应采取可靠的连接，保证其能抵抗所承担的轴向力。楼（屋）盖的面板，不得用来作为杆件的连接板。

3）传递楼（屋）盖侧向力的连接件设计

水平风荷载作用在迎风面墙体上，迎风面墙体上通过连接将荷载传递到楼（屋）盖；水平楼（屋）盖再通过连接将荷载传递到两端剪力墙上，见图5-33。因此迎风面墙体与水平楼（屋）盖、水平楼（屋）盖与两端剪力墙之间都需要进行可靠的连接件设计。

① 迎风面墙体与水平楼（屋）面的连接

迎风面墙体中的墙骨柱通常与其顶梁板用垂直钉连接或斜向钉连接。当楼（屋）盖搁栅垂直于迎风面墙体时，搁栅和顶梁板用斜向钉连接或用锚接板连接，楼（屋）盖覆面板钉于横撑上，见图5-37。

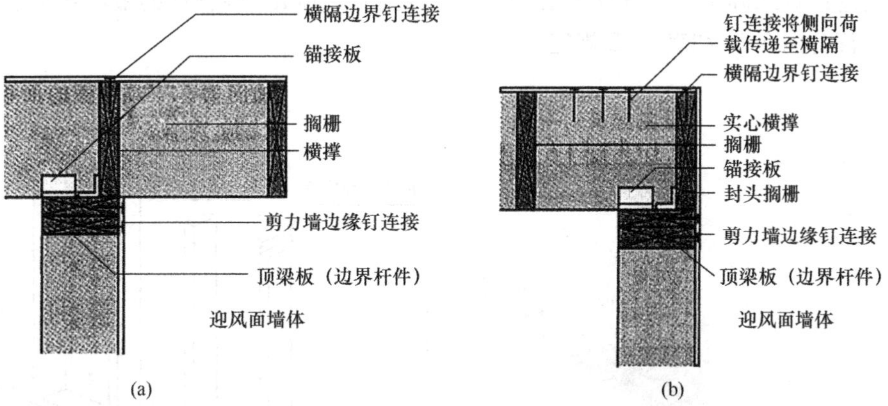

图5-37 楼面搁栅和迎风面墙体的连接示意图

（a）搁栅垂直于迎风面墙体；（b）搁栅平行于迎风面墙体

② 水平楼（屋）盖与两端剪力墙的连接

在楼（屋）盖中，覆面板钉接于楼（屋）盖的周边搁栅上，周边搁栅和端部剪力墙的顶梁板连接。搁栅和顶梁板的连接可通过横撑或封边搁栅与墙体顶梁板斜向钉连接，或用金属锚接板连接实现。

5.4.6 构造要求

对于轻型木结构建筑，除了进行必要的计算设计外，许多细部需满足构造要求，包括组成梁、柱、墙体和楼（屋）盖的结构构件和连接。

（1）墙体木骨架

木骨架由墙骨柱、顶梁板、底梁板以及承受开孔洞口上部荷载的过梁组成。在轻型木结构体系中，墙体骨架的各个组成部分均有一定的构造要求。

1）墙骨柱

在竖向荷载作用下，墙骨柱的承载力与截面高度、布置间距以及层高有关，侧向弯曲与截面宽度和高度的比值有关。如果截面高度方向与墙面垂直，则墙体覆面板约束了墙骨柱侧向弯曲，同截面高度方向与墙面平行的布置方式相比，其承载力提高很多。因此，除了荷载很小的情况，如在阁楼的山墙面，墙骨柱可按截面高度方向与墙面平行的方式放置，否则墙骨柱截面的高度必须与墙面垂直。在地下室中，当墙体无覆面板时，墙骨柱之间应加横撑以防止墙骨柱侧向失稳。

① 材质等级要求

当采用目测分级规格材时，承重墙的墙骨柱应采用材质等级为$\mathrm{V_c}$级及其以上的规格材；非承重墙的墙骨柱可采用任何材质等级的规格材。

② 连续性要求

除了在开孔处墙骨柱截短以支承过梁外，墙骨柱在层高内应连续。允许采用结构胶指接连接，见图5-38，但不得采用连接板连接。

③ 规格和间距

墙骨柱通常由40mm×90mm或40mm×140mm的规格材组成。承重墙的墙骨柱截面尺寸应通过计算来确定。墙骨柱中心间距不应大于610mm。墙骨柱的最小截面尺寸和最大间距应符合图5-39和表5-12规定。

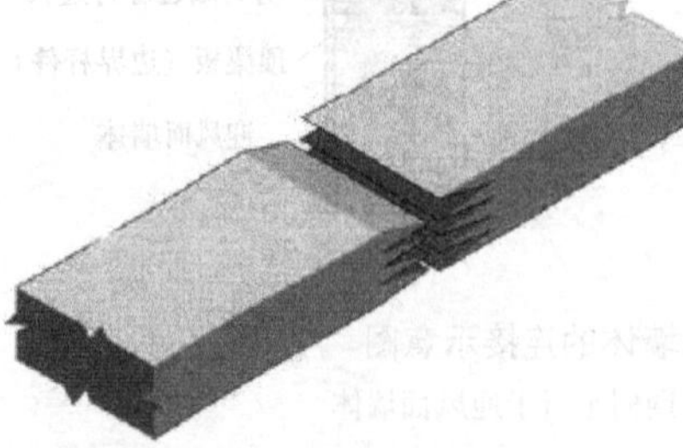

图5-38 规格材的指接连接

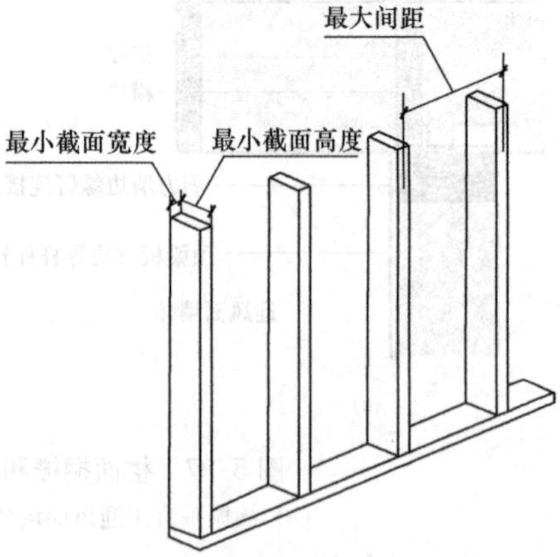

图5-39 墙骨柱的最小截面尺寸和最大间距示意图

墙骨柱的最小截面尺寸和最大间距　表 5-12

墙的类型	承受荷载情况	最小截面尺寸（宽度×高度）（mm×mm）	最大间距（mm）	最大层高（m）
内墙	不承受荷载	40×40	410	2.4
		90×40	410	3.6
	屋盖	40×65	410	2.4
		40×90	610	3.6
	屋盖加一层楼	40×90	410	3.6
	屋盖加二层楼	40×140	410	4.2
	屋盖加三层楼	40×90	310	3.6
		40×140	310	4.2
外墙	屋盖	40×65	410	2.4
		40×90	610	3.0
	屋盖加一层楼	40×90	410	3.0
		40×140	610	3.0
	屋盖加二层楼	40×90	310	3.0
		65×90	410	3.0
	屋盖加三层楼	40×140	410	3.6
		40×140	310	1.8

④ 墙体转角处布置要求

墙骨柱在墙体转角及交接处应加强，转角处墙骨柱数量不应少于 3 根。一般转角处墙骨柱的布置如图 5-40 所示。

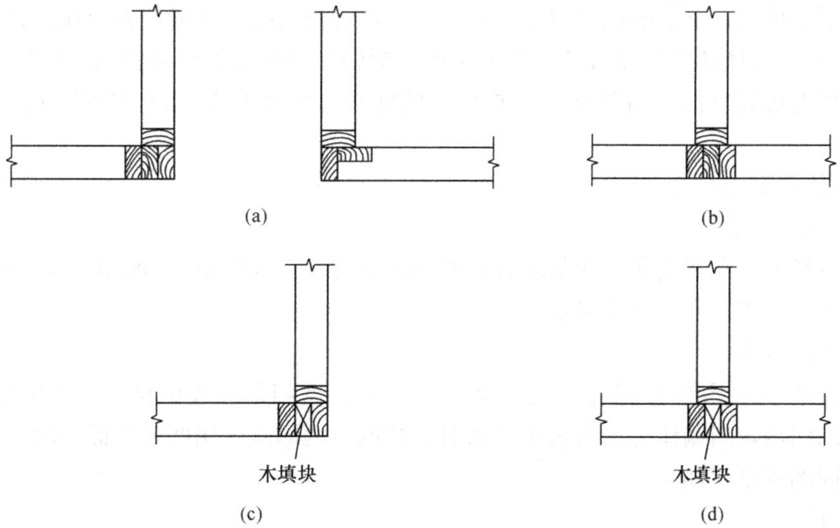

图 5-40　转角处墙骨柱布置

（a）L 形转角；（b）十字转角；（c）带木填块的 L 形转角；（d）带木填块的十字转角

⑤ 墙体开孔处布置要求

墙体开孔宽度大于墙骨柱时，开孔两侧的墙骨柱应采用双柱，见图 5-41，以保证孔边墙骨柱具有足够的传递荷载的能力；但对于开孔宽度小于或等于墙骨柱之间净距，且开孔位于两墙骨柱之间时，开孔两侧可采用单根墙骨柱。

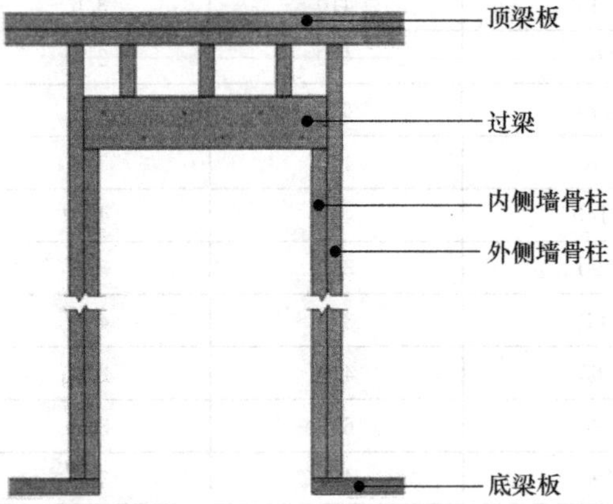

图 5-41 墙体开孔时孔两侧采用双根墙骨柱

2）墙体梁板

墙体顶部平放的规格材称为顶梁板，墙体底部平放的规格材称为底梁板，位于基础顶部、用于搁置底层楼面板搁栅、平放的规格材称为地梁板。顶梁板和底梁板既有承受和传递荷载的作用，又可用于固定内外墙板，且起到层间防火隔断的作用；地梁板起到木墙板与基础的连接作用。

① 地梁板和底梁板

任何情况下墙体底部应设置底梁板或地梁板。底梁板或地梁板在支座上突出的尺寸不得大于墙体厚度的 1/3；底梁板和地梁板的宽度不得小于墙骨柱的截面高度。顶梁板与底梁板的规格材尺寸与等级通常和墙骨柱的规格材尺寸与等级相同。

② 顶梁板

墙体顶部应设置顶梁板，其宽度不得小于墙骨柱的截面高度。考虑搁栅或桁架和墙骨柱可能对中不准，承重墙的顶梁板宜不少于两层，但当来自楼（屋）盖或顶棚的集中荷载与墙骨柱的中心距不大于 50mm 时，可采用单层顶梁板。非承重墙的顶梁板可为单层。

③ 顶梁板接缝

多层顶梁板上、下层的接缝应至少错开一个墙骨柱间距，接缝位置应在墙骨柱上，见图 5-42(a)；在墙体转角和交接处，上下层顶梁板的接缝应交错相互搭接，见图 5-42(b)；单层顶梁板的接缝应位于墙骨柱上，并宜在接缝处的顶面采用镀锌薄钢带以钉连接，见图 5-42(c)。

3）墙体框架的开孔

① 承重墙的开孔

当承重墙上开孔宽度大于相邻墙骨柱的净间距时，孔顶应设置过梁来承担和传递开孔上方的荷载，过梁尺寸由计算确定。

② 非承重墙的开孔

非承重墙开孔周围可用截面高度和墙骨柱截面高度相等的规格材与相邻墙骨柱连接。非承重墙的门洞，当墙体有耐火极限要求时，其洞口两侧至少用两根截面高度与底梁板截面高度相同的规格材加强。

4）墙面板

① 尺寸要求

外墙的外侧面板应采用木基结构板材，外墙的内侧面板和内墙面板可采用石膏墙板。墙体的覆面板厚度根据面板材料和墙骨柱中心距离确定，见表 5-13。

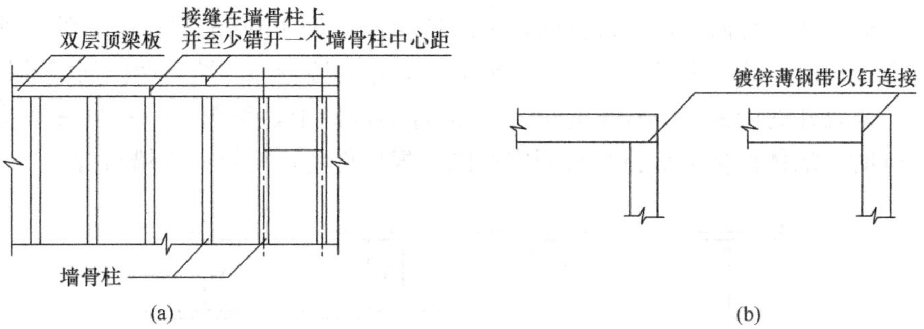

图 5-42 顶梁板的连接

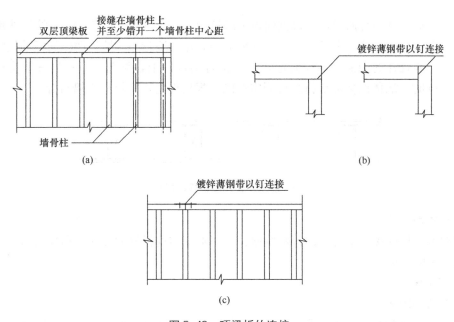

（a）双层顶梁板；（b）墙角顶梁板接缝；（c）单层顶梁板

最小墙面板厚度 **表 5-13**

墙面板材料	最小墙面板厚度（mm）	
	墙骨柱间距 410mm	墙骨柱间距 610mm
木基结构板材	9	11
石膏面板	9	12

墙面板的尺寸不应小于 1.2m×2.4m，在墙面边界或开孔处，可使用宽度不小于 300mm 的窄板，但不应多于两块；当墙面板的宽度小于 300mm 时，应加设用于固定墙面板的填块。如图 5-43 所示，一般为标准板块，边缘处有窄板。试验表明，窄长板材会降低剪力墙或楼（屋）盖的抗剪承载力，所以要加以限制。

② 布置要求

墙面板相邻面板之间的接缝应位于骨架构件上，面板可水平或竖向铺设，面板之间应留有不小于 3mm 的缝隙，如图 5-44 所示。

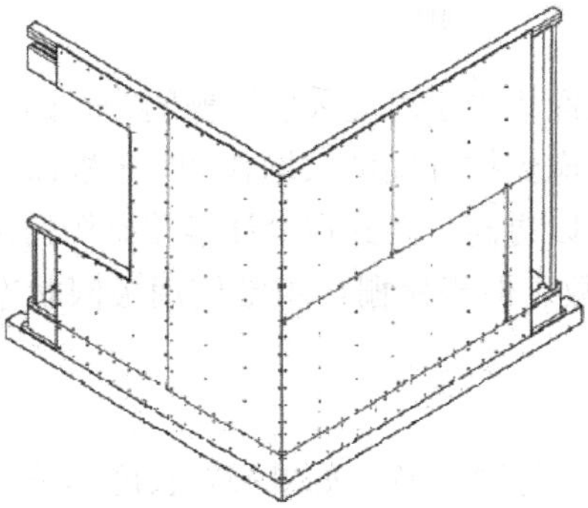

图 5-43 墙面板铺设

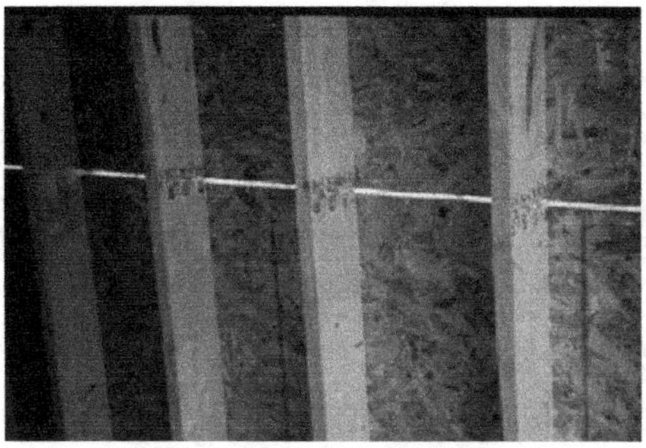

图 5-44 面板之间留有缝隙

当墙面板两侧均有面板，且每侧面板边缘钉间距小于150mm时，墙体的抗剪承载力约只有单面墙板的2倍。为了防止钉接劈裂40mm宽的墙骨柱，墙体两侧面板的接缝应相互错开一个墙骨柱的间距，不应固定在同一根骨架构件上，见图5-45；当骨架构件宽度大于65mm时，墙体两侧面板拼缝可固定在同一根构件上，但钉应交错布置。

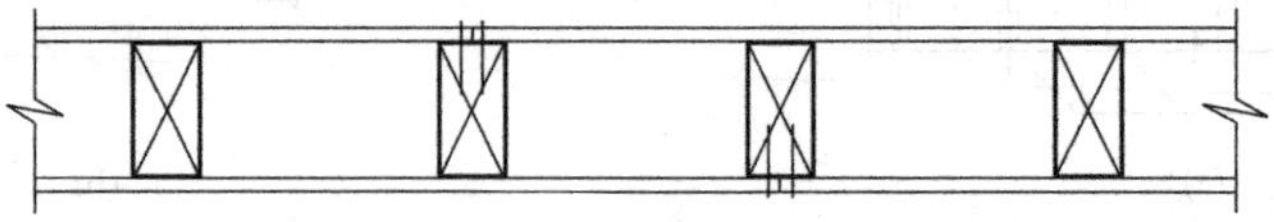

图5-45 墙体两侧均有面板时板缝错开

（2）楼盖系统

轻型木结构的楼盖主要由楼盖木搁栅、采用木基结构板材的楼面板和采用木基结构板材或石膏板的顶棚组成。

1）木搁栅

① 间距和用材

轻型木结构的楼盖搁栅间距不大于610mm，中心间距通常为300mm或400mm。楼盖搁栅可采用矩形、工字形截面的规格材或工程木产品，截面尺寸由计算确定，见图5-46。

(a) (b)

图5-46 轻型木楼盖示意图

(a) 规格材搁栅；(b) 木“工”字形搁栅

设计搁栅时，搁栅在均布荷载作用下，其受荷面积等于跨度乘以搁栅间距。因为大部分楼盖结构中，互相平行的搁栅数量大于3根。考虑到构件间的共同作用，3根以上互相平行、等间距的构件在荷载作用下，其抗弯强度可以提高。因此在设计楼盖搁栅的抗弯承载力时，可将抗弯强度设计值乘以1.15的调整系数。但当搁栅按正常使用极限状态计算挠度时，则不需要考虑构件的共同作用问题。

② 搁置长度和方式

楼盖搁栅在支座上的搁置长度不得小于40mm，见图5-47。如果搁置长度不够，会导致搁栅或支座的破坏。此外，最小搁置长度也保证了搁栅与支座的可靠钉连接。楼盖搁栅

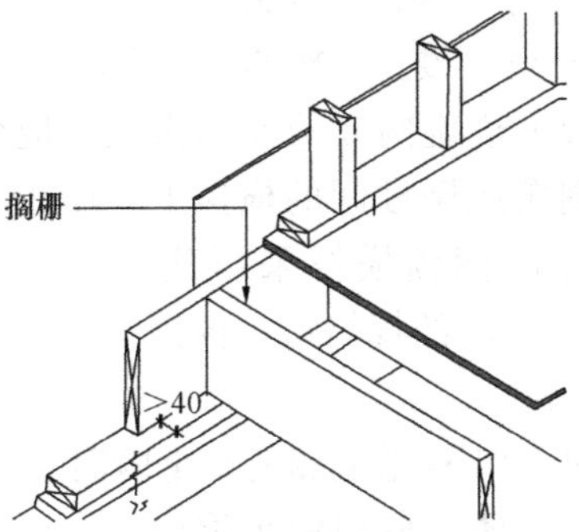

图 5-47 楼盖搁栅搁置长度

可支承在梁顶，也可支承在梁侧，见图 5-48。

2）搁栅支撑

在靠近制作部位的搁栅底部宜采用连续木底撑、搁栅横撑或剪刀撑，如图 5-49 所示，以提高楼盖体系的抗变形和抗振动能力。木底撑、搁栅横撑或剪刀撑在搁栅跨度方向的间距不应大于 2.1m。当搁栅与木板条或吊顶板直接固定在一起时，搁栅间可不设置支撑。

3）楼盖开孔

① 封头搁栅

封头搁栅为楼盖开孔周边、垂直于楼盖搁栅的规格材，见图 5-50。当封头搁栅跨度大于 1.2m 时，应采用两根封头搁栅；当封头搁栅跨度大于 3.2m 时，其尺寸应由计算确定。

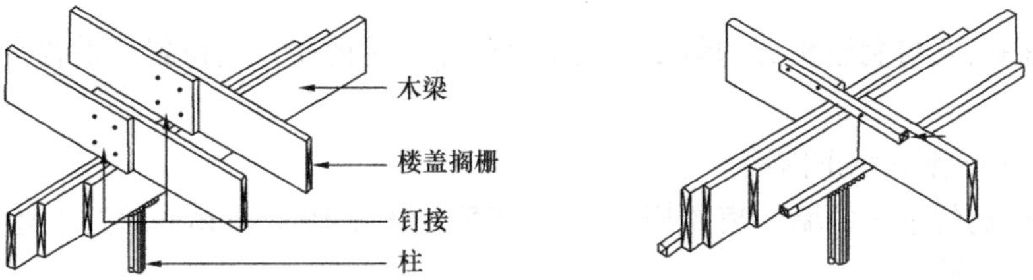

(a) (b)

图 5-48 楼面搁栅的支承方式

（a）支撑在梁顶；（b）连在梁侧

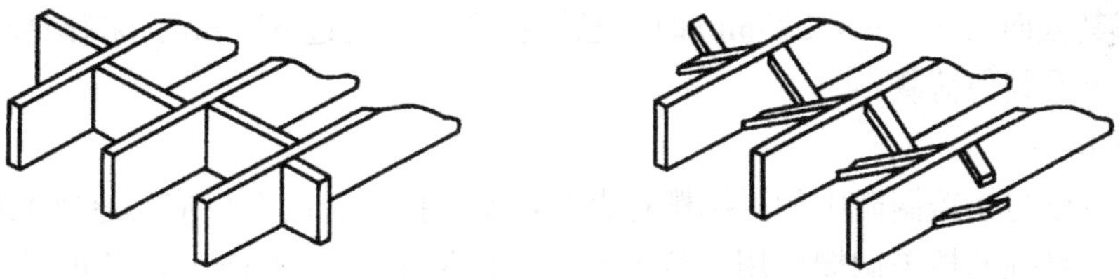

(a) (b)

图 5-49 搁栅间支撑示意

（a）搁栅横撑；（b）剪刀撑

② 封边搁栅

封边搁栅为楼面开孔周边、平行于楼面搁栅的规格材，见图 5-50，封边搁栅是封头搁栅的支撑。当封边搁栅长度超过 800mm 时，应采用两根封边搁栅；当封边搁栅长度超过 2.0m 时，封边搁栅的截面尺寸应由计算确定。

③ 尾部搁栅

楼面上被开孔切断、连接于封头搁栅的那些搁栅称为尾部搁栅，见图 5-50。尾部搁栅承接于封头搁栅上，封头搁栅承接于封边搁栅上，这些承接处应选用合适的金属搁栅托架或采用正确的钉连接可靠连接。

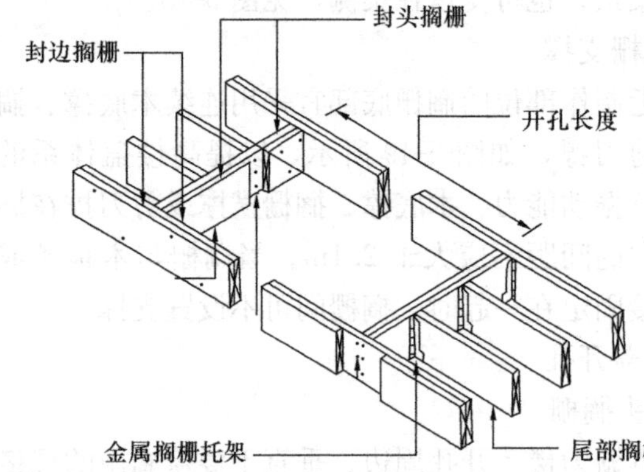

图 5-50 楼盖框架上的开孔

4）支撑墙体的楼盖搁栅

① 平行于楼盖搁栅的非承重墙

平行于楼盖搁栅的非承重墙，应位于楼盖搁栅或搁栅间的横撑上。用于支撑该墙体的搁栅横撑采用截面不小于40mm×90mm的规格材，横撑间距应不大于1.2m。

② 平行于楼盖搁栅的承重内墙

平行于楼盖搁栅的承重内墙，应支承于楼面梁或下层承重墙上，不得支承于楼盖搁栅上。

③ 垂直或接近垂直于搁栅的非承重内墙

垂直于搁栅或与搁栅相交的角度接近垂直的非承重内墙，其位置可设置在搁栅上任何位置。

④ 垂直于搁栅的承重内墙

垂直于搁栅的承重内墙，离搁栅支座的距离不得大于610mm。超过上述规定时，搁栅尺寸应由计算确定。

5）悬挑搁栅

悬挑出外墙的楼盖搁栅为上层房间提供了使用空间。

① 尺寸要求

承受屋盖荷载的楼盖搁栅当其截面尺寸为40mm×185mm时，悬挑长度不能超过400mm；当其截面为40mm×235mm时，悬挑长度不能超过610mm。未作计算的搁栅悬挑部分不应承受其他荷载。

② 连接构造

当悬挑搁栅与楼盖搁栅中的主搁栅垂直时，室内搁栅长度至少应为悬挑搁栅长度的6倍。每根带有悬挑的楼盖搁栅应用5枚80mm长的钉子或3枚100mm长的钉子与双根封头搁栅连接。双根封头搁栅应用中心距300mm、长80mm的钉子钉接在一起。用搁栅吊可为楼盖搁栅提供更好的连接。楼盖搁栅也可以使用锚固连接。

6）楼盖覆面板

① 最小厚度及尺寸

楼盖覆面板厚度应由楼面活荷载和楼盖搁栅的中心距离确定，见表5-14。

楼盖覆面板厚度 **表 5-14**

楼盖搁栅最大中心距离（mm）	木基结构楼面板最小厚度（mm）	
	活荷载 $Q_k \leq 2.5kN/m^2$	$2.5kN/m^2 < Q_k < 5.0kN/m^2$
410	15	16
500	15	18
610	18	22

楼面板的尺寸不应小于 1.2m×2.4m，在楼盖边界或开孔处，允许使用宽度不小于 300mm 的窄板，但不应多于两块；当结构板的宽度小于 300mm，应加设填块固定。

② 布置要求

铺设木基结构板材时，板材长度方向与搁栅垂直，宽度方向拼缝与搁栅平行，相邻板块宽度方向拼缝位置错开。拼缝应连接于同一搁栅上。在板块长度方向，板与板之间应留有不小于 3mm 的空隙。

(3) 屋盖系统

轻型木结构建筑一般采用坡屋顶，其屋盖结构体系由木屋架（或椽条）、屋面系杆（或屋面支撑）以及屋面板钉合后组成。

1）屋盖构架

屋盖构架由规格材制作的、间距不大于 610mm 的桁架组成；当跨度较小时，也可直接由屋脊板（屋脊梁）、椽条和天棚搁栅等构成，见图 5-51。桁架、椽条和天棚搁栅的截面应由计算确定，以满足承载能力极限状态和正常使用极限状态的要求，并应做好锚固与支撑。

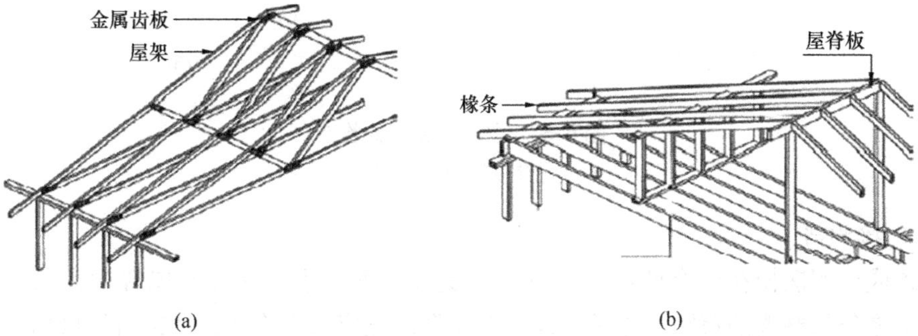

图 5-51 屋盖构架

（a）由桁架组成屋盖构架；（b）由屋脊板、椽条和天棚搁栅组成屋盖构架

2）椽条或搁栅

① 连续性要求

椽条或搁栅沿长度方向应连续，但可用连接板在竖向支座上连接，见图 5-52。图 5-52(a)为天棚搁栅在下层墙体上搭接连接；图 5-52(b)为在支座处对接，并用拼接板加强。

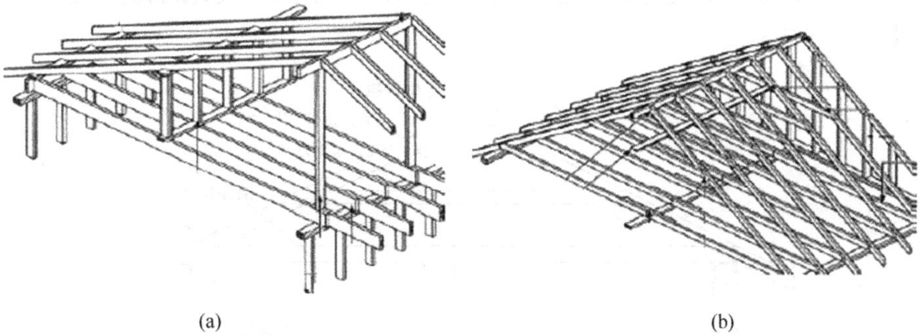

图 5-52 天棚搁栅的连接

（a）天棚搁栅在支座上搭接；（b）天棚搁栅在支座处对接

② 搁置长度

搁栅与椽条在边支座上的搁置长度不得小于 40mm。

③ 屋脊和屋谷椽条

屋脊和屋谷的椽条截面高度应比其他处椽条的截面高度大 50mm，见图 5-53，以保证它们与那些与之相连的椽条紧密结合。

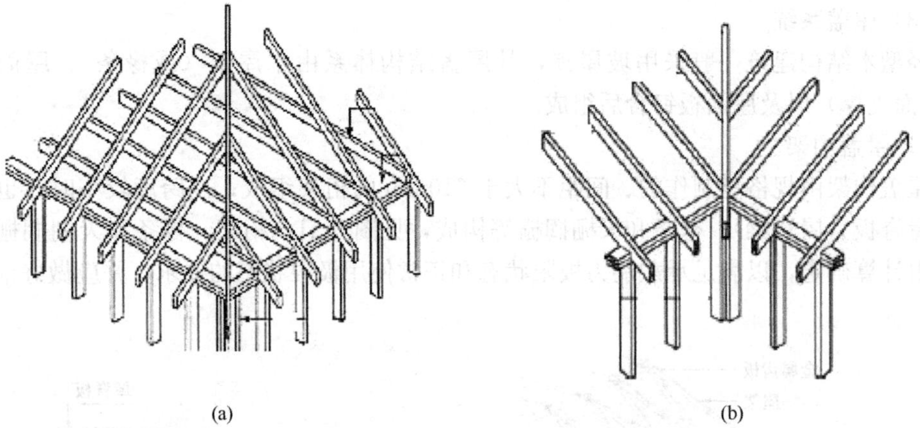

图 5-53　屋脊、屋谷处构造

(a) 屋脊构造；(b) 屋谷构造

④ 连接构造

椽条或天棚搁栅在屋脊处可由承重墙或支撑长度不小于 90mm 屋脊梁支承，这些支承减小了椽条和搁栅的跨距。椽条的顶端在屋脊两侧应采用连接板或按钉连接构造要求相互连接。

⑤ 椽条中间或底部固定

在屋面椽条中部连接两椽条的构件称为椽条连杆。当椽条连杆跨度大于 2.4m 时，应在连杆中心附近加设通长纵向水平系杆，系杆截面尺寸不小于 20mm×90mm，如图 5-54 所示；当椽条连杆截面尺寸不小于 40mm×90mm 时，对于屋面坡度大于 1∶3 的屋盖，可作为椽条的中间支座。当屋面坡度不小于 1∶3 时，且椽条底部有可靠的防止椽条滑移的连接时，则屋脊板可不设支座。此时屋脊两侧的椽条应用钉与顶棚搁栅相连，按钉连接的要求设计。

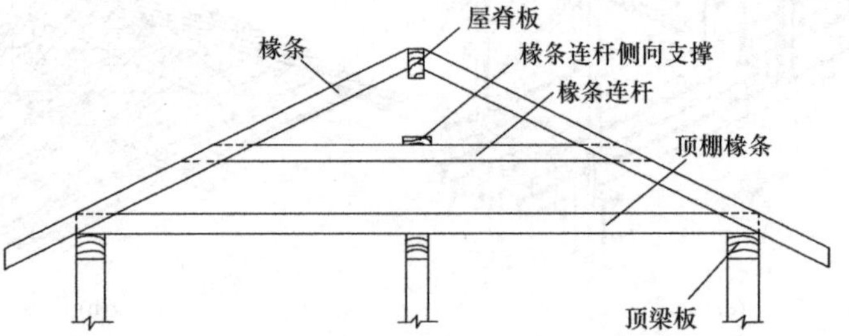

图 5-54　椽条连杆加设通长纵向水平系杆

3）屋面或吊顶开孔

当屋面或吊顶开孔大于椽条或搁栅间距离时，开孔周围的构件要加强，加强方式按楼盖系统开孔的构造要求进行。比如按图 5-55所示，孔边采用两道搁栅。

4）屋面板

① 最小厚度及尺寸

上人屋顶的屋面板厚度要求与楼面板相同，不上人屋顶的屋面板厚度见表 5-15。屋面板的尺寸要求与楼面板相同。

图 5-55 屋面开孔

不上人屋顶的屋面板厚度 **表 5-15**

支撑板的间距（mm）	木基结构楼面板最小厚度（mm）	
	$G_k \leqslant 0.3kN/m^2$ $S_k \leqslant 2.0kN/m^2$	$0.3kN/m^2 < G_k \leqslant 1.3kN/m^2$ $S_k \leqslant 2.0kN/m^2$
400	9	11
500	9	11
600	12	12

注：当恒载荷标准值 $G_k > 1.3kN/m^2$ 或雪荷载标准值 $S_k \geqslant 2.0kN/m^2$ 时，轻型木结构的构件和连接不能按构造设计，而应通过计算进行设计。

② 布置要求

屋面板的布置要求与楼面板相同。

5）楼（屋）盖系统对混凝土或砖墙的侧向支撑

当木屋盖和楼面用来作为混凝土或砌体墙体的侧向支撑时，楼（屋）盖应有足够的承载力和刚度，以保证水平力的可靠传递。木屋盖和楼盖与墙体之间应有可靠的锚固；锚固连接沿墙体方向的抵抗力应不小于 3.0kN/m。

（4）构件连接

轻型木结构的所有构件之间都要有可靠的连接。各种连接件需符合国家现行标准要求；进口产品应通过审查认可，并按相关标准生产，必要时进行抽样检验。

钉连接是轻型木结构构件之间的主要连接方式，轻型木结构构件之间采用钉连接时，钉的直径不应小于 2.8mm。按构造设计的轻型木结构的钉连接要求和墙面板、楼（屋）面板与支撑构件的钉连接要求可具体参见相关标准规定。

有抗震设计要求的轻型木结构，其构件之间的关键部位应根据抗震设防烈度，采用螺栓连接，以加强连接强度。

（5）构件的开孔或缺口

1）楼（屋）盖、顶棚搁栅的开孔

楼（屋）盖和顶棚搁栅的开孔尺寸不得大于搁栅截面高度的 1/4，且离搁栅边缘的距离不应小于 50mm，如图 5-56 所示。如开孔尺寸大于搁栅截面高度的 1/4 时，则搁栅截面高度应根据开孔尺寸相应增加。

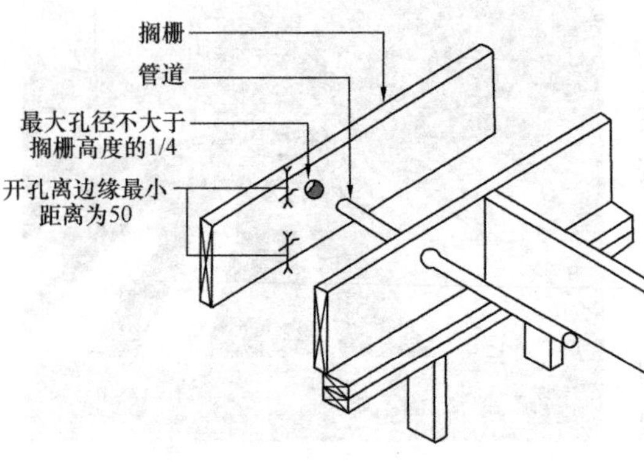

图 5-56　搁栅开孔要求

2）楼（屋）盖、顶棚搁栅的开缺口

楼（屋）盖和顶棚搁栅上允许开缺口，但缺口必须位于搁栅顶面，缺口离支座边缘的距离不得大于搁栅截面高度的 1/2，缺口高度不得大于搁栅截面高度的 1/3，如图 5-57 所示。如缺口高度大于搁栅高度的 1/3 时，则应根据缺口高度要求，相应增加搁栅截面高度。搁栅底部不得开缺口。

3）墙骨柱的开孔或开缺口

应保证墙骨柱在开孔或开缺口后，对于承重墙的墙骨柱截面的剩余高度不应小于其截面高度的 2/3；对于非承重墙的墙骨柱剩余高度不应小于 40mm，如图 5-58 所示。如果超出上述规定，则应采取加强措施。

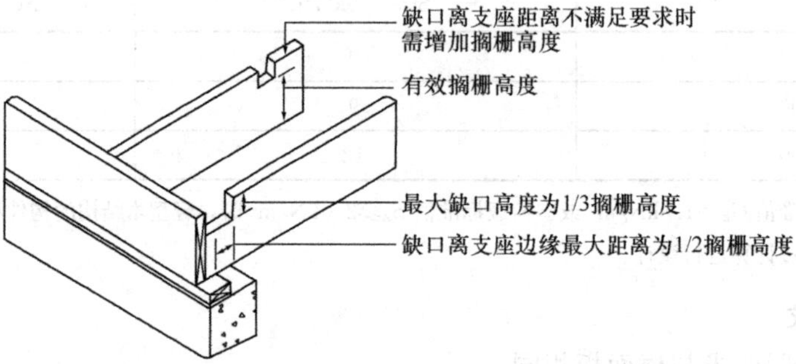

图 5-57　搁栅上开缺口

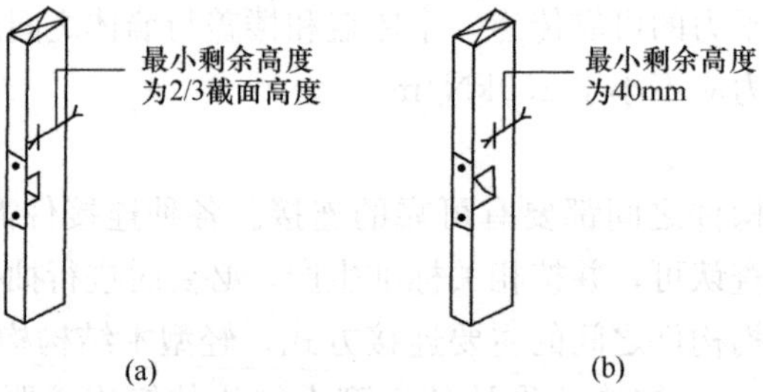

图 5-58　墙骨柱上开孔和开缺口

（a）承重墙墙骨柱开缺口；（b）非承重墙墙骨柱开缺口

4）墙体顶梁板的开孔或开缺口

墙体顶梁板的开孔或开缺口，应保证开孔或开缺口后的剩余宽度不得小于 50mm。如果剩余宽度小于 50mm，则墙体顶梁板应采取加强措施。

5）屋架构件开孔或开缺口

除非在设计中已作考虑，否则不得随意在屋架构件上开孔或开缺口。这主要是因为桁架构件本身的材料利用率较高，截面较经济，任何截面的削弱将严重影响桁架构件的承载力，因此管道和布线应尽量避开构件，安排在阁楼空间或在吊顶内。

（6）梁、柱和基础

1）梁

① 搁置长度

采用规格材、胶合木制成的组合梁或由工程木材制成的梁最小支承长度为90mm。支座表面应平整，梁与支座应紧密接触，如图5-59所示。

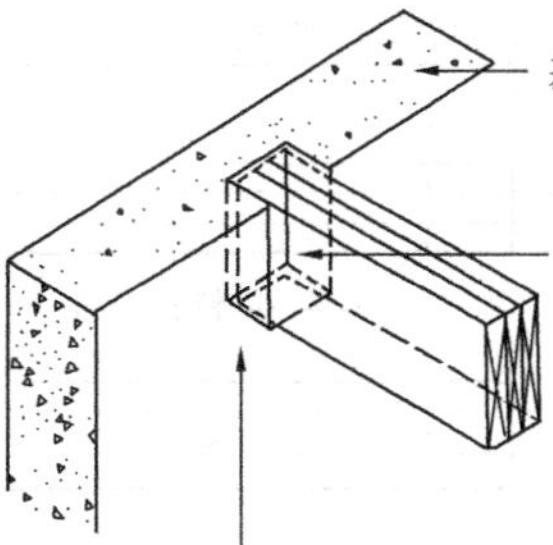

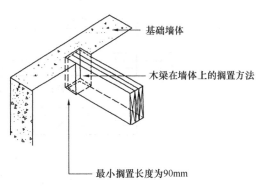

图5-59 梁在支座上的搁置

② 拼合梁

拼合梁是由2根或2根以上的规格材用钉或螺栓组合在一起形成的梁，如图5-60所示。拼合梁用于荷载不大、规格材用作搁栅的楼面或屋面梁，这样设计可以减少结构中所用材料种类，方便施工。

拼合梁需符合以下要求：

A. 拼合梁中单根规格材的对接位置应位于梁的支座上。

B. 若拼合梁为连续梁，则梁中单根规格材的对接位置应位于距支座1/4梁净跨150mm的范围内，见图5-61；相邻的单根规格材不得在同一位置上对接；在同一截面上对接的规格材数量不得超过梁的规格材总数的一半；任一根规格材在同一跨内均不得有两个或两个以上的接头，并在右接头的相邻一跨内不应再次对接；边跨内不得对接。

图5-60 拼合梁在楼群中的应用

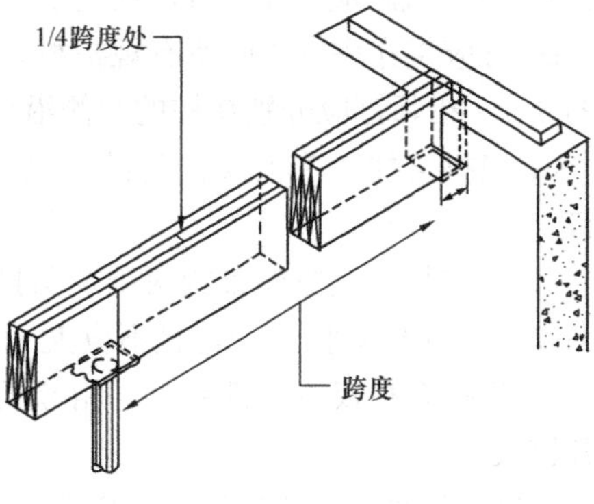

图5-61 拼合梁的对接位置

C. 当拼合梁由40mm宽的规格材组成时，规格材之间应采用沿梁截面高度等分布的两排钉连接，钉长不得小于90mm，钉的间距不得大于450mm，钉的端距为100～150mm，详见图5-62。

D. 当拼合梁由40mm宽的规格材采用螺栓连接时，螺栓直径不应小于12mm，螺栓中距不得大于1200mm，螺栓端距不得大于600mm，详见图5-63。

不符合上述规定的拼合梁，应按相应的组合梁设计理论和规定进行设计。

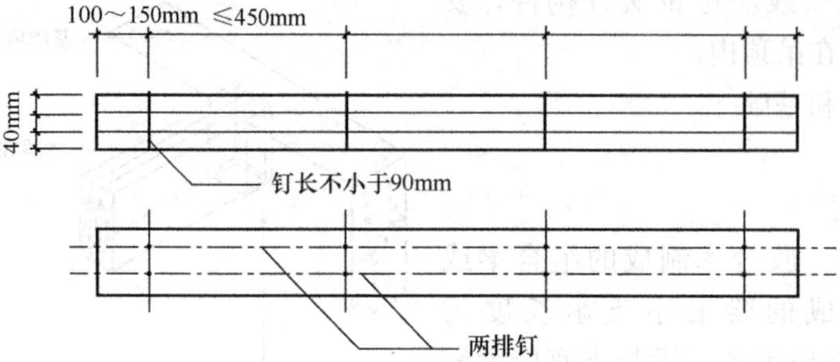

图 5-62 拼合梁中钉的布置

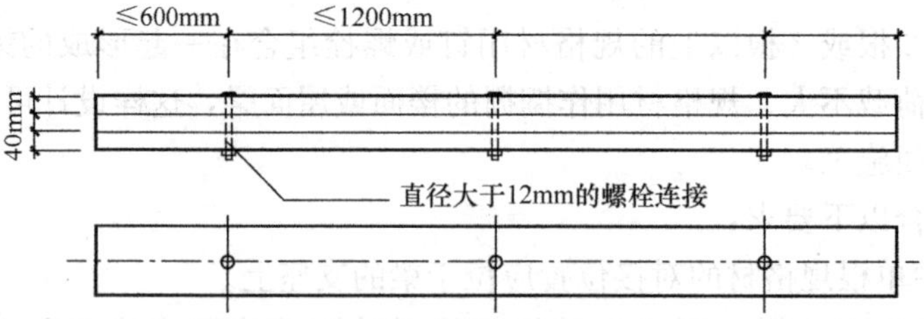

图 5-63 拼合梁中螺栓布置

2）拼合柱

与拼合梁类似，拼合柱是由 2 根或 2 根以上的规格材用钉或螺栓组合在一起形成的柱。采用钉连接的拼合柱应符合如下规定：

A. 沿柱长度方向的钉间距不应大于单根规格材厚度的 6 倍，且不应小于 $20d$（钉的直径），钉的端距应大于 $15d$，且应小于 $18d$。

B. 钉应贯穿拼合柱的所有规格材，且钉入最后一根规格材的深度不应小于规格材厚度的 3/4，相邻钉应分别在柱的两侧沿柱长度方向交错打入。

C. 当拼合柱中单根规格材的宽度大于其厚度的 3 倍时，在宽度方向应至少布置两排钉。

D. 当在柱宽度方向布置两排及两排以上的钉时，钉的行距不应小于 $10d$，且不应大于 $20d$；边距不应小于 $5d$，且不应大于 $20d$。

E. 当拼合柱仅有一排钉时，相邻的钉应错开钉入，当超过两排钉时，相邻列的钉应错开钉入。

当拼合柱采用螺栓连接时，拼合柱的连接应符合如下要求：

A. 规格材与螺母之间应采用金属垫片，螺母拧紧后，规格材之间应紧密接触。

B. 沿柱长度方向的螺栓间距不应大于单根规格材厚度的 6 倍，且不应小于 4 倍螺栓直径 d，螺栓的端距应大于 $7d$，且应小于 $8.5d$。

C. 当拼合柱中单根规格材的宽度大于其厚度的 3 倍时，在宽度方向应至少布置两排螺栓。

D. 当在柱宽度方向布置两排及两排以上的螺栓时，螺栓的行距不应小于 $1.5d$，且不应大于 $10d$，边距不应小于 $1.5d$，且不应大于 $10d$。

不符合上述规定的拼合柱，应按相应的组合柱设计理论和规定进行设计。

3）地梁板

① 锚固构造

直接安装在基础顶面的地梁板应经过防护剂加压处理，应采用直径不小于 12mm 的锚栓与基础锚固，间距不应大于 2.0m。锚栓埋入基础深度不应小于 300mm，每根地梁板两端应各有一根锚栓，端距应为 100～300mm，见图 5-64。

② 尺寸要求

当地梁板承受楼面荷载时，其截面不得小于 40mm×90mm。当地梁板直接放置在条形基础的顶面时，在地梁板和基础顶面的缝隙间应填充密封材料，如图 5-65 用泡沫垫层或砂浆垫层。

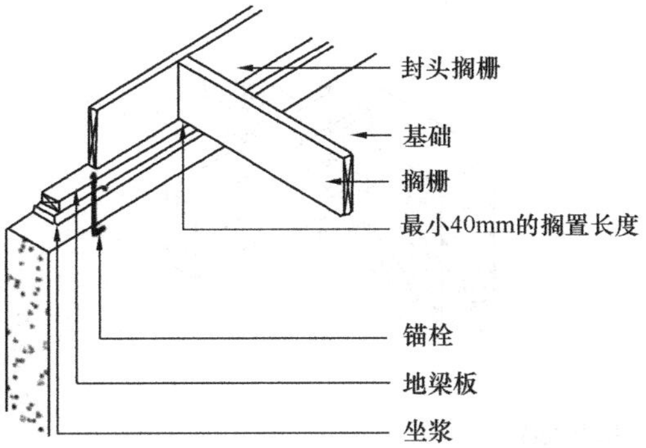

图 5-64　地梁板的锚固

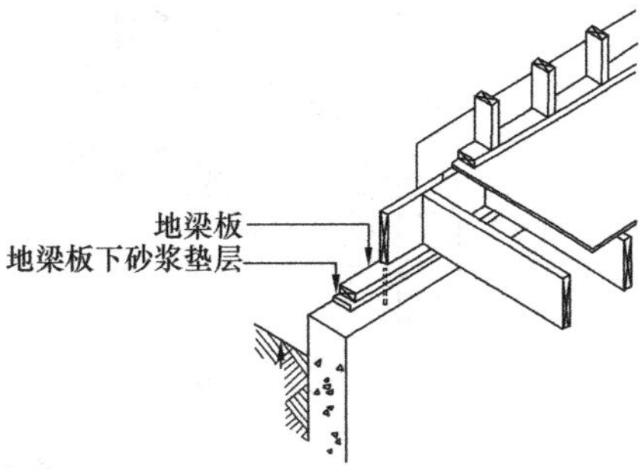

图 5-65　地梁板放置

4）防潮防虫

① 底层木楼板

建筑物室内外地坪高差不得小于 300mm，见图 5-66；无地下室的底层木楼板必须架空，并应有通风防潮措施，见图 5-67。

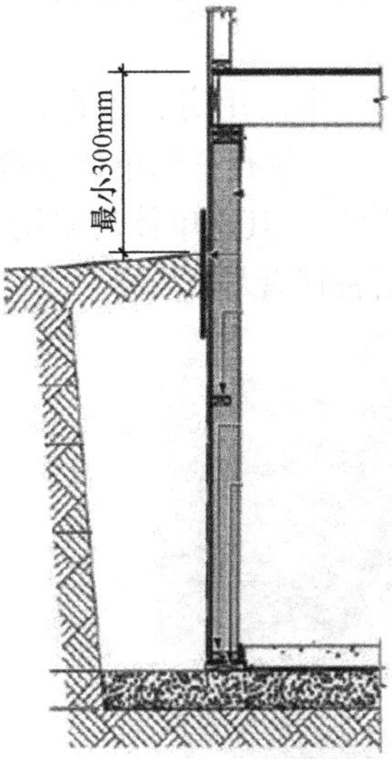

图 5-66　室内外高差

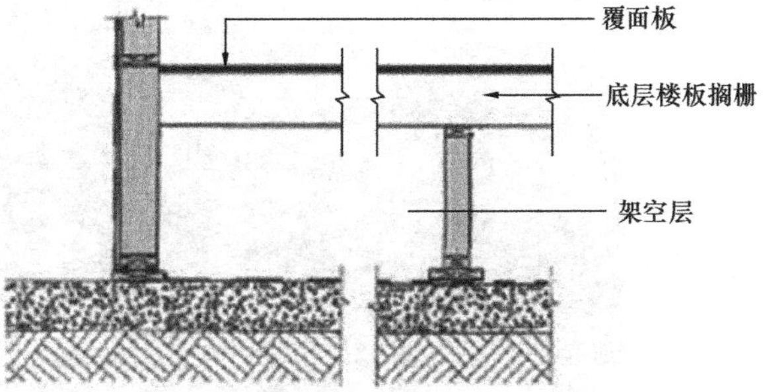

图 5-67　架空层

② 易遭受虫害的构件

在易遭受虫害的地方，应采用经防虫处理的木材作结构构件。木构件底部与室外地坪间的高差不得小于 450mm。当轻型木结构构件底部距架空层下地坪的净距小于 150mm 时，构件应采用经过防腐防虫处理的木材，或在地坪上铺设防潮层。

③ 底层楼板搁栅

当底层楼板搁栅直接置于混凝土基础上时，构件端部应作防腐防虫处理，如图 5-68 (a) 所示；如搁栅搁置在混凝土或砌体基础的预留槽内，除构件端部应作防腐防虫处理外，尚应在构件端部两侧留出不小于 20mm 的空隙，且空隙中不得填充保温或防潮材料，如图 5-68(b) 所示。

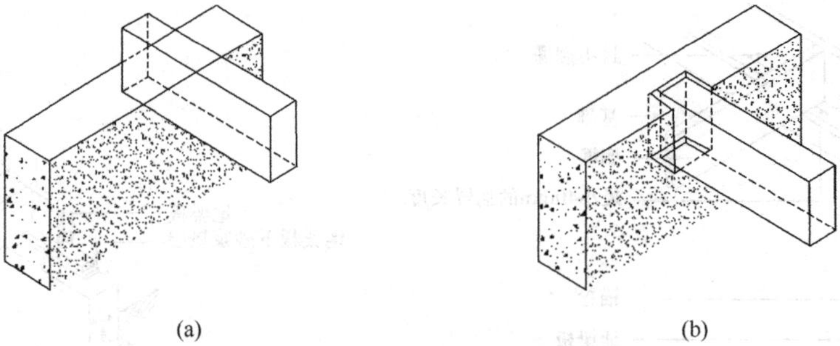

图 5-68 梁的搁置

(a) 梁搁置于基顶；(b) 梁搁置在基础预留槽内

5.4.7 设计实例简介

2008 年 5 月 12 日四川汶川大地震过后，由同济大学倡议发起在四川都江堰市向峨乡用木结构建筑重建向峨小学，该小学于 2009 年 8 月正式投入使用。这是我国第一所采用木结构建造的小学，为我国提高中小学校舍抗震设防标准提供了一个从建筑材料角度解决问题的示范性工程。

项目建设范围包括教学用房、专用教室、行政办公用房、生活用房、体育运动场地等。总建筑面积为 5290m^2，学校可用用地面积为 16311m^2。学校共有三栋单体校舍建筑，包括宿舍楼、餐厅和教学楼，除厨房部分采用钢筋混凝土结构外，其余单体均采用轻木结构建筑体系，图 5-69 为校园布局效果，图 5-70 为建造中的宿舍楼现场。

图 5-69 向峨小学布局效果图

(a) (b) (c) (d)

图 5-70 宿舍楼施工现场

(a) 宿舍楼外墙；(b) 宿舍楼内墙；(c) 宿舍楼楼板；(d) 入口处屋盖

三栋木结构房屋均为平台式框架结构，即建完一层后，以一层为平台，继续建第二层，墙骨柱在楼层处竖向不连续，但优点是施工便捷快速。为此在楼层间采用加强钢带以增强楼层间的整体性，采用抗拉锚固件加强底层剪力墙与基础之间的整体性，以此来保证结构组件之间有效地传力，使结构成为一个整体来抵抗水平作用力。

三栋木结构单体校舍建筑中，墙骨柱均采用截面尺寸为 38mm×140mmⅢ$_c$ 云杉—松—冷杉规格材，木基结构板材基本选用 9.5mm 的定向刨花板（OSB），双侧覆板，采用直径为 3.3mm 的普通钢钉，最小钉入深度为 35mm。部分墙体采用 12mm 或 15mm 定向刨花板，采用直径为 3.7mm 普通钢钉，最小钉入深度 38mm。楼盖均采用 15mm 定向刨花板，钉间距为 150mm，采用直径 3.7mm 的普通钢钉，钉入的最小深度为 38mm。楼盖结构中使用了三种类型的搁栅，分别是规格材搁栅、平行弦桁架搁栅、工字形木搁栅，前两种类型的搁栅主要由规格材构成。

向峨小学宿舍楼的建筑平面图和具体设计步骤详见本书附录 4。

Reading Material 5
Structural Forms

5.1 Low-rise wood construction

Wood, as a building material, is suitable for many structural applications. There are many examples of common and exciting uses of wood in structures. Historically high profile buildings such as the Forbidden Palace (Gu Gong) in China, Todaiji Temple in Nara Japan (largest wooden building in the world), and Horyuji in Nara Japan (first build in the 7th century), offer much inspiration for the architects and engineers for wood building design and applications. In North America and Japan, where structural use of wood is commonly used in wooden single-family residences, low-rise multifamily residences and low-rise commercial structures, wood is preferred over other building material (Figures 5-1 and 5-2). Here, the wood framing technique that uses sheathing panels to cover wood frame offers an efficient structural system to carry the expected applied loads including gravity, wind, snow and seismic forces. Variations of the wood frame construction methods are also

(a) (b) (c)

(d) (e)

Figure 5-1 Wood frame construction

(a) Single family residence in Richmond, Canada; (b) Multi-family residence in Vancouver, Canada; (c) steel frames in hybrid construction of multifamily residence buildings at University of BC, Canada; (d) Single family residence in Kobe Japan (survived the 1994 Kobe earthquake with minor damage); (e) Single family residence in Shanghai, China available where concrete or steel are used in concert with wood frame systems to form hybrid systems (Figure 5-1c). These options may be needed for long span application.

(a) (b) (c) (d) (e) (f) (g)

Figure 5-2 Example of post and beam construction

(a) and (b) Post and beam in Japanese residence; (c) to (f) heavy timber post and beam systems for residence and offices;
(g) Expo 2000, Czech Republic Exhibition Hall

Post and beam construction using bracing or moment connections is also suitable in many applications including residences and/or low-rise offices (Figure 5-2). This construction technique allows more open floor space design and has many architectural merits. Detailing of the connections is particularly important for this type of construction in order to arrive at architecturally pleasing solutions and to ensure structural safety.

In North America, wood frame building is typically composed of 38mm thick lumber framing members sheathed with either 1.2m×2.4m plywood or oriented strand board panels to form wall, floor, or roof systems (Figure 5-3). In the floor systems, the depth and spacing of the joist members depend upon the span and applied vertical loads. In the wall systems, the frame members are connected with 76mm common nails. And the vertical stud spacing is typically 400mm. The sheahing panels and framing members are connected by 50mm common or spiral nails spaced at 150mm along the panel edges (edge or perimeter nailing) and 300mm at the sheathing panel's interior attachment to the frame members (field or interior nailing). In the some part of the US (e. g. ,California), shear wall panels are installed vertically; however, in Canada, horizontally installed panels(with or without

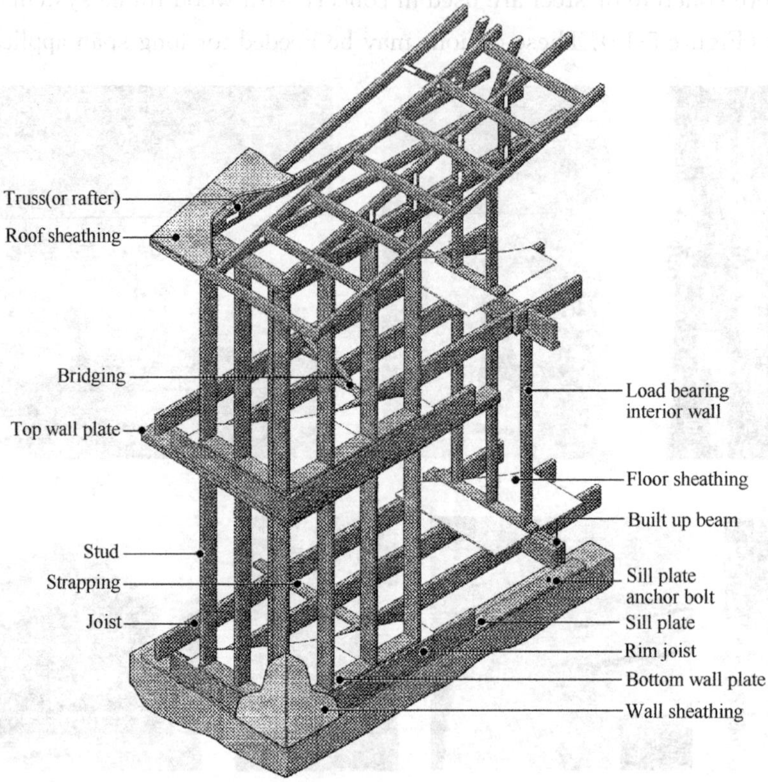

Figure 5-3 Wood frame construction (CWC, 1996)

blocking) are also used.

Generally, the term "diaphragm" applies to horizontal elements such as floors and roofs. The term "shear wall" applies to vertical elements such as walls. Shear walls can include partition walls when they are appropriately designed and constructed. The shear walls and horizontal diaphragms in the wood frame system form an integral part of the load path required for the building. Figure 5-4 shows schematics of typical arrangements of

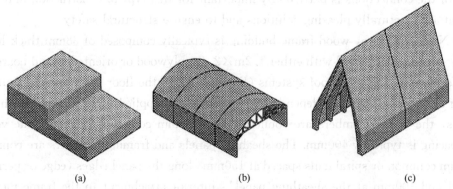

Figure 5-4 Typical shear walls and diaphragms (CWC, 1996)

(a) Vertical shearwalls and horizontal diaphragms; (b) Vertical shearwalls and curved diaphragms; (c) Combination sloping shearwall diaphragms shear walls and diaphragms in wood frame structures.

The diaphragm transfers the loads to the supporting walls or columns, which in turn carry the loads to the foundations. These loads include vertical loads (dead and live loads) and in-plane lateral loads (from wind or earthquake forces). Figure 5-5 shows the load path from wind loading of a simple box-shape building. It can be assumed that the wind action pushes or pulls on the two sidewalls. These sidewalls are assumed to have little resistance to the out-of-plane loads. Instead, they transfer the load to the horizontal diaphragm that is assumed to behave as a beam supported by the two end walls. The lateral loads are then transferred as shear forces onto to top of the end walls. These shear forces are then further transferred by the shear walls down to the foundation. To resist uplift forces, the shear walls should be anchored to the foundation. Alternatively, the dead weight of the building is sometimes assumed to be sufficient to counteract the overturning forces.

The wood frame construction system is one of the most efficient lateral load resisting systems available for the following reasons:

(1) Roof, wall and floor panels fulfill multiple load-carrying purposes, while also often acting as the envelope to the structure.

(2) The continuous connections between adjacent panels create a three-dimensional box system that is well suited to distribute unsymmetrical loads and overcome discontinuities in the building system.

(3) The wood frame walls contain more connections compared with braced frame or moment connect frame systems. The nailing of the wood frame offers high redundancy; therefore, it is not necessarily governed by the weakest members within the system.

(4) As the nail connections are the critical elements, a relatively low grade of lumber can provide a very reliable system.

(5) The simplicity of the building system requires neither special equipment nor high carpentry skills for construction and erection.

(6) Wood shear walls are very ductile and forgiving because of the deformability of the nails and surrounding wood.

(7) The system readily adapts to openings and services.

(8) Non-structural elements, such as wall cladding, often provide for significant additional resistance.

From an engineering design point of view, not all walls technically qualify as shear walls. Some walls, although not specifically designed as shear walls, will carry shear loads to a lesser degree, as will some diaphragms. To clarify load paths and assure proper performance of shear walls and diaphragms, engineers must adhere to certain detailing requirements and specifically select appropriate panel elements.

The major difference between a shear wall and an ordinary wall can be described as follows:

(1) A wood frame shear wall is a load-bearing wall designed to carry in-plane racking

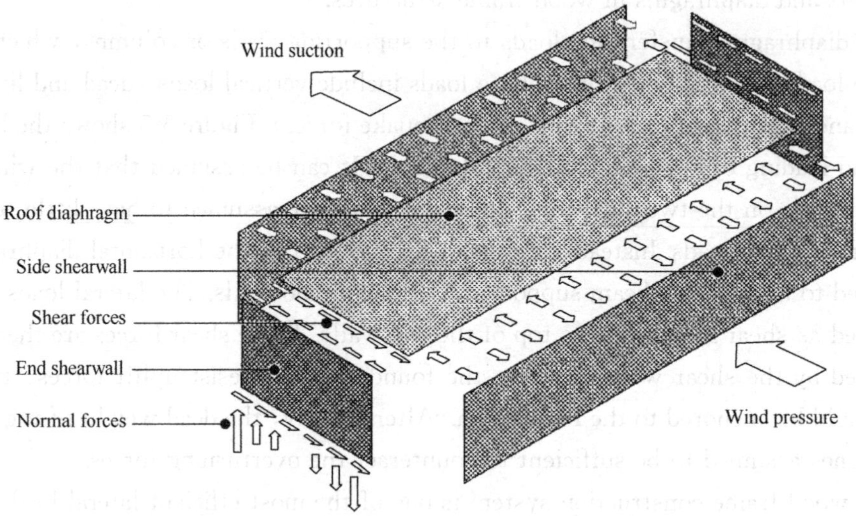

Figure 5-5 Load paths in typical shear walls and diaphragms (CWC, 1995)

loads, in-plane vertical loads, and out-of-plane lateral loads (wind pressures).

(2) A stud wall carries only vertical and out-of-plane lateral loads. The wall is designed similar to a beam-column.

(3) A partition wall does not carry any load other than its own weight. It is used to separate different parts of a dwelling according to the needs of the occupants.

(4) A floor diaphragm is oriented in the horizontal and a roof diaphragm is oriented in a horizontal or inclined direction. They both carry loads perpendicular to their surfaces, while providing racking resistance through in-plane shear.

A diaphragm and a shear wall seem to function similarly, although the construction detailing is quite different. For this reason, diaphragms are sometimes treated separately in the literature. More detailed treatment of the subject can be found in Lam et al. (2002), Lam et al. (2004), Prion and Lam (2003).

5.2 Mid-rise wood construction

Prior to 2009, wood buildings in Canada were limited to four storeys in height. The province of British Columbia (BC), Canada amended the BC provincial building code to allow light wood frame residential buildings to be built up to six storeys in height. Some important stipulations associated with the amendment include:

(1) In a given site, the total buildable floor area for a six story building shall be the same as that of a four storey building;

(2) Shear walls shall not be off set;

(3) 20% increase in shear wall lengths shall be required for the bottom two stories.

In 2015, the NBCC included changes that permit the construction of mid-rise wooden buildings in Canada. Provinces such as Ontario and Quebec have adopted these changes allowing increase in the permissible height of light wood frame residential construction to six storeys. An example of a six storey light wood frame building is shown in Figure 5-6.

Figure 5-6 Six storey light wood frame condominium building on UBC Campus
(Source: Adera Development Corporation, SAIL. www.adera.com)

In the US, five storey light wood frame construction is allowed by the US model code, the International Building Code (2018), for multi-family residential, senior housing, student housing, military housing, and affordable housing occupancy. For business occupancy, six storey light wood frame construction is allowed by the IBC. Furthermore, IBC 2012 stipulates that tall podium type buildings are allowed where up to four storeys light wood frame building can be built on top of a fire-resistance concrete structure. Some local municipal building code further expanded the IBC 2012 stipulations to allow six storeys of light wood frame building to be built on top of the podium structure. An example of such a building is the 43500 square meter Mercer Court Complex at the University of Washington Seattle which has 288 units/1350 beds of student housing. The buildings consist of five or six storeys of light wood frame construction on top of two or three storeys of concrete podium (see Figure 5-7).

Figure 5-7 Mercer Court Complex at the University of Washington Seattle
(Source: W.G. Clark Construction, Ankrom Moisan Architects)

5.3 Large and long span structures

Many examples of large industrial buildings built with timber elements can be found in N. America where the usage of glue-laminated timber as structural elements is common.

Figure 5-8 shows an example of glue-laminated timber arch storage facility. Hybrid building solutions can also be found in many large buildings especially in situations of long spans and high loads. The University of British Columbia Campus Energy Centre is a hot water boiler facility capable of producing enough thermal energy (hot water) to meet all heating requirements of the university. Figure 5-9 shows the building under construction where usage of glue-laminated timber, cross laminated timber, steel, reinforced concrete and masonry blocks as structural elements can be seen. Figures 5-10 shows the University of British Columbia Earth Sciences Building under construction. In this building, glue-laminated timber, laminated strand lumber, cross laminated timber, steel trusses, and reinforced concrete are used as structural elements.

Figure 5-8 Long span glulam arch storage facility (Source: http://westernarchrib.com)

Figure 5-9 University of British Columbia Campus Energy Centre during construction

There are also many examples of successful applications of structural wood products in sport complex and facilities. Figure 5-11 shows the Laval University PEPS Telus Stadium at Sainte-Foy, Québec. Thirteen glue-laminated timber arches span 67.6m to house a 100m×60m indoor soccer practice field. A clear height of 18m at the center of the stadium was achieved with seating of 450.

Shown in Figure 5-12 is the Richmond Olympic Oval built in 2010 in Richmond, BC. The roof of the 200m×100m building is supported by 15 hybrid curved glue-laminated timber and steel beams. Nailed dimension lumber and steel cables formed curved elements spanning between the main beams.

Figure 5-10 University of British Columbia Earth Sciences Building under construction

Figure 5-11 Laval University PEPS Telus Stadium (Source: http://www.abcparchitecture.com)

Figure 5-12 Richmond Olympic Oval

5.4 Tall wood construction

Although tall wood construction is a novelty in N. America, there are some excellent examples of such construction challenging the conventional height limit of wood buildings. In 2013, the Canadian Federal government initiated a Tall Wood Building Demonstration initiative. Funding support was available from Natural Resources Canada for incremental costs to address additional engineering design and code variances needed to incorporate pioneering wood technologies. The main goal is to link new scientific advances and data with technical expertise to show case the application, practicality and environmental benefits of innovative wood based structural building solutions. Construction of two of the three projects selected for funding support has started.

The University of British Columbia's 18 storey Brock Common student residence is a concrete/glue laminated timber/cross laminated timber hybrid building. It consists of 17 storeys of wood built on top of a concrete first storey. Two reinforced concrete shear cores form the lateral resisting system and the wood structural system carries primarily the vertical loads (see Figure 5-13). All wood elements are protected with three layers of gypsum for fire resistance; hence, wood elements are not be visible after building completion. The completed structure at 53 m was the tallest modern timber building in the world. Figure 5-14 shows the University of British Columbia's 18 storey Brock Common student residence close to completion.

Figure 5-13 Concrete shear cores and exposed cross laminated lumber and glue laminated timber prior to the installation of gypsum

Figure 5-14 The University of British Columbia 18 storey Brock Common student residence

Origine, a 40.9m tall residential project in Quebec City, Quebec, is a cross laminated timber building consisting of 12 storeys of wood structure on top of one storey of concrete.

Figure 5-15 shows the Origine project under construction.

Figure 5-15 Origine a 13 storey residential project in Quebec City
(Source: http://nordic.ca)

5.5 Summary

Well designed and constructed wood construction provides a highly redundant and forgiving structural system to buildings ranging from small single-family homes to large multi-storey residential or commercial buildings. Because of the box-type panel construction with many contributing elements, such structures have proven to be very resilient to extreme load conditions like earthquakes, snow, and windstorms. However, past failures remind us that the integrity of wood-frame construction cannot be taken for granted especially when large openings weaken the shear wall system, or when large eccentricities in building plans introduce torsional effects such that the accumulated burden may lead to building collapse.

Most of the failures during earthquakes occur because of weak ground floor systems (resulting from unbraced parking facilities), inadequate stub-walls (pony walls, cripple walls), or poor anchorage. These failures could have been avoided if basic engineering principles had been applied to identify potential weaknesses and prevent failures. For example, the widespread destruction of wood frame housing during hurricane Andrew in Florida was initially blamed on inadequate connections between walls and roofs-specifically, the use of staples, instead of nails. However, provision of proper details through understanding of the logical load path in a wood-frame system is needed to provide safe and cost effective structures. It is hoped that engineers, architects and builders will appreciate the simplicity and forgiving (i. e., redundant) nature of wood frame construction, while, at the same time, understand the primary and secondary load carrying mechanisms, and possible advantage and weakness. In an ever-changing global environment, wood-frame construction can play an important role in meeting demands for affordable housing. In many parts of the world where highly skilled carpenters are a rare commodity, wood-frame construction provides inexpensive housing using local labour and materials and a resilient building system that can endure catastrophic conditions such as earthquakes, hurricanes and typhoons, and extreme snow loads.

References

[1] Lam F, Filiatrault A, Kawai N, et al. Performance of timber buildings under seismic load. Part Ⅰ: Experimental Studies[J]. Journal of Progress in Structural Engineering Materials, 2002, 4(3): 276-285.

[2] Lam F, Filiatrault A, Kawai N, et al. Performance of timber buildings under seismic load. Part Ⅱ: Modeling Journal of Progress in Structural Engineering Materials, 2004, 6(2): 79-83.

[3] Prion H. G. L, Lam F. Shearwalls and Diaphragms. Timber Engineering, Chicester, England. 2003, 383-409.

[4] International Code Council. 2018. International Building Code, IBC.

思 考 题

5.1 试列举几种常见的木结构抗侧力体系。

5.2 试阐述传统穿斗式木结构的主要破坏模式。

5.3 现代梁柱木结构体系有哪些优势?

5.4 如何增强现代梁柱木结构体系的抗侧能力?

5.5 试介绍现代梁柱木结构体系的主要设计流程。

5.6 试阐述轻型木结构体系中竖向力和水平力的传递路径。

5.7 轻型木结构体系中剪力墙的两种设计方法是什么?试分析两种方法的适用性。

计 算 题

5.1 某轻型木结构剪力墙的构造如题5.1图所示。

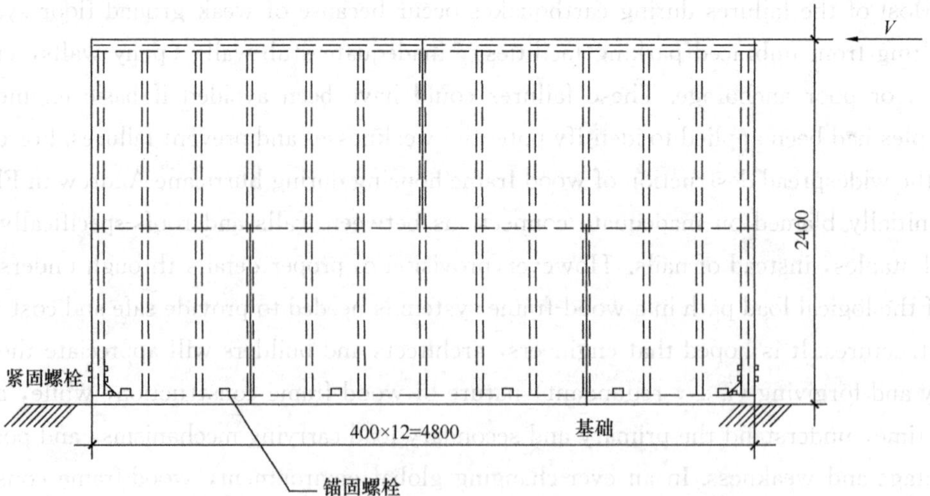

题5.1图 轻型木结构剪力墙的构造(单位:mm)

① 剪力墙的长度和高度分别为 4.8m 和 2.4mm。材料为 40mm×90mm 北美目测等级 III_c 级的铁杉规格材。墙骨柱的间距为 400mm，边缘构件采用双根墙骨柱。

② 墙体面板为单面 9mm 厚结构定向刨花板，面板与墙体框架间直接用直径为 3mm 气枪钉连接，不设置垫块。钉子沿面板外围的间距为 150mm，沿中间墙骨柱的间距为 300mm。钉子的钉入深度符合规范要求，面板的含水率为 18%。

③ 采用抗拔件防止倾覆。

假设墙体顶部的水平剪力为 V=12.5kN（已考虑荷载分项系数）。

请校核剪力墙的水平抗剪承载力。如果墙体的承载力不符合要求，请给出解决方案。

请检查剪力墙边缘构件的抗拔承载力。

如果基础锚固螺栓直径为 12mm，且螺栓间距不大于 2m，请确定锚固螺栓的数量。

6 木结构防火和防护

木材是一种由天然高分子化合物组成的有机生物材料，可燃，易受其他生物（尤其是微生物）的分解，这些特性会使木材分解、破坏而失去用途。本章主要讨论火灾和生物性作用中的微生物、昆虫（包括白蚁）等对木结构建筑引起的破坏及相应的防火和防护措施。防火是木结构防护的重要内容，因其重要性，单列出来，木结构防护专指木结构防腐和防虫。现代木结构通常会有金属连接件和金属构件，因此还应满足金属结构防火与防护的相关要求，请参看相关文献。

如果措施得当，木结构建筑的耐久性是可以得到保证的，比如日本奈良的法隆寺五重塔（公元607年）、中国的应县木塔（公元1056年）和挪威 Urnes 的木板教堂（公元1150年）以及北美和欧洲大量的19世纪木结构建筑物已证明木结构建筑能够经受时间的考验。当然，木结构建筑考虑耐久性的工艺和技术一直随着时间的推移而发展和进步。

6.1 木结构防火

火灾永远是人类安全的威胁。国际消防与救援协会（CTIF）根据占全球1/3人口的国家和地区1993~2018年间统计，平均每年火灾发生15次/万人、导致死亡人数17人/百万人。人们可以努力减小火灾发生的概率以及火灾导致的人员和财产损失，但火灾不能完全避免。

燃烧三要素是指可燃物、助燃物（氧气）和着火源（或热量、燃点）。控制其中之一就能控制燃烧或达到消防所需的结果。

防火的主要目标是限制火灾中人员伤亡和财产损失的概率至可接受的水平，其中保护生命安全是最主要目的。

为最小化火灾风险，建筑防火概念包括以下几个层次：

（1）防止起火。尽量减少发生建筑物内意外起火。

（2）监测火灾的发生。为逃生和灭火争取时间。

（3）提供逃生通道和时间。减少人员伤亡，建筑设计要考虑便捷充足的防火通道。

（4）控制火势蔓延。防火分区和防火间距可以避免火灾扩大。

（5）灭火。

在进行建筑物防火设计时，要满足相应的安全等级和减小火灾风险，必需综合考虑以下因素：建筑的使用功能、使用人数、火灾中逃生的难易程度以及火灾能被控制的方式等。研究表明：由不同建筑材料建成的房屋中发生火灾的概率几乎没有差异。但是木结构毕竟增加了可燃物的数量，因此人们对木结构建筑防火特别关注。本节将重点讨论如何通过合理的设计和构造使得木结构建筑满足防火要求。

6.1.1　木材的燃烧特性和耐火性

木材燃烧过程分五个阶段：升温、热分解、着火、燃烧、蔓延。

木材在外部热源作用下，温度逐渐升高。达到分解温度时产生一氧化碳、甲烷、乙烷、乙烯、醛、酮等可燃性气体。它们通过木材内部的空隙逸出，或由自身产生的压力挤出，在木材表面形成一层可燃气体层，在有足够氧气和一定温度条件下，这些可燃性气体被点燃而燃烧。木材在热分解中形成的焦油成分随着温度上升分解成低分子量物质，同时形成大量可燃性气体。可燃性气体燃烧引起木材固相表面的燃烧，然后这种热传导给相邻部位，重新开始加热、热分解、着火、燃烧过程，造成燃烧的蔓延。

木材燃烧过程中产生的大量烟尘和其急速流动造成的危害也是不容忽视的。火灾发生时烟和有毒气体是危害人生命安全的主要因素。木材加热升温条件下的变化过程见表 6-1。

加热升温条件下木材的变化过程　　表 6-1

热解阶段	木材温度（℃）	木材性状
初期加热阶段	100	表层脱水，放出自由水；微量二氧化碳、甲酸、乙酸、乙二醛、结合水等放出；无化学反应进行
	150	水从细胞壁放出；化学反应极缓慢
热降解阶段	200	化学反应极慢；放出水、二氧化碳、甲酸、乙酸、乙二醛，并有少量一氧化碳；热分解的气体大部分是不燃的；吸热反应，木材缓慢变化
热分解阶段	280	开始热分解，放热反应；放出可燃性气体及蒸气→生成烟；生成木炭，第一次热分解生成物进行再分解；在木炭的催化作用下促进热分解，因焦油热解产生剧烈的放热反应
炭化阶段	320	化学组成发生巨大变化，但仍保持着木材的细胞、纤维构造；烟的生成终止
	400	产生木炭石墨结构
	500	木炭内部进行气体及蒸气的热分解，并放出可燃性气体；由炭、水及二氧化碳生成一氧化碳、氢气、甲醛等

木材燃烧时表面会产生固体剩余物——木炭（炭化层），木炭的导热系数约为木材导热系数的 1/4～1/3，对其下面的木材与外面的气相燃烧起到了一定的阻隔作用，降低了热分解速度，木材深层的炭化速度也随之减缓。这就是未经防火处理的大截面木构件仍然有较长耐火极限的原因。

木构件在火的作用下截面承载能力降低的原因有两方面：构件外层的炭化（炭化层几乎没有强度）和炭化层内侧木材因温度升高而强度降低。当此削弱的构件内部处于正常状态的木材在原有荷载作用下达到强度极限，构件即发生破坏。木构件在标准耐火试验中从受到火的作用直到破坏所需的时间（一般以小时计）称为耐火极限。

建筑构件的燃烧性能，反映了建筑构件遇火烧或高温作用时的燃烧特点，由构件材料的燃烧性能决定，分成三类：不燃烧体、难燃烧体和燃烧体。规范要求，木结构建筑中构件的燃烧性能和耐火极限不应低于表 6-2 的规定。

木结构建筑中构件的燃烧性能和耐火极限　　表 6-2

构件名称	燃烧性能和耐火极限（h）	
	建筑总层数≤3	住宅和办公建筑总层数 4、5
防火墙	不燃性　3.00	不燃性 3.00
电梯井墙体	不燃性　1.00	不燃性 1.50
承重墙、住宅建筑单元之间的墙和分户墙、楼梯间的墙	难燃性　1.00	难燃性 2.00
非承重外墙、疏散走道两侧的隔墙	难燃性　0.75	难燃性 1.00
房间隔墙	难燃性　0.50	难燃性 0.50
承重柱	可燃性　1.00	难燃性 2.00
梁	可燃性　1.00	难燃性 2.00
楼板	难燃性　0.75	难燃性 1.00
屋顶承重构件	可燃性　0.50	难燃性 0.50
疏散楼梯	难燃性　0.50	难燃性 1.00
吊顶	难燃性　0.15	难燃性 0.25

注：1. 除现行国家标准《建筑设计防火规范》GB 50016 另有规定外，当同一座木结构建筑存在不同高度的屋顶时，较低部分的屋顶承重构件和屋面不应采用可燃性构件；当较低部分的屋顶承重构件采用难燃性构件时，其耐火极限不应小于 0.75h。

2. 轻型木结构建筑的屋顶，除防水层、保温层和屋面板外，其他部分均应视为屋顶承重构件，且不应采用可燃性构件，耐火极限不应低于 0.50h。

3. 当建筑的层数不超过 2 层、防火墙间的建筑面积小于 600m²，且防火墙间的建筑长度小于 60m 时，建筑构件的燃烧性能和耐火极限应按现行国家标准《建筑设计防火规范》GB 50016 中有关四级耐火等级建筑的要求确定。

6.1.2　木结构的防火设计

木结构防火设计采用基于性能的设计方法。对于暴露式木结构一般采用有效残余截面法（最常采用）或强度刚度折减法等计算构件耐火极限，木结构连接等则主要采用构造措施来满足设计要求（欧洲可以对木结构销式连接进行基于性能的防火设计）。

对于轻型木结构或对耐火要求高得多、高层木结构，一般会对木结构包覆一定厚度的防火材料（耐火石膏板等），一旦发生火灾，可将火与木结构隔开，耐火极限主要由防火材料决定，比如采用厚度 15mm 以上的耐火石膏板包覆，可达到 1h 耐火极限。

防火分区和防火间隔是对各种木结构建筑都适用的防火要求。

(1) 防火分区

建筑物内部某空间发生火灾后，火势会因热气体对流、辐射作用或者从楼板、墙体的烧损处和门窗洞口向其他空间蔓延扩大开来，最后发展成为整座建筑的火灾。因此，必须通过防火分区把火势在一定时间内控制在着火的一定区域内（图 6-1）。木结构建筑的耐火等级介于《建筑设计防火规范》GB 50016 中所规定的三级和四级之间，其防火分区和防火间距都按此规定。与防火分区直接相关的包括建筑层数、长度和面积。不同层数建筑最大允许长度和防火分区面积不应超过表 6-3 的规定。

图 6-1　混凝土砌块防火隔墙在试验中的表现（着火 60min 后）

当采用防火墙将面积较大的建筑群或建筑物分隔成由几部分较小面积组成的建筑物时，应特别注意《建筑设计防火规范》GB 50016 关于“防火墙应直接设置在基础上或钢筋混凝土框架上”以及“且应高出非燃烧体屋面不小于 40cm，高出燃烧体或难燃烧体屋面不小于 50cm”的规定。而且在设计防火墙时，应考虑防火墙一侧的屋架、梁、楼板等受到火灾的影响而破坏时，不致使防火墙倒塌。防火墙应为独立结构，在保证所需的耐火极限要求的墙体厚度的条件下，木楼盖可以安装在防火墙上。设计搁栅与墙体的连接时，应保证火灾中楼盖的坍塌不会影响到防火墙的稳定。

木结构建筑防火墙间每层最大允许长度和面积　　表 6-3

层数（层）	最大允许长度（m）	最大允许面积（m^2）
1	100	1800
2	80	900
3	60	600
4	60	450
5	60	450

注：安装自动喷水灭火系统的木结构建筑，每层楼最大允许长度、允许面积应在表中数值的基础上扩大一倍，局部设置时，应按局部面积计算。

（2）防火间距

防火间距是为了防止火灾在建筑物之间蔓延而在建筑物间留出的防火安全距离。规范要求木结构建筑之间、木结构建筑与其他民用建筑之间的防火间距不应小于表 6-4 和表 6-5的规定。

不超过 3 层的木结构建筑之间及其与其他民用建筑之间的防火间距（m）　　表 6-4

建筑耐火等级或类别	一、二级建筑	三级建筑	木结构建筑	四级建筑
木结构建筑	8.00	9.00	10.00	11.00

4、5层木结构建筑之间及其与其他民用建筑之间的防火间距（m） 表 6-5

建筑耐火等级或类别	高层民用建筑	裙房和其他民用建筑			
	一、二级建筑	一、二级建筑	三级建筑	木结构建筑	四级建筑
木结构建筑	14.00	9.00	10.00	12.00	12.00

注：1. 两座木结构建筑之间或木结构建筑与其他民用建筑之间，外墙均无任何门、窗、洞口时，防火间距可为4m；外墙上的门、窗、洞口不正对且开口面积之和不大于外墙面积的10%时，防火间距可按本表的规定减少25%。

2. 当相邻建筑外墙有一面为防火墙，或建筑物之间设置防火墙且墙体截断不燃性屋面或高出难燃性、可燃性屋面不低于0.5m时，防火间距不限。

火灾是一种偶然作用，防火设计时应采用作用的偶然组合，一般情况下，仅对竖向作用进行组合，对于特别重要的建筑，还会考虑风作用参与组合。对于木结构而言，火灾时偶然作用值取为零，活荷载等则属于其他可变作用。

火灾作用下，可靠度可适当放松，材料强度等可适当放大，欧洲木结构设计规范EC5规定木材强度取20%分位值。

木结构建筑防火设计主要针对承载力，一般不进行火灾作用时的变形验算。

现行国家标准《木结构设计标准》GB 50005防火设计内容主要参考美国相关标准（基于容许应力设计法）的防火设计，规定：

对于木构件，防火设计应采用下列设计表达式：

$$S_f \leqslant R_f \tag{6-1}$$

式中 S_f——火灾发生后验算受损木构件的作用偶然组合的效应设计值；永久荷载和可变荷载均应采用标准值；

R_f——按耐火极限燃烧后残余木构件的承载力设计值。

残余木构件的承载力设计值计算时，构件材料的强度和弹性模量应采用平均值。材料强度平均值应为材料强度标准值乘以表6-6规定的调整系数。

木材防火设计强度调整系数 表 6-6

构件材料种类	抗弯强度	抗拉强度	抗压强度
目测分级木材	2.36	2.36	1.49
机械分级木材	1.49	1.49	1.20
胶合木	1.36	1.36	1.36

木构件燃烧t小时（h）后，有效炭化层厚度应按下式计算：

$$d_{ef} = 1.2\beta_n t^{0.813} \tag{6-2}$$

式中 d_{ef}——有效炭化层厚度（mm）；

β_n——木材燃烧1.00h的名义线性炭化速率（mm/h）；采用针叶材制作的木构件的名义线性炭化速率为38mm/h；

t——耐火极限（h）。

验算构件燃烧后的承载能力时，应采用构件燃烧后的剩余截面尺寸，构件剩余截面尺寸取构件原始截面尺寸减去相应方向每个曝火面的有效炭化层厚度d_{ef}。然后根据第3章常温下构件承载力计算方法进行验算。当确定构件强度值需要考虑尺寸调整系数或体积调整系数时，应按构件燃烧前的截面尺寸计算相应调整系数。

6.1.3 防火构造

当采用厚度为50mm以上的锯材或胶合木作为楼（屋）面板时（图6-2a），楼（屋）面板端部应坐落在支座上，其防火设计和构造应符合下列要求：

（1）当楼（屋）面板采用单舌或双舌企口板连接时（图6-2b），楼（屋）面板可作为仅有底面一面受火的受弯构件进行设计；

（2）当楼（屋）面板采用直边拼接时，楼（屋）面板可作为两侧部分受火而底面完全受火的受弯构件，可按三面受火构件进行防火设计。此时，两侧部分受火的炭化率应为有效炭化率的1/3。

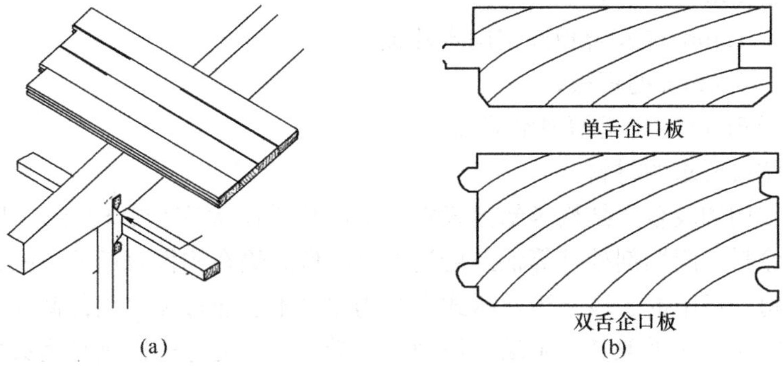

图6-2 锯材或胶合木楼（屋）面板示意图

（a）楼（屋）面板示意；（b）单舌和双舌企口板

当木梁与木柱、木梁与木梁采用金属连接件连接时，金属连接件的防火构造可采用下列方法：

（1）可将金属连接件嵌入木构件内，固定用的螺栓孔可采用木塞封堵，所有的连接缝可采用防火封堵材料填缝；

（2）金属连接件表面采用截面厚度不小于40mm的木材作为表面附加防火保护层；

（3）将梁柱连接处包裹在耐火极限为1.00h的墙体中；

（4）采用厚度大于15mm的耐火纸面石膏板在梁柱连接处进行分隔保护。

当胶合木构件考虑耐火极限的要求时，其层板组坯除应符合构件强度设计的规定外，还应满足下列防火构造规定：

（1）对于耐火极限为1.00h的胶合木构件，当构件为非对称异等组合时，应在受拉边减去一层中间层板，并增加一层表面抗拉层板。当构件为对称异等组合时，应在上下两边各减去一层中间层板，并各增加一层表面抗拉层板。构件设计时，强度设计值按未改变层板组合的情况进行；

（2）对于耐火极限为1.50h或2.00h的胶合木构件，当构件为非对称异等组合时，应在受拉边减去两层中间层板，并增加两层表面抗拉层板。当构件为对称异等组合时，应在上下两边各减去两层中间层板，并各增加两层表面抗拉层板。构件设计时，强度设计值按未改变层板组合的情况进行。

轻型木结构建筑中，下列存在密闭空间的部位应采用连续的防火分隔措施：

(1) 当层高大于3m时，除每层楼（屋）盖处的顶梁板或底梁板可作为竖向防火分隔外，应沿墙高每隔3m在墙骨柱之间设置竖向防火分隔；当层高小于或等于3m时，每层楼（屋）盖处的顶梁板或底梁板可作为竖向防火分隔；

(2) 楼（屋）盖内应设置水平防火分隔，且水平分隔区的长度或宽度不应大于20m，分隔的面积不应大于$300m^2$；

(3) 楼（屋）盖和吊顶中的水平构件与墙体竖向构件的连接处应设置防火分隔；

(4) 楼梯上下第一步踏板与楼盖交接处应设置防火分隔。

轻型木结构设置防火分隔时，防火分隔可采用下列材料制作：

截面宽度不小于40mm的规格材；

厚度不小于12mm的石膏板；

厚度不小于12mm的胶合板或定向木片板；

厚度不小于0.4mm的钢板；

厚度不小于6mm的无机增强水泥板；

其他满足防火要求的材料。

方木原木结构和胶合木结构等暴露式木结构的构件防火完全靠构件自身的防火性能。采用涂刷防火涂料、阻燃剂处理等辅助措施可以降低火焰在构件表面的传播速度，但不能作为提高构件耐火极限的手段。当暴露式木结构建筑不能通过加大构件截面来满足规定的耐火极限的要求时，应采取其他主动、被动防火措施并举的方式以满足耐火极限的要求。

自动喷水灭火系统和烟雾报警系统是公认最有效的主动防火措施，在条件许可时，木结构建筑设计时宜考虑设置。

6.2 木结构防护

在传统和习惯上，木材防腐既包括木材防腐朽，也包括木材防虫。

木材具有明显的生物特性，经常受到真菌（木腐菌、霉菌、变色菌等）、甲虫、白蚁等生物的损害。真菌损坏后的木材见图6-3。

形成真菌危害木材的必要条件主要包括：

(1) 营养。褐腐菌主要分解木材中的纤维素和半纤维素，白腐菌几乎能降解木材中所有主要成分，软腐菌侵害木材中的纤维素，而变色菌、霉菌和细菌则需要木材中的单糖、淀粉和部分半纤维素等。

(2) 温度。真菌在3～38℃温度范围内都能生长发育，3℃以下时生长速度减慢或处于休眠状态，但不会死亡，高温条件下可被杀死，建筑物内的温度对真菌生长很适宜。

(3) 水分。木材含水率20%～60%时真菌宜生长。

(4) 氧气。

木腐菌对木材造成的腐朽会使木材强度大大降低，同时使得木材吸水性和吸湿性高于健康材，更有利于腐朽菌的生长，形成恶性循环。

一般霉斑和蓝变对木材外观有影响而对其材质没有大的影响，但蓝变或发霉的木材往往有利于木腐菌的侵害。

应采取措施避免真菌等对木材的损害，如能去除上述微生物赖以生存的条件之一，即可防止由真菌引起的腐朽、霉变和变色等。新砍伐的树木常浸没于水中，通过缺氧杀灭真菌。中国还有“干千年、湿万年、不干不湿就半年”的说法。木结构与人类生活分不开，温度和氧气无法排除，一般能采取的物理方法是将木材含水率控制在 18%～20%以内，使其处于干燥状态，防止木腐菌的侵蚀。因此，要求木结构各个部分，特别是支座节点等关键部位，要处于通风良好的条件下，即使一时受潮，也能及时风干。对于经常受潮或间歇受潮的木结构或构件以及不得不封闭在墙内的木构件等，则必须用防腐剂处理以防木腐菌繁殖生长，断绝微生物的营养物质来源，比如轻型木结构中与混凝土基础接触的基木板一般要求防腐处理。

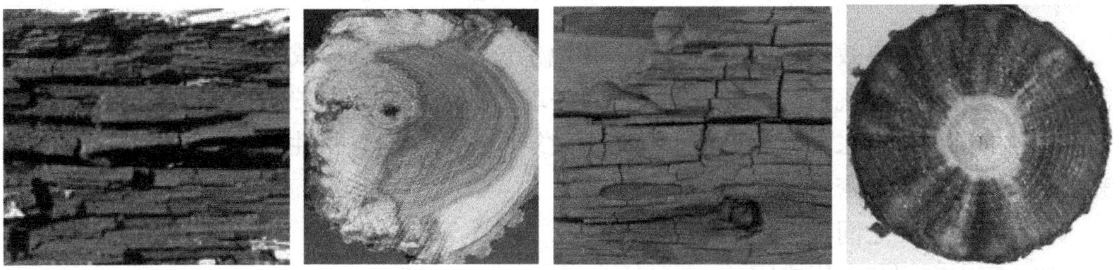

(a)　(b)　(c)　(d)

图 6-3　真菌损害后的木材

（a）褐腐；（b）白腐；（c）软腐；（d）霉变

蛀蚀木材的昆虫主要有白蚁和甲虫。白蚁对木材和木结构建筑的危害具有隐蔽性、广泛性和严重性，清康熙年间吴震方的《岭南杂记》有这样的记载：“粤中温热，最多白蚁，新构房屋，不数月为其食尽，倾圮者有之。”白蚁是一种活动隐蔽的社会性昆虫，在世界上已知共有 3000 余种，在中国约有 480 种，主要分布于南方温暖潮湿地区和长江流域。对木材危害最大的家白蚁和散白蚁等属鼻白蚁科，是湿木害虫，侵害阴暗、潮湿或近水源部位的木构件，是我国危害最大的白蚁群；堆砂白蚁则属木白蚁科，专蛀干燥木材。

在中国常见的危害木材的甲虫是天牛、粉蠹、长蠹和窃蠹。天牛幼虫可消化木材的纤维素，多数在边材钻孔寄居，家天牛对针叶材危害严重。粉蠹和长蠹以木材的淀粉和糖类为食，故以危害阔叶材的边材为主。窃蠹则能够消化纤维素和半纤维素，对针叶材、阔叶材都会产生危害。甲虫主要侵害含水率较低的干燥木材，成虫喜在木材表面的管孔中产卵，因此管孔较大的树种受害最烈，幼虫将木材内部蛀成粉末状，只剩下一层薄薄的外壳，表面上小虫眼密布，其周围常有粉末状蛀屑，对木材的强度和表面质量都有一定的影响。

白蚁、甲虫及其损害后的木材示意于图 6-4。

采取构造上的防潮措施，使木构件与水源隔断，对减小家白蚁和散白蚁的危害，有一定的效果。但构造上的防潮对防虫仅是一种辅助措施，凡是有白蚁或甲虫的地区，木结构和木制品均应用防虫药剂处理。

6.2.1　防水防潮

保持木材干燥是木结构防护最有效的手段。防水与防潮是木结构建筑设计、建造和使用过程中的重要措施。

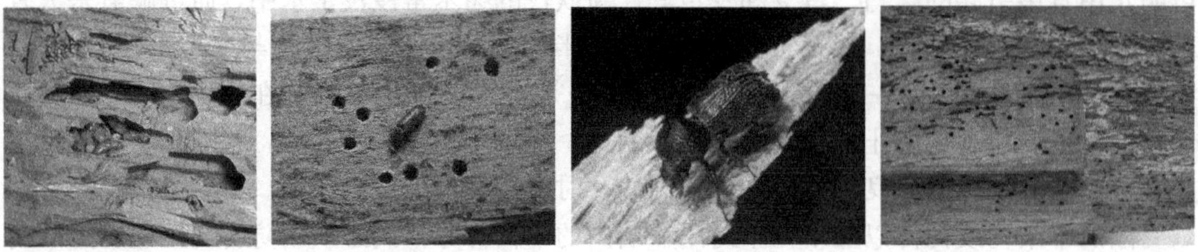
(a) (b) (c) (d)

图6-4 白蚁、甲虫及其损害后的木材

(a) 白蚁；(b) 粉蠹；(c) 长蠹；(d) 窃蠹

木结构建筑应有效地利用周围地势、其他建筑物及树木，应减少围护结构的环境暴露程度；应有效利用悬挑结构、雨篷等设施对外墙面和门窗进行保护，宜减少在围护结构上开窗开洞的部位；应采取有效措施提高整个建筑围护结构的气密性能，应在下列部位的接触面和连接点设置气密层：

（1）相邻单元之间；

（2）室内空间与车库之间；

（3）室内空间与非调温调湿地下室之间；

（4）室内空间与架空层之间；

（5）室内空间与通风屋顶空间之间。

在年降雨量高于1000mm的地区，或环境暴露程度很高的木结构建筑应采用防雨幕墙。在外墙防护板和外墙防水膜之间应设置排水通风空气层，其净厚度宜在10mm以上，有效空隙不应低于排水通风空气层总空隙的70%；空隙开口处必须设置连续的防虫网。

在混凝土基础周围、地下室和架空层内，应采取防止水分和潮气由地面入侵的排水、防水及防潮等有效措施。在木构件和混凝土构件之间应铺设防潮膜。建筑物室内外地坪高差不应小于300mm。当建筑物底层采用木楼盖时，木构件的底部距离室外地坪的高度不应小于300mm。

木结构建筑屋顶宜采用坡屋顶。屋顶空间宜安装通风孔。采用自然通风时，通风孔总面积应不小于保温吊顶面积的1/300。通风孔应均匀设置，并应采取防止昆虫或雨水进入的措施。

外墙和非通风屋顶的设计应减少蒸汽内部冷凝，并有效促进潮气散发。在严寒和寒冷地区，外墙和非通风屋顶内侧应具有较低蒸汽渗透率；在夏热冬暖和炎热地区，外侧应具有较低的蒸汽渗透率。

在门窗洞口、屋面、外墙开洞处、屋顶露台和阳台等部位均应设置防水、防潮和排水的构造措施，应有效地利用泛水材料促进局部排水。泛水板向外倾斜的最终坡度不应低于5%。屋顶露台和阳台的地面最终排水坡度不应小于2%。

木结构的防水防潮措施应按下列规定设置：

（1）当桁架和大梁支承在砌体或混凝土上时，桁架和大梁的支座下应设置防潮层；

（2）桁架、大梁的支座节点或其他承重木构件不应封闭在墙体或保温层内；

（3）支承在砌体或混凝土上的木柱底部应设置垫板，严禁将木柱直接砌入砌体中，或浇筑在混凝土中；

（4）在木结构隐蔽部位应设置通风孔洞；

（5）无地下室的底层木楼盖必须架空，并应采取通风防潮措施。

6.2.2 防生物危害

《木结构设计标准》GB 50005 中将木结构建筑受生物危害区域根据白蚁和腐朽的危害程度划分为四个区域等级，各区域等级包括的地区应按表 6-7 的规定进行确定。

生物危害地区划分表 **表 6-7**

序号	生物危害区域等级	白蚁危害程度	包括地区
1	Z1	低危害地带	新疆、西藏西北部、青海西北部、甘肃西北部、宁夏北部、内蒙古除突泉至赤峰一带以东地区和加格达奇地区外的绝大部分地区、黑龙江北部
2	Z2	中等危害地带，无白蚁	西藏中部、青海东南部、甘肃南部、宁夏南部、内蒙古东南部、四川西北部、陕西北部、山西北部、河北北部、辽宁西北部、吉林西北部、黑龙江南部
3	Z3	中等危害地带，有白蚁	西藏南部、四川西部少部分地区、云南德钦以北少部分地区、陕西中部、山西南部、河北南部、北京、天津、山东、河南、安徽北部、江苏北部、辽宁东南部、吉林东南部
4	Z4	严重危害地带，有乳白蚁	云南除德钦以北的其他地区、四川东南大部、甘肃武都以南少部分地区、陕西汉中以南少部分地区、河南信阳以南少部分地区、安徽南部、江苏南部、上海、贵州、重庆、广西、湖北、湖南、江西、浙江、福建、贵州、广东、海南、香港、澳门、台湾

当木结构建筑施工现场位于白蚁危害区域等级为 Z2、Z3 和 Z4 区域内时，应符合下列规定：

（1）施工前应对场地周围的树木和土壤进行白蚁检查和灭蚁工作；

（2）应清除地基土中已有的白蚁巢穴和潜在的白蚁栖息地；

（3）地基开挖时应彻底清除树桩、树根和其他埋在土壤中的木材；

（4）所有施工时产生的木模板、废木材、纸质品及其他有机垃圾，应在建造过程中或完工后及时清理干净；

（5）所有进入现场的木材、其他林产品、土壤和绿化用树木，均应进行白蚁检疫，施工时不应采用任何受白蚁感染的材料；

（6）应按设计要求做好防治白蚁的其他各项措施。

当木结构建筑位于白蚁危害区域等级为 Z3 和 Z4 区域内时，木结构建筑的防白蚁设计应符合下列规定：

（1）直接与土壤接触的基础和外墙，应采用混凝土或砖石结构；基础和外墙中出现的缝隙宽度不应大于 0.3mm；

（2）当无地下室时，底层地面应采用混凝土结构，并宜采用整浇的混凝土地面；

（3）由地下通往室内的设备电缆缝隙、管道孔缝隙、基础顶面与底层混凝土地坪之间的接缝，应采用防白蚁物理屏障或土壤化学屏障进行局部处理；

(4) 外墙的排水通风空气层开口处必须设置连续的防虫网，防虫网隔栅孔径应小于 1mm；

(5) 地基的外排水层或外保温绝热层不宜高出室外地坪，否则应作局部防白蚁处理。

在白蚁危害区域等级为 Z3 和 Z4 的地区应采用防白蚁土壤化学处理和白蚁诱饵系统等防虫措施。土壤化学处理和白蚁诱饵系统应使用对人体和环境无害的药剂。

6.2.3 防腐

根据木材用途对其进行相应的防腐处理，可以避免腐朽、虫蛀、发霉和变色等。木材经防腐处理，可提高和改善其使用功能，并延长使用寿命 3～6 倍，还可以节约大量维修用材和费用。

现有木材防腐剂大多为复式配方，可抑制、抵抗、毒杀多种有害生物，大致可分为油质类（煤杂酚油等）、油溶性类和水溶性类（铬化砷酸铜 CCA、氨溶烷基胺铜 ACQ、无机硼类防腐剂等）。

油质防腐剂对各种危害木材的生物都有良好的毒杀和预防作用，而且耐久性好、不易流失、对金属无腐蚀，但处理后的木材表面脏，不易进行其他加工处理。

油溶性防腐剂毒性强，易被木材吸收，不易流失，处理后木材变形小，材面干净，可进行其他加工处理，不腐蚀金属，但由于采用昂贵的有机溶剂，处理成本高，要求有较高的防火性能。

水溶性防腐剂是使用最多的一种防腐剂，有单一型和复合型，复合型防腐性能好。水溶性防腐剂以水作溶剂，成本低，处理材干净，不增加可燃性，但处理木材易造成膨胀，干燥后又收缩，不宜对尺寸精度要求高的部件进行处理，而且抗流失性差。

在选择防腐剂时应考虑其对环境以及人、畜的影响，近年来，世界上最广泛使用的木材防腐剂 CCA 在很多国家受到了限制，主要是考虑到其所含的砷和铬被认为是致癌物，废弃的 CCA 处理木材的处置也存在环境等方面的问题；五氯苯酚类防腐剂在大多数国家也已被禁止使用。

防腐处理主要包括加压处理方法和涂刷、喷淋、浸渍、冷热槽法等非加压处理方法。加压处理能将防腐剂浸注到木材较深的内部，分布均匀，能保证防腐处理的质量，但需要专门的设备，示意于图 6-5。对于用作结构受力构件以及用于户外的木材，防腐处理要求采用加压处理。喷洒法和涂刷法只用于既有木结构建筑以及由于已处理的木材因钻孔、开槽使未吸收防腐剂的木材暴露的情况下使用。防腐木材尽量不要进行机械加工，最好直接使用。用于防腐木材的金属连接件和金属紧固件等需采用热镀锌或不锈钢的制品。

图 6-5 真空加压设施

《木结构设计标准》GB 50005 规定：

所有在室外使用，或与土壤直接接触的木构件，应采用防腐木材。在不直接接触土壤的情况下，可采用其他耐久木材或耐久木制品。

当木构件与混凝土或砖石砌体直接接触时，木构件应采用防腐木材。

当承重结构使用马尾松、云南松、湿地松、桦木，并位于易腐朽或易遭虫害的地方时，应采用防腐木材。

在白蚁严重危害区域等级为Z4的地区，木结构建筑宜采用具有防白蚁功能的防腐处理木材。

木构件的机械加工应在防腐防虫药剂处理前进行。木构件经防腐防虫处理后，应避免重新切割或钻孔。由于技术上的原因，确有必要作局部修整时，必须对木材暴露的表面，涂刷足够的同品牌或同品种药剂。

当金属连接件、齿板及螺钉与含铜防腐剂处理的木材接触时，金属连接件、齿板及螺钉应避免防腐剂引起的腐蚀，并应采用热浸镀锌或不锈钢产品。

防腐防虫药剂配方及技术指标应符合现行国家标准《木材防腐剂》GB/T 27654的相关规定。防腐木材的使用分类和要求应满足现行国家标准《防腐木材的使用分类和要求》GB/T 27651的相关规定。

木结构的防腐防虫采用药剂加压处理时，该药剂在木材中的保持量和透入度应达到设计文件规定的要求。设计未作规定时，则应符合现行国家标准《木结构工程施工质量验收规范》GB 50206的相关规定。

Reading Material 6
Durability of Wood Construction

Throughout history, wood has found favor as a building material for its strength, economy, workability and aesthetic appearance. Although wood does not have the historical longevity of stone, there still stand some very old wood buildings, which demonstrated wood's ability to last for long time.

The longevity of wood structures is dependent on the wood members remaining intact and sound. But timber is susceptible to biological attack. In the forest, fallen trees are broken down by wood destroying fungi. But in a building, this deterioration must be prevented through selection of materials and by careful detailing of the structure.

The two main biological agencies responsible for timber degradation are fungi and wood-boring insects (including termites). If it is not possible to use durable naturally heartwood, the most important point for preservation against fungi and insect attack is to assure a continuous barrier with a preservative treatment.

Fire safety is also an important issue in wood construction. Appropriate fire design of timber structures with technical measures such as sprinkler systems, and well-equipped fire services can allow the increased use of wood in buildings.

6.1 Preventing Decay

Decayed wood is the result of a series of events including a sequence of fungal colonization and wood will be suffered significant strength loss due to decay. The spores of these fungi are ubiquitous in the air for much of the year. Wood-rotting fungi require wood as their food source, a suitable temperature, oxygen and water. Water is normally one of these factors that we can easily manage, while preservatives work by making the food source inedible to these organisms.

Therefore, in concern of moisture control, design should provide conditions which:

(1) Prevent wetting of the timber wherever possible;

(2) Ensure rapid drainage and ventilation of the timber where it is impossible to avoid period of wetting;

(3) Use timber with sufficient natural durability, or timber treated with an appropriate wood preservative, where it is not possible to avoid exposure to persistent wetting.

Methods of preservative treatment of timber normally comprise a set of techniques used to force a preservative product to penetrate into the timber in order to get an adequate retention and penetration. Preservatives include fungicide and an insecticide. There are several methods of treatment and types of chemicals with different degrees of effectiveness. The right choice depends on the timber species and the retention and penetration values relevant to the hazard class. The normally used methods include: brushing, spraying, dipping, and vacuum pressure. The first three are non-pressure methods and, in the last one, pressure is needed and a special vessel that combines pressure and vacuum is necessary.

The important structural wood elements must be pressure-treated. With these treatments the timber should be at the final dimensions and any areas exposed by subsequent cutting or drilling should be further protected by brushing. Some fieldworks should be done by non-pressure methods.

Properly preservative-treated wood can have 5 to 10 times the service life of untreated wood. It is a key issue of durability of wood construction.

6.2 Controlling Termites

Termites, sometimes called "white ants" are a social insect. Termites are a much more serious threat in warm and humid regions. Termite control measures can be broadly grouped into six categories, showed in Figure 6-1.

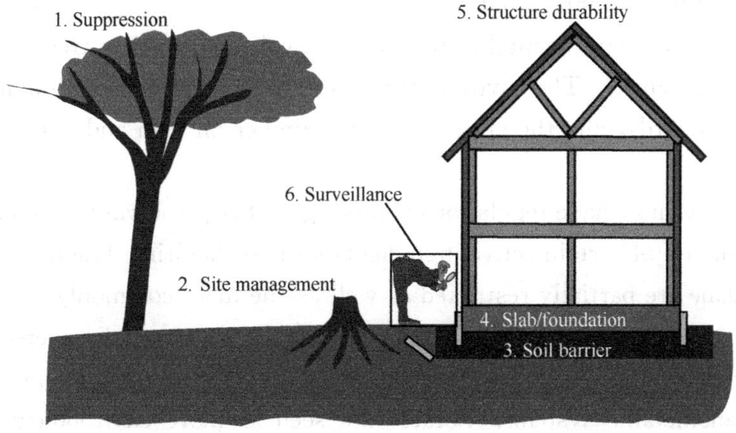

Figure 6-1 Integrated Termite Control: The 6Ss

(1) Suppression. Suppression is an attempt to reduce the termite population over a wide area. For example, locate and destroy nests in street trees.

(2) Site Management. Site management means remove any pre-existing nests or termite pathways, and avoid creating new paths. For example, remove tree stumps (potential nest sites), don't leave wood debris on site, don't store cardboard or other cellulosic materials in crawlspaces.

(3) Soil Barrier. A soil barrier prevents termites from reaching the house. For example, insecticides applied to the soil, or physical barriers that termites can't cross. Care must be taken not to breach the continuous barrier. For example, a tree with overhanging branches that touch the house can be a bridge.

(4) Slab/foundation details. The building foundation is detailed to reduce the chance

of termites getting into the house unobserved, which is common as they prefer to stay sheltered and will often enter from underground. For example, watch for cracks in foundation, keep cladding well above ground, keep crawlspaces accessible for inspection, and be extremely careful about the use of hollow concrete blocks.

(5) Structural durability. Minimize termite damage to structural framing by using treated wood.

(6) Surveillance and Remediation. Use the services of a professional to regularly check for signs of termites or barrier breaches, to eliminate any discovered termites, and make any necessary changes. Traditional response to infestation is house fumigation. Baiting systems, where termites carry insecticide back to the nest, is a more lasting option.

6.3 Environmental Concerns in Wood Preservation

In today's environmentally conscious world, wood is a good choice of construction materials for its renewable and environment-friendly characteristics. But if we are not conscious of the potential hazards of wood treatment to the environment, the "green" benefits of using woods will be counteracted.

In recent years, environmental factors have provoked changes in treatment technology and preservative products. The environmental aspects of wood preservation include air and water quality standards, and the effect of treated timber on man and non-targeted organisms.

Most countries now have regulations regarding timber preservatives and many of them do not allow the use of certain active ingredients such as dieldrin. Traditional organic biocides, like lindane are partially restricted as well as the most commonly used water-borne CCA formulations. Nowadays, several products, either new or rediscovered, are already being introduced into the market and these include: borates and copper naphthenates or organic and organometallic systems. Borates are seen as more environment-friendly than CCA, however they do not become fixed in the wood. This means they cannot be used in a continuously wet application, as the preservative would be at risk of washing out, leaving the wood unprotected.

With the exception of borates, wood preservatives become "fixed" in the wood after the treatment process. This means the chemical is virtually insoluble. In addition, the chemical is altered in the fixation process, such that treated wood is not considered hazardous to human health and environment.

Environmental health and safety requirements point to the use of preservatives that comply with the following characteristics:

(1) The preservative should be non-toxic to humans and to the environment or at least be rendered non-toxic when fixed in the timber;

(2) The treatment should be carried out when the timber is in its final shape in order to minimize treated timber waste;

(3) Plant operations should exclude mission of toxicants and there should be no soil, air or waterway pollution;

(4) Redundant preservative treated timber should be recycled or disposed of with minimal environmental impact.

6.4 Fire Safety

The combustibility of wood limits the wide applications of wood construction which are restricted by most of the national design regulations, especially for taller and larger structures. Enhancing the fire safety of wood construction can facilitate the increased use of wood as a building material.

The main objectives related to the fire safety of wood construction include:

(1) Maintained load-bearing capacity during a minimum period of time;

(2) Limited generation and spread of fire;

(3) Limited fire spread toneighboring buildings;

(4) Ensured life safety including occupants and rescue teams.

Structural fire safety can be fulfilled by passive protection and active protection. Solutions of passive protection are different for different types of wood construction. For light wood construction, the fire-resistant lining boards like gypsum boards are commonly used. For mass timber structures, the charring layer in large-size timber members can isolate the heat transfer and protect the inner part of members. Solutions of active protection include smoke ventilation, alarm systems and sprinklers. Although the strategy of active protection in buildings is usually under the guidance of the architect, the cooperation of structural engineers is meaningful especially for wood construction.

For fire safety in tall wood construction, additional effective measures should be considered as following.

(1) Manual fire fighting

The risk of severe fires will be reduced if there is prompt action to suppress the fire, either by the building occupants or by the fire brigade. This reduction in fire load has been calibrated for steel structures, and the same approach could be allowed for structures of any other materials including timber. A similar approach can be used for automatic fire detection or for automatic fire sprinkler systems. On-site emergency water supplies for manual or automatic suppression systems may also reduce the risk of major losses.

(2) Alternative fire design by sprinklers

Except for saving lives, sprinklers may allow for an alternative design of buildings. Requirements on passive fire protection to provide means of safe egress may be at least partly reduced. The rationale is that an added active suppression system will increase the fire safety level above the required fire safety level and part of that increase may be used for relaxation in the traditional passive fire protection requirements.

(3) Good encapsulation

The purpose of encapsulation is to ensure that structural timber does not contribute to the fire load, and also to ensure that the fire does not continue to burn after the combustible contents of any fire compartment have been completely burned away.

(4) Improving the fire performance of wood connections

Knowledge about the fire performance of timber connections has been limited, but the last two decades, this area has received large attention and several research efforts have been devoted to the analysis of the fire performance of timber connections. Extensive experimental and advanced numerical studies were performed. However, simple models for design in fire are still limited. Further, current knowledge is limited to standard time-temperature exposure.

(5) Limiting the speed of fire

The main risk for external fire spread is from flames coming out of windows in a fully developed compartment fire and spreading upwards along the facade. For timber structures, the main interest is to verify that wooden facades can be used in a fire safe way, also as façade claddings on e. g. concrete or steel buildings. There are also risks for fire spread between adjacent buildings. These risks are considered to be independent of the structural building system used, although the contribution of combustible cladding materials should be included.

思考题

6.1 有哪些方法可减少建筑中火灾发生的概率?

6.2 重型木结构与轻型木结构在防火设计时的思路有何不同?

6.3 现行国家标准《木结构设计标准》GB 50005 要求“构件连接的耐火极限不应低于所连接构件的耐火极限。”暴露式木结构能否满足该要求?若能采取何种措施?若不能请表述原因。

6.4 阐述木结构防腐与防虫的主要原理。

6.5 现行国家标准《木结构设计标准》GB 50005 要求对于木结构建筑“当无地下室时,底层地面应采用混凝土结构,并宜采用整浇的混凝土地面”,该措施有什么好处?

附录1 我国53个城市木材平衡含水率估计值

我国53个城市木材平衡含水率估计值（%） 附表1-1

城市	月份												
	一	二	三	四	五	六	七	八	九	十	十一	十二	年平均
克山	18.0	16.4	13.5	10.5	9.9	13.3	15.5	15.1	14.9	13.7	14.6	16.1	14.3
齐齐哈尔	16.0	14.6	11.9	9.8	9.4	12.5	13.6	13.1	13.8	12.9	13.5	14.5	12.9
佳木斯	16.0	14.8	13.2	11.0	10.3	13.2	15.1	15.0	14.5	13.0	13.9	14.9	13.7
哈尔滨	17.2	15.1	12.4	10.8	10.1	13.2	15.0	14.5	14.6	14.0	12.3	15.2	13.5
牡丹江	15.8	14.2	12.9	11.1	10.8	13.9	14.5	15.1	14.9	13.7	14.5	16.0	13.9
长春	14.3	13.8	11.7	10.0	10.0	13.8	15.3	15.7	14.0	13.5	13.8	14.6	13.3
四平	15.2	13.7	11.9	10.0	10.4	13.5	15.0	15.3	14.0	13.5	14.2	14.8	13.2
沈阳	14.1	13.1	12.0	10.9	11.4	13.8	15.5	15.6	13.9	14.3	14.2	14.5	13.4
旅大	12.6	12.8	12.3	10.6	12.2	14.3	18.3	16.9	14.6	12.5	12.5	12.3	13.0
乌兰浩特	12.5	11.3	9.9	9.1	8.6	11.0	13.0	12.1	11.9	11.1	12.1	12.8	11.2
包头	12.2	11.3	9.6	8.5	8.1	9.4	10.8	12.8	10.8	10.8	11.9	13.4	10.7
乌鲁木齐	16.0	18.8	15.5	14.6	8.5	8.8	8.4	8.0	8.7	11.2	15.9	18.7	12.1
银川	13.6	11.9	10.6	9.2	8.8	9.6	11.1	13.5	12.5	12.5	13.8	14.1	11.8
兰州	13.5	11.3	10.1	9.4	8.9	9.3	10.0	11.4	12.1	12.9	12.2	14.3	11.3
西宁	12.0	10.3	9.7	9.8	10.2	11.1	12.2	13.0	13.0	12.7	11.8	12.8	11.5
西安	13.7	14.2	13.4	13.1	13.0	9.8	13.7	15.0	16.0	15.5	15.5	15.2	14.3
北京	10.3	10.7	10.6	8.5	9.8	11.1	14.7	15.6	12.8	12.2	12.2	10.8	11.4
天津	11.6	12.1	11.6	9.7	10.5	11.9	14.4	15.2	13.2	12.7	13.3	12.1	12.1
太原	12.3	11.6	10.9	9.1	9.3	10.6	12.6	14.5	13.8	12.7	12.8	12.6	11.7
济南	12.3	12.8	11.1	9.0	9.6	9.8	13.4	15.2	12.2	11.0	12.2	12.8	11.7
青岛	13.2	14.0	13.9	13.0	14.9	17.1	20.0	18.3	14.3	12.8	13.1	13.5	14.4
徐州	15.7	14.7	13.3	11.8	12.4	11.6	16.2	16.7	14.0	13.0	13.4	14.4	13.9
南京	14.9	15.7	14.7	13.9	14.3	15.0	17.1	15.4	15.0	14.8	14.5	14.5	14.9
上海	15.8	16.8	16.5	15.5	16.3	17.9	17.5	16.6	15.8	14.7	15.2	15.9	16.0
芜湖	16.9	17.1	17.0	15.1	15.5	16.0	16.5	15.7	15.3	14.8	15.9	16.3	15.8
杭州	16.3	18.0	16.9	16.0	16.4	15.4	15.7	16.3	16.3	16.7	17.0	16.5	16.5
温州	15.9	18.1	19.0	18.4	19.7	19.9	18.0	17.0	17.1	14.9	14.9	15.1	17.3
崇安	14.7	16.5	17.6	16.0	16.7	15.9	14.8	14.3	14.5	13.2	13.9	14.1	15.0
南平	15.8	17.1	16.6	16.3	17.0	16.7	14.8	14.9	15.6	14.9	15.8	16.4	16.1

续表

城市	月份												
	一	二	三	四	五	六	七	八	九	十	十一	十二	年平均
福州	15.1	16.8	17.5	16.5	18.0	17.1	15.5	14.8	15.1	13.5	13.4	14.2	15.6
永安	16.5	17.7	17.0	16.9	17.3	15.1	14.5	14.9	15.9	15.2	16.0	17.7	16.3
厦门	14.5	15.5	16.6	16.4	17.9	18.0	16.5	15.0	14.6	12.6	13.1	13.8	15.2
郑州	13.2	14.0	14.1	11.2	10.6	10.2	14.0	14.6	13.2	12.4	13.4	13.0	12.4
洛阳	12.9	13.5	13.0	11.9	10.6	10.2	13.7	15.9	11.1	12.4	13.2	12.8	12.7
武汉	16.4	16.7	16.0	16.0	15.5	15.2	15.3	15.0	14.5	14.5	14.8	15.3	15.4
宜昌	15.5	14.7	15.7	15.0	15.8	15.0	11.7	11.1	11.2	14.8	14.4	15.6	15.1
长沙	18.0	19.5	19.2	18.1	16.6	15.5	14.2	14.3	14.7	15.3	15.5	16.1	16.5
衡阳	19.0	20.6	19.7	18.9	16.5	15.1	14.1	13.6	15.0	16.7	19.0	17.0	16.9
南昌	16.4	19.3	18.2	17.4	17.0	16.3	14.7	14.1	15.0	14.4	14.7	15.2	16.0
九江	16.0	17.1	16.4	15.7	15.8	16.3	15.3	15.0	15.2	14.7	15.0	15.3	15.8
桂林	13.7	15.4	16.8	15.9	16.0	15.1	14.8	14.8	12.7	12.3	12.6	12.8	14.4
南宁	14.7	16.1	17.4	16.6	15.9	16.2	16.1	16.5	14.8	13.6	13.5	13.6	15.4
广州	13.3	16.0	17.3	17.6	17.6	17.5	16.6	16.1	14.7	13.0	12.4	12.9	15.1
海口	19.2	19.1	17.9	17.6	17.1	16.1	15.7	17.5	18.0	16.9	16.1	17.2	17.3
成都	15.9	16.1	14.4	15.0	14.2	15.2	16.8	16.8	17.5	18.3	17.6	17.4	16.0
雅安	15.2	15.8	15.3	14.7	13.8	14.1	15.6	16.0	17.0	18.3	17.6	17.0	15.7
重庆	17.4	15.4	14.9	14.7	13.8	14.1	15.6	16.0	17.0	18.3	17.6	17.0	15.7
康定	12.8	11.5	12.2	13.2	14.2	16.2	16.1	15.7	16.8	16.6	13.9	12.6	13.9
宜宾	17.0	16.4	15.5	14.9	14.2	15.2	16.2	15.9	17.3	18.7	17.9	17.7	16.3
昌都	9.4	8.8	9.1	9.5	9.9	12.2	12.7	13.3	13.4	11.9	9.8	9.8	10.3
昆明	12.7	11.0	10.7	9.8	12.4	15.2	16.2	16.3	15.7	16.6	15.3	14.9	13.5
贵阳	17.7	16.1	15.3	14.6	15.1	15.0	14.7	15.3	14.9	16.0	15.9	16.1	15.4
拉萨	7.2	7.2	7.6	7.7	7.6	10.2	12.2	12.7	11.9	9.0	7.2	7.8	8.6

附录 2　轴心受压构件稳定系数

TC17、TC15 及 TB20 级木材的 φ 值表　　附表 2-1

λ	0	1	2	3	4	5	6	7	8	9
0	1.000	1.000	0.999	0.999	0.997	0.996	0.994	0.992	0.990	0.987
10	0.985	0.981	0.978	0.974	0.970	0.966	0.961	0.957	0.952	0.946
20	0.941	0.935	0.930	0.923	0.917	0.911	0.904	0.898	0.891	0.884
30	0.876	0.869	0.862	0.854	0.847	0.839	0.831	0.823	0.816	0.808
40	0.800	0.792	0.783	0.775	0.767	0.759	0.751	0.743	0.735	0.727
50	0.719	0.711	0.702	0.694	0.686	0.678	0.671	0.663	0.655	0.647
60	0.639	0.632	0.624	0.617	0.609	0.602	0.594	0.587	0.580	0.573
70	0.566	0.559	0.552	0.545	0.538	0.532	0.519	0.505	0.493	0.480
80	0.468	0.457	0.446	0.435	0.425	0.415	0.405	0.396	0.387	0.378
90	0.370	0.362	0.354	0.346	0.339	0.332	0.325	0.318	0.312	0.306
100	0.300	0.294	0.288	0.282	0.277	0.272	0.267	0.262	0.257	0.252
110	0.248	0.243	0.239	0.235	0.231	0.227	0.223	0.219	0.215	0.212
120	0.208	0.205	0.201	0.198	0.195	0.192	0.189	0.186	0.183	0.180
130	0.177	0.175	0.172	0.169	0.167	0.164	0.162	0.160	0.157	0.155
140	0.153	0.151	0.149	0.147	0.145	0.143	0.141	0.139	0.137	0.135
150	0.133	0.131	0.130	0.128	0.126	0.125	0.123	0.122	0.120	0.119
160	0.117	0.116	0.114	0.113	0.111	0.110	0.109	0.107	0.106	0.105
170	0.104	0.102	0.101	0.100	0.0990	0.0978	0.0967	0.0956	0.0946	0.0935
180	0.0925	0.0915	0.0905	0.0895	0.0885	0.0876	0.0866	0.0857	0.0848	0.0839
190	0.0830	0.0821	0.0813	0.0804	0.0796	0.0788	0.0780	0.0772	0.0764	0.0757
200	0.0749									

表中的 φ 值系按下列公式算得：

$$\lambda_c = c_c\sqrt{\frac{\beta E_k}{f_{ck}}} = 4.13\times\sqrt{1.00\times 330} = 75.025$$

当 $\lambda \leqslant \lambda_c$ 时

$$\varphi = \frac{1}{1+\dfrac{\lambda^2 f_{ck}}{b_c\pi^2\beta E_k}} = \frac{1}{1+\dfrac{\lambda^2}{1.96\times\pi^2\times1.00\times330}}$$

当 $\lambda > \lambda_c$ 时

$$\varphi = \frac{a_c\pi^2\beta E_k}{\lambda^2 f_{ck}} = \frac{0.92\times\pi^2\times1.00\times330}{\lambda^2}$$

TC13、TC11、TB17、TB15、TB13 及 TB11 级木材的 φ 值表 **附表 2-2**

λ	0	1	2	3	4	5	6	7	8	9
0	1.000	1.000	0.999	0.998	0.996	0.994	0.992	0.989	0.985	0.981
10	0.977	0.972	0.967	0.962	0.956	0.950	0.943	0.936	0.929	0.921
20	0.914	0.906	0.897	0.889	0.880	0.871	0.862	0.853	0.844	0.834
30	0.825	0.815	0.805	0.795	0.786	0.776	0.766	0.756	0.746	0.736
40	0.726	0.716	0.706	0.696	0.686	0.676	0.667	0.657	0.648	0.638
50	0.629	0.619	0.610	0.601	0.592	0.583	0.574	0.566	0.557	0.549
60	0.540	0.532	0.524	0.516	0.508	0.501	0.493	0.485	0.478	0.471
70	0.464	0.456	0.450	0.443	0.436	0.429	0.423	0.417	0.410	0.404
80	0.398	0.392	0.386	0.381	0.375	0.369	0.364	0.359	0.353	0.348
90	0.343	0.338	0.332	0.325	0.318	0.312	0.305	0.299	0.293	0.287
100	0.281	0.276	0.270	0.265	0.260	0.255	0.250	0.246	0.241	0.237
110	0.232	0.228	0.224	0.220	0.216	0.213	0.209	0.205	0.202	0.199
120	0.195	0.192	0.189	0.186	0.183	0.180	0.177	0.174	0.172	0.169
130	0.166	0.164	0.161	0.159	0.157	0.154	0.152	0.150	0.148	0.146
140	0.144	0.141	0.139	0.138	0.136	0.134	0.132	0.130	0.128	0.127
150	0.125	0.123	0.122	0.120	0.119	0.117	0.116	0.114	0.113	0.111
160	0.110	0.109	0.107	0.106	0.105	0.103	0.102	0.101	0.100	0.0985
170	0.0973	0.0962	0.0951	0.0940	0.0929	0.0918	0.0908	0.0898	0.0888	0.0878
180	0.0868	0.0859	0.0849	0.0840	0.0831	0.0822	0.0813	0.0804	0.0796	0.0787
190	0.0779	0.0771	0.0763	0.0755	0.0747	0.0740	0.0732	0.0725	0.0717	0.0710
200	0.0703									

表中的 φ 值系按下列公式算得：

$$\lambda_c = c_c\sqrt{\frac{\beta E_k}{f_{ck}}} = 5.28\times\sqrt{1.00\times 300} = 91.452$$

当 $\lambda \leqslant \lambda_c$ 时

$$\varphi = \frac{1}{1+\dfrac{\lambda^2 f_{ck}}{b_c\pi^2\beta E_k}} = \frac{1}{1+\dfrac{\lambda^2}{1.43\times\pi^2\times 1.00\times 300}}$$

当 $\lambda > \lambda_c$ 时

$$\varphi = \frac{a_c\pi^2\beta E_k}{\lambda^2 f_{ck}} = \frac{0.95\times\pi^2\times 1.00\times 300}{\lambda^2}$$

附录 3　常用树种木材的全干相对密度

常用树种木材的全干相对密度　　附表 3-1

树种及树种组合木材	全干相对密度 G	机械分级（MSR）树种木材及强度等级（MPa）	全干相对密度 G
阿拉斯加黄扁柏	0.46	花旗松—落叶松	
海岸西加云杉	0.39		
花旗松—落叶松	0.50		
花旗松—落叶松（加拿大）	0.49	$E \leqslant 13100$	0.50
花旗松—落叶松（美国）	0.46	$E=13800$	0.51
东部铁杉、东部云杉	0.41	$E=14500$	0.52
东部白松	0.36	$E=15200$	0.53
铁—冷杉	0.43	$E=15860$	0.54
铁冷杉（加拿大）	0.46	$E=16500$	0.55
北部树种	0.35	南方松	
北美黄松	0.43		
西加云杉	0.43		
南方松	0.55	$E=11720$	0.55
云杉—松—冷杉	0.42	$E=12400$	0.57
西部铁杉	0.47	云杉—松—冷杉	
欧洲云杉	0.46		
欧洲赤松	0.52		
欧洲冷杉	0.43	$E=11720$	0.42
欧洲黑松、欧洲落叶松	0.58	$E=12400$	0.46
欧洲花旗松	0.50	西部针叶材树种	
东北落叶松	0.55		
樟子松、红松、华山松	0.42		
新疆落叶松、云南松、马尾松	0.44	$E=6900$	0.36
鱼鳞云杉、西南云杉	0.44	铁—冷杉	
丽江云杉、红皮云杉	0.41		
西北云杉	0.37		
冷杉	0.36	$E \leqslant 10300$	0.43
南亚松	0.45	$E=11000$	0.44
铁杉	0.47	$E=11720$	0.45

续表

树种及树种组合木材	全干相对密度 G	机械分级（MSR）树种木材及强度等级（MPa）	全干相对密度 G
油杉	0.48	E=12400	0.46
油松	0.43	E=13100	0.47
杉木	0.34	E=13800	0.48
速生松	0.30	E=14500	0.49
日本落叶松	0.52	E=15200	0.50
日本扁柏	0.51	E=15860	0.51
日本柳杉	0.41	E=16500	0.52
新西兰辐射松	0.35		
木基结构板	0.50		

进口欧洲地区结构材 **附表 3-2**

强度等级	全干相对密度 G	强度等级	全干相对密度 G
C40	0.45	C22	0.38
C35	0.44	C20	0.37
C30	0.44	C18	0.36
C27	0.40	C16	0.35
C24	0.40	C14	0.33

进口新西兰结构材 **附表 3-3**

强度等级	全干相对密度 G	强度等级	全干相对密度 G
SG15	0.53	SG12	0.50
SG10	0.46	SG8	0.41
SG6	0.36		

附录 4 轻型木结构设计实例——向峨小学宿舍楼

都江堰向峨小学宿舍楼为三层轻型木结构建筑，层高 3.6m，建筑平面长度 26.6m，宽度 16.0m，总建筑面积为 1210m^2，建筑平面布置如附图 4-1 所示。屋面采用三角形轻型木桁架，纵向承重；二层、三层楼面主要横墙承重，走廊搁栅沿走廊宽度方向布置。竖向荷载由屋面、楼面传至墙体，再传至基础；横向荷载（包括风载和地震作用）则由楼、屋盖体系和剪力墙承受，最后传递到基础。

四川省都江堰市 50 年基本风压 0.3kN/m^2，场区地面粗糙度类别为 B 类，风振系数 β_z、体型系数 μ_s、高度系数 μ_z，按规范选取，风荷载分项系数 γ_w=1.4。该场地位于都江堰市向峨乡，根据《中国地震动参数区划图》GB 18306—2001 第 1 号修改单的要求，场地设防烈度为 8 度，地面加速度 0.20g，特征周期 0.40s，乙类建筑。

恒荷载按照楼面、屋面及墙体实际材料计算，非本节重点，不作具体介绍，在计算中直接给出相应值。活荷载根据房间功能按《建筑结构荷载规范》GB 50009—2012 取值。

对建筑物的风荷载和地震作用进行计算，对比可知结构的南北方向和东西方向均由地震荷载控制，因此以下简要介绍宿舍楼的剪力墙抗震设计流程。

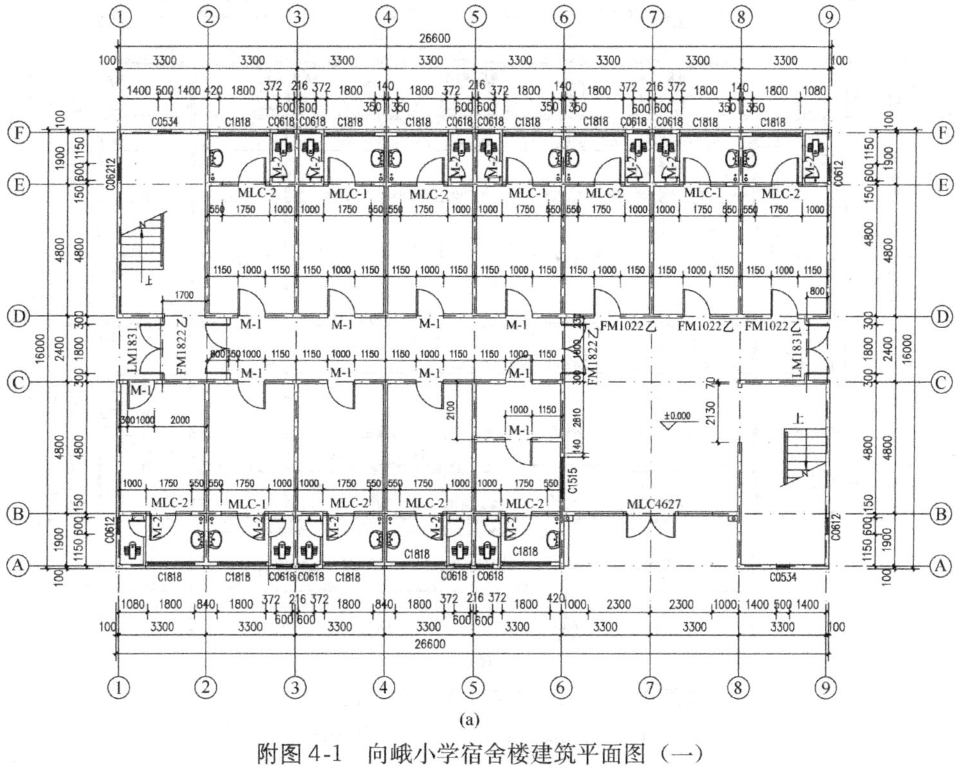

(a)

附图 4-1 向峨小学宿舍楼建筑平面图（一）

(a) 一层建筑平面

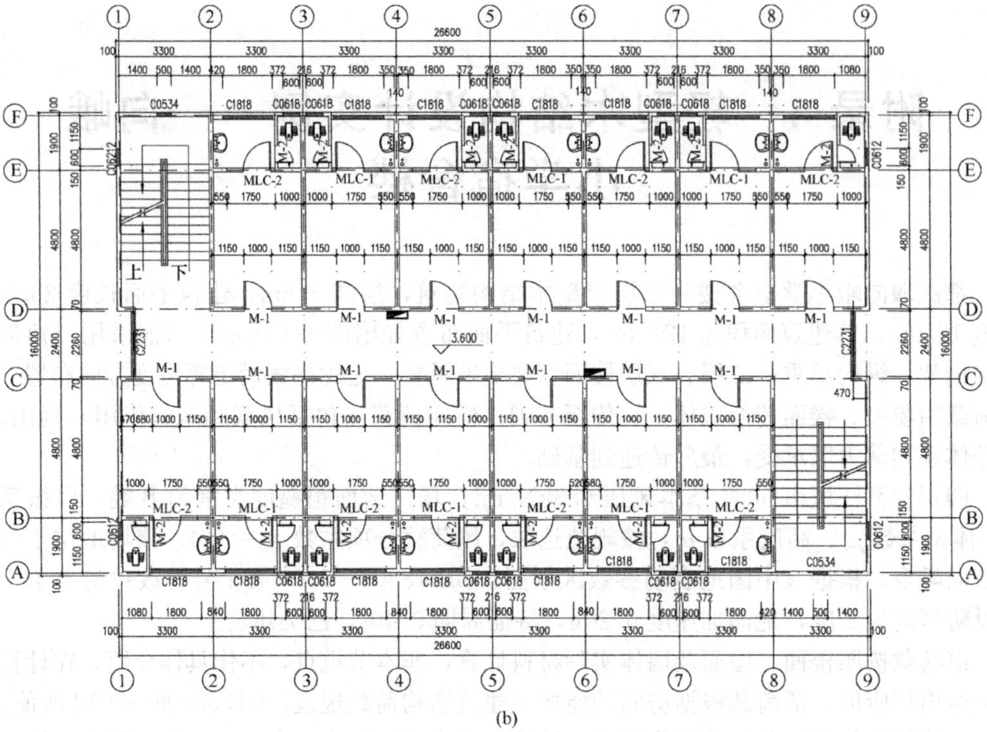

(b)

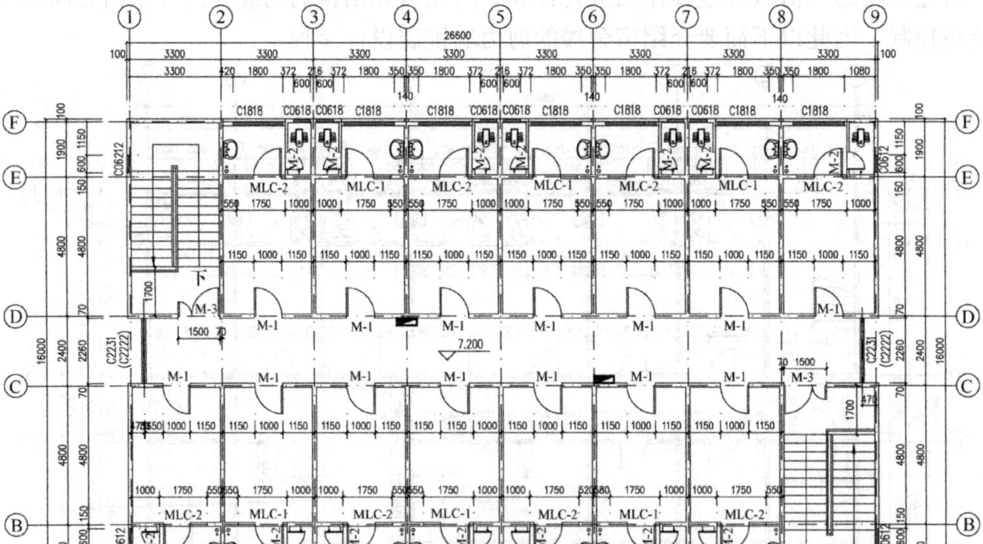

(c)

附图 4-1 向峨小学宿舍楼建筑平面图（二）

（b）二层建筑平面；（c）三层建筑平面

（1）基本自振周期估算

结构的基本自振周期可按照经验公式 $T=0.05H^{0.75}$ 进行估算，其中 H 为基础顶面到建筑物最高点的高度（m）。因此，结构基本自振周期为：$T=0.05H^{0.75}=0.05\times14.39^{0.75}=0.369\text{s}$。

（2）地震影响系数

对于轻型木结构而言，规范规定结构的阻尼比取 0.05，则地震影响系数曲线的阻尼调整系数 η_2 取 1.0，曲线下降段的衰减指数 γ 取 0.9，直线下降段的下降调整系数 η_1 取 0.02。

宿舍楼场地设防烈度为 8 度，地面加速度 0.20g，特征周期 0.40s，根据规范查表可得 $\alpha_{\max}=0.16$，可知相应于结构的基本自振周期的水平地震影响系数 $\alpha_1=\eta_2\alpha_{\max}=0.16$。

（3）地震作用（底部剪力法）

各楼层取一个自由度，集中在每一层的楼面处，第三层的自由度取在坡屋面的 1/2 高度处，如附图 4-2 所示。结构水平地震作用的标准值，按照下式进行确定：

$$F_{\mathrm{EK}}=\alpha_1 G_{\mathrm{eq}} \quad F_i=\frac{G_i H_i}{\sum_{j=1}^{n} G_j H_j} F_{\mathrm{EK}}(1-\delta_{\mathrm{n}})$$

式中 α_1——相应于结构的基本自振周期的水平地震影响系数；

G_{eq}——结构等效总重力荷载，多质点可取总重力荷载代表值的 85%。

各楼层等效质点重量 G_i 与墙体自重等相关，可根据建筑平面布置图和层高计算确定，在此不作赘述。等效质点重量 G_i 和结构水平地震作用的标准值 F_i 的具体计算结果见附图 4-2。

（4）剪力墙抗侧力计算

建筑物东西方向地震作用主要考虑由 4 道剪力墙承受，南北方向由 9 道剪力墙共同作用承担荷载。由于首层的剪力墙所受的荷载最大，因此对首层的剪力墙进行计算。在建筑物的横向共布置 9 道剪力墙。从剪力墙的布置来看，轴线②～⑤上的剪力墙所受的力相等且最大，选择④轴线上的剪力墙进行计算。

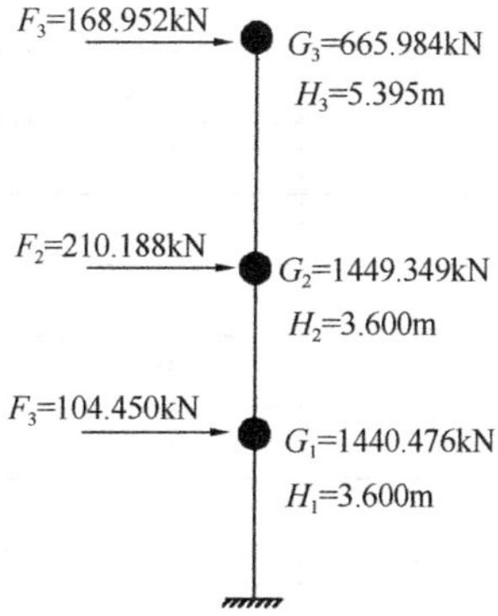

附图 4-2 底部剪力法计算模型及结果

首层所受总剪力设计值为 $1.3\times(168.952+210.188+104.45)=628.667\text{kN}$。假设侧向力均匀分布，则 $w_{\mathrm{f}}=\frac{628.667}{26.4}=23.813\text{kN/m}$。由于木结构楼盖为柔性楼盖，④轴线剪力墙所承担的地震作用按照面积进行分配，则剪力墙所受剪力 $V_0=\frac{1}{2}\times23.813\times(3.3+3.3)=78.58\text{kN}$。

此段首层剪力墙由四段内墙组成，长度分别为 1.76m、4.66m、1.76m、4.66m，假设剪力墙的刚度与长度成正比，则每片剪力墙所承受的剪力为：

$$V_1=V_3=V_0\times\frac{l_1}{l_1+l_2+l_3+l_4}=78.58\times\frac{1.76}{1.76+4.66+1.76+4.66}=10.77\text{kN}$$

$$V_2 = V_4 = V_0 \times \frac{l_2}{l_1 + l_2 + l_3 + l_4} = 78.58 \times \frac{4.66}{1.76 + 4.66 + 1.76 + 4.66} = 28.52\text{kN}$$

(5) 剪力墙布置设计

单面铺设面板有墙骨柱横撑的剪力墙，其抗剪承载力设计值按式（5-5）和式（5-6）计算。剪力墙采用 9.5mm 定向刨花板，普通钢钉的直径为 3.1mm，面板边缘钉的间距为 150mm。根据规范要求，当墙骨柱间距不大于 400mm 时，对于厚度为 9mm 的面板，当面板直接铺设在骨架构件上时，可采用板厚为 11mm 的数据，则通过查表可得 $f_{vd} = 4.3\text{kN/m}$。

此处两面采用的木基结构板材是相同的，故有：

$$V'_1 = 2f_{vd}k_1k_2k_3l_1 = 2 \times 4.3 \times 1.0 \times 0.8 \times 1.0 \times 1.76 = 12.10\text{kN}$$

$$V'_2 = 2f_{vd}k_1k_2k_3l_2 = 2 \times 4.3 \times 1.0 \times 0.8 \times 1.0 \times 4.66 = 32.06\text{kN}$$

根据木结构设计规范中的要求，当进行抗震验算时，取承载力调整系数 $\gamma_{RE} = 0.8$，则：

$$V_1 = 10.77\text{kN} < \frac{V'_1}{\gamma_{RE}} = \frac{12.10}{0.8} = 15.12\text{kN}$$

$$V_2 = 28.52\text{kN} < \frac{V'_2}{\gamma_{RE}} = \frac{32.06}{0.8} = 40.07\text{kN}$$

故剪力墙满足设计要求。据此计算流程，可确定其余剪力墙的面板、边缘钉、墙柱骨的间距等如附表 4-1 所示。

各肢剪力墙的布置设计 **附表 4-1**

楼层	轴线	面板边缘钉的间距（mm）	说明
一层	6～8	75	① 钉直径：3.3mm； ② 钉在骨架构件最小深度：35mm； ③ 面板最小名义厚度：9.5mm； ④ 剪力墙的杆件：38mm×140mm； ⑤ 墙柱骨的间距：406mm
	1～5，9	150	
	A～F	75	
二层	6～8	100	
	1～5，9	150	
	B/E	75	
	A/C/D/F	150	
三层	1～9	150	
	A～F	150	

(6) 剪力墙边界构件承载力验算

剪力墙的边界杆件为剪力墙边界墙骨柱，为两根 38mm×140mm 的Ⅲ$_c$ 云杉—松—冷杉规格材。边界构件承受的设计轴向力为：

$$N_f = \frac{M}{B_0} = \frac{27.45 \times 12.595 + 34.16 \times 7.2 + 16.97 \times 3.6}{6.42 \times 2} = 50.84\text{kN}$$

通过查表可得，Ⅲ$_c$ 云杉—松—冷杉规格材的顺纹抗拉强度设计值 $f_t = 4.8\ \text{N/mm}^2$，尺寸调整系数为 1.3；顺纹抗压强度设计值 $f_c = 12\ \text{N/mm}^2$，尺寸调整系数为 1.1。

1）边界构件的受拉验算

杆件的抗拉承载力：$N_t = 2 \times 38 \times 140 \times 4.8 \times 10^{-3} \times 1.3 = 66.39\text{kN}$，则：

$$N_f = 50.84\text{kN} < \frac{N_t}{\gamma_{RE}} = \frac{66.39}{0.8} = 82.99\text{kN}$$

故抗拉承载力满足要求。

2）边界构件的受压计算

① 强度计算

杆件的抗压承载力：$N_c = 2 \times 38 \times 140 \times 12 \times 10^{-3} \times 1.1 = 140.448\text{kN}$，则：

$$N_f = 50.84\text{kN} < \frac{N_c}{\gamma_{RE}} = \frac{140.448}{0.8} = 175.56\text{kN}$$

故强度满足要求。

② 稳定计算

由于墙骨柱侧向有覆面板支撑，一般在平面内不存在失稳问题，在此仅验算边界墙骨柱平面外稳定。边界构件的计算长度为横撑之间的距离为 1.22m。

构件全截面的惯性矩：$I = \frac{1}{12} \times 140 \times 76^3 = 5121386.667\text{mm}^4$

构件的全截面面积：$A = 140 \times 76 = 10640\text{mm}^2$

构件截面的回转半径：$i = \sqrt{\frac{I}{A}} = \sqrt{\frac{5121386.667}{10640}} = 21.94\text{mm}$

构件的长细比：$\lambda = \frac{l_0}{i} = \frac{1220}{21.94} = 55.6$

目测等级为 $\text{I}_c \sim \text{V}_c$ 的规格材，当 $\lambda \leqslant 75$ 时，采用公式 $\varphi = \frac{1}{1+(\lambda/80)^2}$ 计算稳定系数，则：

$$\varphi = \frac{1}{1+(\lambda/80)^2} = \frac{1}{1+(55.6/80)^2} = 0.674$$

构件的计算面积：$A_0 = A = 38 \times 140 \times 2 = 10640\text{mm}^2$，则：

$$\frac{N}{\varphi A_0} = \frac{50.84 \times 10^3}{0.674 \times 38 \times 140 \times 2} = 7.09\text{N/mm}^2 < kf_c = 1.1 \times 12 = 13.2\text{N/mm}^2$$

故平面外的稳定满足要求。

③ 局部承压验算

通过查表可得，III_c 云杉—松—冷杉规格材的横纹承压强度设计值 $f_{c,90} = 4.9\text{N/mm}^2$，尺寸调整系数为 1.0。按照 $\frac{N}{A_c} \leqslant f_{c,90}$ 进行验算，式中 A_c 为承压面积。

$$A_c = A = 2 \times 38 \times 140 = 10640\text{mm}^2$$

$$\frac{N}{A_c} = \frac{50.84 \times 10^3}{10640} = 4.78\text{N/mm}^2 < \frac{f_{c,90}}{0.8} = 6.125\text{N/mm}^2$$

故局部承压满足要求。

(7) 横向墙体与楼盖的连接

以首层横向墙体与楼盖的连接计算为例，由直径为 3.8mm 的普通钢钉形成的钉节点的设计承载力为：$N_v = k_v d^2 \sqrt{f_c} = 10.2 \times 3.8^2 \times \sqrt{12} \times 10^{-3} = 0.51\text{kN}$。由楼盖传来的横向水平地震作用的设计值为：$1.3 \times (168.952 + 210.188 + 104.45) = 628.667\text{kN}$。

所需要的钉子个数为：$\frac{628.667}{0.51} = 1232.68$

首层的横向剪力墙总长为：17×(1.76＋4.66)＝109.14m

故钉子的间距应为：$\frac{109.14\times10^3}{1232.68}=88.5$mm，取钉子的间距为75mm。

(8) 横向墙体与基础的连接

以首层横向墙体与基础的连接计算为例，选用M20锚固螺栓将一层墙体与基础连接，单个螺栓的侧向设计承载力为：$N_v=k_v d^2\sqrt{f_c}=5.5\times20^2\times\sqrt{12}\times10^{-3}=7.62$kN。由楼盖传来的横向水平地震作用的设计值为：$1.3\times(168.952+210.188+104.45)=628.667$kN。

所需要的钉子个数为：$\frac{628.667}{7.62}=82.5$

首层的横向剪力墙基础总长为：17×(1.76＋4.66)＝109.14m

故钉子的间距应为：$\frac{109.14\times10^3}{82.5}=1322.8$mm，取螺栓的间距为1200mm。